普通高等教育“十四五”规划教材

检测及控制工程基础

徐向前　周好斌　主编

中国石化出版社

内 容 提 要

本教材阐述了材料成型及控制工程专业中常用的检测技术和控制工程基础，内容主要由检测及材料成型控制系统概述、常用传感器、控制工程基础、残余应力检测、温度检测、恒值控制系统、基于网络的材料成型检测控制系统等部分构成。检测及材料成型控制系统概述部分介绍检测系统的总体框架和基本概念；控制工程基础部分介绍控制系统的数学模型和性能分析；恒值控制系统部分主要介绍电压(电流)恒值控制及直流电动机控制系统。

本教材可以作为高等院校本科、高职高专材料成型及控制工程、材料加工工程等相关专业的教学用书，也可供工程技术人员参考。

图书在版编目(CIP)数据

检测及控制工程基础 / 徐向前，周好斌主编. —北京：中国石化出版社，2023.6
普通高等教育"十四五"规划教材
ISBN 978-7-5114-7077-5

Ⅰ.①检… Ⅱ.①徐… ②周… Ⅲ.①自动检测-高等学校-教材②自动控制-高等学校-教材 Ⅳ.①TP274②TP273

中国国家版本馆 CIP 数据核字(2023)第 082266 号

中国石化出版社出版发行

地址:北京市东城区安定门外大街 58 号
邮编:100011　电话:(010)57512500
发行部电话:(010)57512575
http://www.sinopec-press.com
E-mail:press@sinopec.com
北京富泰印刷有限责任公司印刷
全国各地新华书店经销

*

787×1092 毫米 16 开本 11.5 印张 260 千字
2023 年 6 月第 1 版　2023 年 6 月第 1 次印刷
定价:49.00 元

前言

本教材为提高我国材料成型及控制工程专业本科生的工程应用和创新能力而编写。教材的编写注重理论基础和实际应用，将材料成型与控制领域中的自动检测、控制技术的相关理论与工程应用相结合，深入浅出地阐述问题。材料成型检测技术关注有关参量的检测原理与方法，包括成型过程中的参量变化及检测。

为了使材料成型及控制工程专业本科生及广大读者理解和掌握检测及控制工程基础的原理和应用，教材从应用角度出发，由浅入深，将理论知识与工程应用相结合，分章阐述。教材主要阐述了材料成型及控制中常用传感器的原理和应用，控制工程基础原理，应力、应变的检测原理和检测方法，接触测温和非接触测温的检测原理和方法，还阐述了材料成型中常用的恒值控制系统等。教材根据目前网络技术的发展增加了基于网络的材料成型检测控制系统应用内容。通过使用本教材进行课程学习，学生能够达到以下目标：

（1）建立材料成型检测的基本概念；

（2）了解和掌握常用传感器的原理和使用方法；

（3）具备建立材料成型及控制工程专业领域常用检测系统数学模型的能力，能够对系统进行时域和频域的分析；

（4）建立基于网络的材料成型检测控制系统的概念，能够进行简单的移动网络检测控制系统开发。

全书共七章，第一章由周好斌编写，第二~七章由徐向前编写。教材的编写参考了有关文献资料，在此谨向原作者表示感谢。同时在教材的编写过程中得到了西安石油大学材料科学与工程学院老师们的支持和指导，在此表示感谢。

限于编者水平，书中难免出现不足之处，敬请读者批评指正。

目录

第一章 概 述

第一节 检测技术与材料成型工艺

一、检测技术

检测技术是研究各种物理量或参量的检测原理和方法，是科学试验和生产过程必不可少的手段。检测的基本任务是获得有用的信息，揭示事物的内在联系和发展规律。检测过程是借助专门的设备、仪器、检测系统，通过适当的实验方法与必需的信号分析及数据处理，获取检测信号与研究对象相关信息的过程。

对于材料成型及控制工程的生产领域，无论是对现有工艺、设备、产品质量的剖析，以求进一步明确改进方向和改进方案，还是对新理论、设备和工艺过程的研究和分析，都离不开检测技术。通过对检测结果的综合分析，可为验证现有理论和建立新理论、确定最佳设计方案、确定最佳工艺参数等提供试验依据。

此外，在生产的自动控制系统中，也需要对有关参量进行检测，检测结果作为系统的反馈信号，实现自动控制。

二、材料成型工艺

材料成型主要包括塑性成型、轧制成型、焊接成型、液态成型等。塑性成型工艺中包括：模型锻压工艺、模型冲压工艺、模型挤压工艺与自由锻造工艺；轧制成型工艺中主要包括：热轧(制)成型工艺和冷轧(制)成型工艺；焊接成型工艺中包括：电弧焊接成型工艺、电阻焊接成型工艺(又称压力焊成型工艺)、电子束焊接成型工艺、激光(束)焊接成型工艺、钎焊成型工艺、摩擦焊接成型工艺等。电弧焊接成型工艺中，按常见电弧种类又可再分为：混合保护气体电弧焊工艺、氩气保护电弧焊工艺、等离子弧焊工艺、CO_2气保护电弧焊工艺；如果按焊枪中的电极是否熔化来分类，电弧焊接成型工艺又有熔化极电弧焊与非熔化极电弧焊之分。除广泛采用的电弧焊接成型工艺外，大量采用的焊接成型工艺当属电阻焊接成型工艺；按被焊工件的接头型式的不同，电阻焊接成型工艺可细分为：点焊成型工艺、缝焊成型工艺、凸焊成型工艺与闪光对焊成型工艺。图 1-1 为几种典型的材料成型工艺，包含材料塑性成型、轧制成型和焊接成型。

三、材料成型与控制系统

在上述材料成型工艺中，其中利用热源对工件加热使其成型的工艺常被习惯称为“材料热加工”或“材料热加工工程”。目前，可控、高效的加热热源形式有电弧热源、粒子束热源、激光束热源、感应加热热源、电阻热热源、燃料热源等。

(a)拉伸成型 (b)弯曲成型

(c)旋压成型 (d)焊接成型

(e)钎焊焊接 (f)电阻点焊

图 1-1　材料成型工艺

材料成型工艺中，特别是热加工成型工艺中，对能源的检测与控制是材料成型工艺中不可缺少的部分。比如电弧，电弧是一种气体放电现象，通过对焊接电源参数的控制实现焊接成型。为了有效地利用和控制电弧，必须对“电源—电弧”“电弧引燃”“稳定放电状态的电弧”“动态放电状态的电弧”“交流电流电弧”“直流电流电弧”“脉冲电流电弧”“熔化极电弧”“非熔化极电弧”“不同气体介质中的电弧”等物理现象有充分了解和掌握，将掌握的理论运用于电弧电源的控制系统中。因此焊接电源自动控制系统通常具有多种控制功能，比如焊接电源输出外特性，也就是“伏安特性”；再如电源的恒电压/恒电流控制。

第二节　检测系统基本类型、结构

一、模拟式电测仪表及检测

用模拟式指示仪表实现对被测对象的检测，按检测仪表检测值的读出方式可分为直读检测法和比较检测法，所对应的仪器为直读式仪表和比较式仪表。

1. 模拟式直读检测法

是利用电磁力使其机械部分动作并以指针或光在刻度盘上直接指示被测对象量值的方法，其仪表被称作模拟式电机械指示仪表，也称直读式仪表。由于其问世已百余年，所以又称经典式仪表。

模拟式电机械指示仪表必须具备能接受某种电参量能量并将它转变成机械力或力矩的机构——检测机构。机械力根据电与磁的相互作用或电荷间存在吸力或斥力等原理产生。因此，不同种(系)检测机构中产生机械力的电参量不同，该电参量被称为检测机构的基本量检测。如果被测对象的量值超过了检测机构所能直接承担的能力，特别是要求其他检测对象也能使检测机构动作，则必须附加一个检测电路。检测电路的繁简取决于检测需要，通常由无源元件和晶体管组成。一般地，模拟式电机械指示电表是由检测机构配以相应的检测电路构成，如图 1-2 所示。

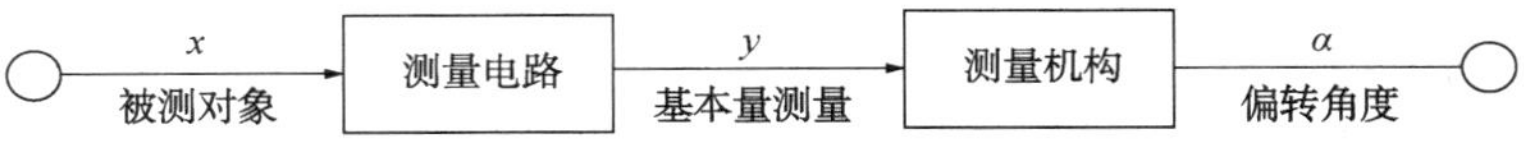

图 1-2　电机械直读式指示电表组成

检测机构由可动和静止两个基本部分组成。可动部分的支撑可以是轴承与轴尖的组合或张丝。工作时，可动部分受力产生偏转，从而带动指针或光标在刻度盘上显示偏转角的大小。

对于直读式仪表，可动部分所受的旋转力矩又称转动力矩，用 M 表示。可借助电磁学有关场能与力矩间关系的理论公式，确定 M 与有关电参的关系。设检测机构系统中电场或磁场能为 A，则有

$$M=\frac{dA}{d\alpha} \tag{1-1}$$

式中　α——偏转角；

A——磁场能量，取决于检测机构的结构参数和被测电参数 x。

因此，上式可写成

$$M=\frac{dA}{d\alpha}=f(x) \tag{1-2}$$

显然，不同检测机构的 $f(x)$ 也不相同。一般来讲，x 加大 M 将增强。

2. 模拟式比较检测法

是用模拟式指示仪表实现对被测对象直读检测的方法，虽有检测速度快、操作方便等优点，但检测准确度不够高。为获取更准确的检测结果，应借助比较仪器与标准元件以比较检

测法对被测对象进行测定。比较检测法简称较量法，它是将被测对象(未知量)直接与标准量作比较，从而确定被测对象大小的方法。较量法最直观的例子，是用天平与砝码称物体的质量。砝码就是标准量，天平是比较检测仪器。

在电检测领域采用较量法，标准量便为一些检测已准确知道的电参(如电流、电压)或电参数(如电阻 R、电感 L、电容 C 及互感 M 等)，而比较检测仪器则是一些由标准元件组成的能实现比较功能的电路。

由于标准电参量(如标准电压，它由标准电压源提供)与组成比较电路的标准电路元器件都具有较高的准确度，加之比较仪器在实现比较检测时(指示仪表指零)不从被测电路取电流，所以较量法的检测准确度一般比直读检测法(也称偏转法)要高。以较量法进行检测时，若再采用一些减小或消除检测误差的有效措施与办法，则可进一步提高检测结果的准确程度。

二、数字式电测仪表及检测

将被测对象离散化、数据处理后以数字形式显示的仪表称为数字式仪表。数字技术的引入，使检测技术领域得以扩大。随着电子技术与计算机技术的飞速发展，数字式仪表与数字检测技术获得了迅速的发展。

从模拟向数字、从单一通道向综合多通道检测的发展、从单个仪表向检测信息系统过渡、将各种电学量和非电量变换成统一量(时间、频率、直流电压)后进行检测等，是近几十年来检测技术发展的主要趋势。

检测技术对数字仪表提出越来越高的要求。数字仪表的不断更新又促进检测技术水平的提高。伴随着检测技术的发展和进步，数字仪表表现出准确度更高、灵敏度更高、体积更小、质量更轻、耗能更少、检测参数种类更广与量值范围更宽等优点。

数字式仪表的结构方框图如图 1-3 所示，图中被测对象可以是电学量、磁学量和各种非电量。数字式仪表主要由转化功能电路、模/数转换器(或写作 A/D 转换器，也有不用 A/D转换器的)及计数器、频率计等组成。

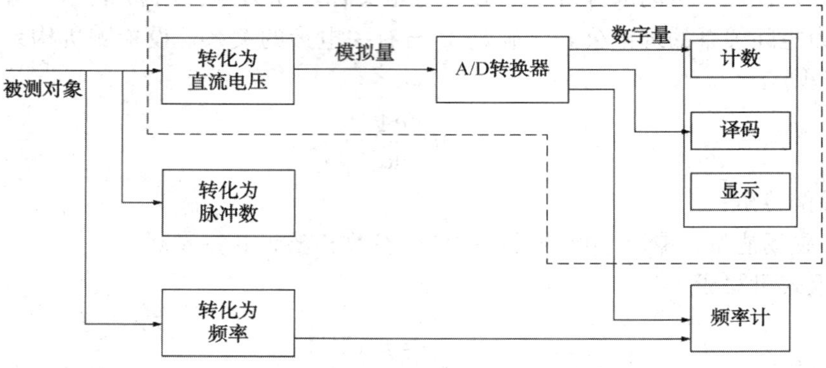

图 1-3　数字式仪表的结构方框图

广义地说，凡是将模拟量转换为一定码制的数字量的装置(或功能电路)都可称为 A/D 转换器。早期的 A/D 转换器是电气机械式的，由电磁继电器和电子管电路构成，后来出现了使用晶体管的电路方案。半导体器件的运用，大大提高了数字检测装置的工作可靠性、检测速度和使用寿命。近年来数字检测仪器仪表由于采用了集成电路，其尺寸和功耗都大为减小。

采用数字化检测时，比较容易进行 A/D 转换处理的量是直流电压和脉冲(或交流量)的频率，对应的检测仪器是直流数字电压表和电子计数器。其他物理量一般均可通过转换装置或传感器变换成直流电压或一定频率的交流电压再进行数字化检测。

1. 与模拟式指示仪表相比较，数字式仪表及数字检测的优点

① 准确度高。例如，现代的7½~8½位数字电压表测量直流电压的准确度可达满刻度的±0.0001%（10 数量级）；而模拟式（电机械式）指示仪表的准确度最高只能达到0.1%~0.5%。

② 输入阻抗高。基本上不取电流，消耗被测信号的功率极小，即对被测电路工作状态的影响微不足道。例如，数字电压表基本量程的输入阻抗高达 1000MΩ 以上。

③ 灵敏度高。如现代的积分式数字电压表的分辨力可达到 1μV 以下。

④ 测得值直接以数字形式给出，读数与记录方便，且无读数误差。采用模拟式指示仪表，则因使用者读表时的视线角度、习惯不同等多种原因而可能产生读数误差。

⑤ 检测速度快。1s 内可测多次，有些种类数字电压表的检测速度高达每秒上万次；而模拟式指示仪表每检测一次一般需要几秒钟。

⑥ 检测过程自动化。无论是对被测信号的极性判别、量程选择、结果显示和记录，还是送至计算机做运算处理，都可自动进行。

⑦ 操作简单。使用人员无须经过特殊训练，即可用数字仪表完成检测工作。

2. 数字式仪表的缺点

① 可靠性有待提高。由于采用了大量的电子元件，其结构比模拟式指示仪表复杂得多，因此可靠性有待进一步提高。

② 不直观。不便于观察动态过程。

③ 价格较贵。目前，数字式电压表的售价比模拟式电压表高，有些类型的甚至高很多。

④ 需要高水平的技术人员维修。

数字式仪表目前在非电检测系统中使用越来越广泛。当前国内外已生产有许多种检测各种量并具有很宽技术特性范围的数字式仪表，如电压表、电流表、功率表、电能表、阻抗元件(包括电阻、电容、电感及互感)检测仪、法拉表、欧姆表、高斯计、频率计、相位计、计数器、时间间隔检测仪、转速表、压力表、万用表和计时器等。

三、微机化仪器及其自动检测系统

自 20 世纪 70 年代初微处理器问世以来，微型计算机技术发展迅猛。在其影响下，检测仪器呈现出新的活力并取得了长足进步，相继诞生了智能仪器 IEE488 仪器、PC 仪器(系统)和虚拟仪器(系统)等新的微机化仪器及其自动检测系统。从利用微机或微处理器功能的方式、数量等出发，可将仪器近十几年的发展与进步大致划分为增强传统仪器功能(智能仪器)、开放仪器的体系结构(PC 仪器)和虚拟仪器等三个阶段。

1. 智能仪器的特点与基本结构

智能仪器——内置微机或微处理器式仪器，大规模集成电路技术使电子计算机从过去的庞然大物缩小到能置入仪器内，使仪器具有了控制、存储、运算、逻辑判断及自动操作等智

能性能，并在检测准确度、灵敏度、可靠性、自动化程度、运用功能和解决检测技术问题的深度及广度等方面都有了巨大进步。传统仪器在内藏微机或微处理器的作用下，功能与性能得到了实质性增强，这方面最典型的例子就是万用表。传统的便携式万用表采用单片微机控制后，功能更加多样，使用也更为方便、可靠，而且准确度大为提高。

尽管内藏微机式仪器的智能水平仍较低，但人们还是称这样的仪器为智能仪器。微机进入仪器内部，将计算机技术移植、渗透入仪器仪表技术领域，使形成的智能仪器具有下述特点：

（1）检测过程控制的软件化

以软件方式控制检测始于20世纪60年代末。当时，由硬件实现的数字化仪器的自动化程度很高，已经能够实现自稳零放大、自动极性判断、自动量程切换、自动报警、过载自动保护、非线性补偿多功能检测、多至数百点的巡回检测等功能。但随检测功能的不断增加，仪器硬件的负担越来越重，仪器的结构越来越复杂，往往致使其体积增大、成本上升，进一步发展越来越困难。引入微机或微处理器使检测过程改由软件控制后，仪器的硬件结构变得简单、体积与功耗均减小、可靠性提高、灵活性增加，而且自动化程度更高。改由软件控制仪器后实现了简单人机对话、自检、自诊断、自校准、CRT(示波管等)显示、打印输出及绘图等。在软件控制方式下，通过软件功能调整可以实现仪器功能调整和增加，不需要增加或者更改相应的硬件部分。这种方式节省了硬件成本，为检测仪器开发提供了便利。

（2）数据处理能力

具备数据处理功能是智能仪器突出的特点，它主要表现为能改善检测的准确度和对检测结果再加工。在智能仪器出现之前，处理随机误差和系统误差都以人工方法进行，不仅工作量大、效率低，而且往往受一些人为因素影响，处理的结果不够理想。智能仪器对检测结果进行在线处理，不仅方便、快速，而且可避免主观因素干扰；软件方式的数据处理可执行多种算法，既可实现各种误差的计算与补偿，而且能校准检测仪器的非线性从而降低检测误差，明显提高检测准确度。智能仪器对检测结果进行再加工，从而又提供若干表征被测对象各种特性的信息参数。例如，在模式识别、语音分析、故障诊断、生物医学信号检测等方面广泛应用的带微机的信号分析仪器，不仅可实时采集时域信号波形，而且能够进行数据可视化，对被测信号可以计算出有效值、平均值，并可以得到峰值、最大值和最小值等特征量。

（3）多功能化

检测过程控制的软件化特点及很强的数据处理能力，使仪器的检测功能大大增强。图1-4是智能仪器的原理结构图。由图可见，中央处理单元CPU是智能仪器的核心，它与内部总线和接口电路与输入通道、输出通道(包括模拟输出通道和数字输出通道)、仪器面板及仪器内存相连。由可擦除的可编只读存储器EPROM和读写存储器RAM组成的仪器内存，用于保存仪器用监控程序、应用程序和存储数据。中断申请要求仪器能够灵活对外部事件作出反应。被测对象必须经过输入通道做预处理后，才能进入仪器内部。输入通道由输入放大器、防混叠滤波器、多路转换器、采样/保持器、A/D转换器和三态缓冲器等组成，其性能的优劣是决定仪器检测准确度的关键。如要求检测结果以模拟形式输出，则需要经过由D/A转换器、多路分配器、采样/保持器和低通滤波器等组成的模拟输出通道送至显示器、X-Y记录仪或模拟执行装置；检测结果以数字形式可经行式打印机输出，也能以存入磁带机、磁盘(磁卡)机或送字符显示器显示等方式输出。外部通信接口与外部总线一起用于与其他仪器设备的相互联系。

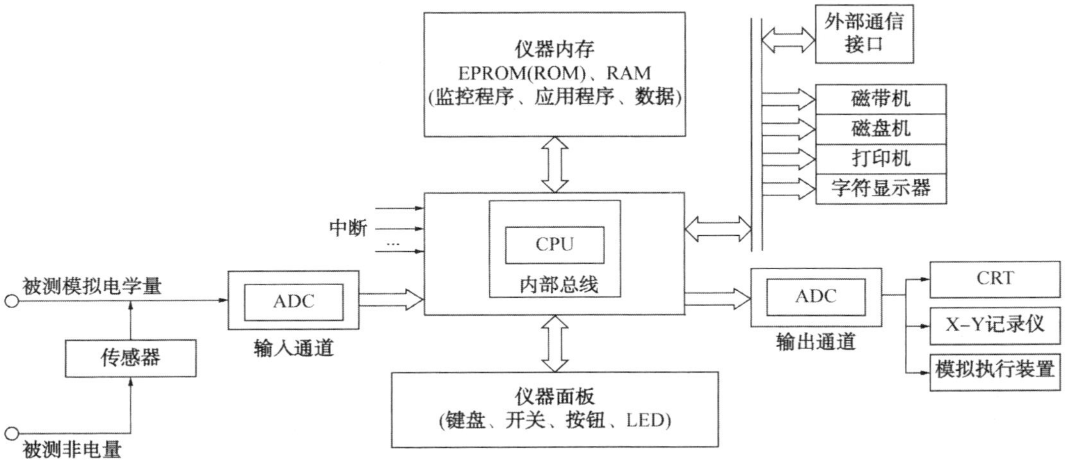

图 1-4 智能仪器原理结构图

在智能仪器阶段，为完成一些更复杂的检测任务，常采用由 RS-232C 通信接口总线或 GPIB 接口总线将多台不同的智能仪器连在一起形成自动检测系统。

① RS-232C——串行通信接口总线 RS-232C 是当今常用的串行通信接口总线标准。它实质上是一个具有 25 个引脚的标准连接器，其所有引脚的规定和对各种信号的电平规定都是标准的，因此便于与微机或其他外部仪器设备连接。

RS-232C 为一种数据的 ASCII 码串行通信接口总线。串行数据传输只需要一对信号线和少量控制线，结构最为简单，适用于两台仪器设备间做一对一的双向或单向、同步或异步的串行通信，通信传输距离小于 15m。一般的微机化仪器均带有 RS-232C 接口。

② GPIB——通用接口总线 GPIB(General Purpose Interface Bus)是为智能仪器、微机及其他装置相互间联系提供的一种公共接口总线。1975 年被电气与电子工程师协会(IEEE)承认并定为国际通用的外部接口总线标准(IEEE-488)，又被称为 IEEE-488 接口总线。GPIB(IEEE-488)的应用十分广泛，一个 GPIB 接口可挂接 1 台仪器(包括中央控制器在内)，形成自动测试系统。

GPIB 总线有发、收、控、源呼叫、受者应答、服务请求、并行点名(并行查询)、远地/本地、仪器触发和仪器清除等共 10 种接口功能，它们相互配合用以完成总线系统内各种信息的传输和对仪器的控制。

2. PC 仪器系统

将传统式独立仪器的检测电路部分与接口部分集合在一起制成仪器卡，而仪器所需的键盘、显示器和存储器等均借助微型计算机的资源，就构成了 PC 仪器，又称模块式仪器。传统式独立仪器是指由厂家定义、生产，用户一般无法改变内部结构的仪器。而 PC 仪器自动检测系统，则是由多块不同功能的仪器卡、插卡机箱和一台微机有机组合的系统。显然，与 GPIB 仪器系统相比，PC 仪器系统的硬件数量大为减少。

图 1-5 是 PC 仪器检测系统的基本形式图。PC 仪器由传感器、信号调理电路、数据采集卡(板)、计算机等构成。

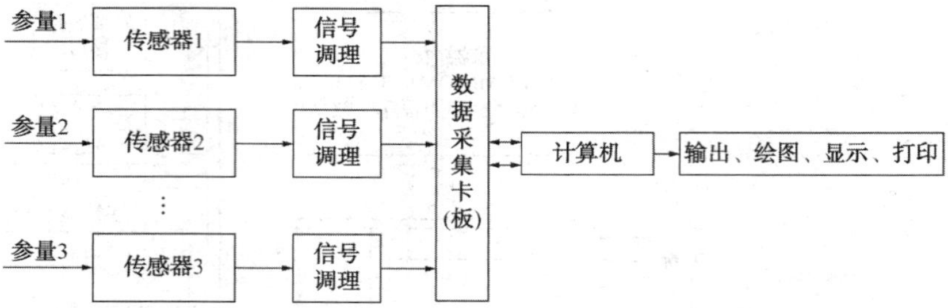

图 1-5　PC 仪器检测系统的基本形式框图

（1）传感器

用于完成信号的获得，传感器将被测参量转换成相应的可用输出信号。被测参量可以是各种非电气参量，也可以是电气参量。比如电力输电线路高电压电网，可通过变压器将高电压变为 100V 电压，通过电流互感器将电网大电流变为 5A 电流，再采用电压、电流传感器将 100V 电压及 5A 电流均转换成低电压信号送入数据采集卡（板）中的 A/D 转换器。

（2）信号调理

由于来自传感器的输出信号通常是含有干扰噪声的微信号，因此后面配接的信号调理电路的基本作用有两个：其一是放大，将信号放大到与数据采集卡（板）中的 A/D 转换器相适配；其二是预滤波，抑制干扰声信号的高频分量，将频带压缩以降低采样频率，避免产生混叠。如果信号调理电路输出的是规范化的标准信号，即 4～20mA 电流信号，则称这种信号调理电路为变送器。此外，根据需要还可进行信号隔离与变换等。

（3）数据采集卡（板）

其主要功能有三个：其一是由衰减器和增益可控放大器进行量程自动改换；其二是由多路切换开关完成对多点多通道信号的分时采样，时间连续信号 $x(t)$ 经过采样后变为离散时间序列 $x(n)$，$n=0$，1，2…；其三是将信号的采样值由 A/D 转换器转换为幅值离散化的数字量，或由 V/F 转换器转换为脉冲频率以适应计算机工作。

（4）计算机

计算机是系统的神经中枢，使整个检测系统成为一个智能化的有机整体，在软件导引下按预定的程序自动进行信号采集与存储，自动进行数据的运算分析与处理，指令以适当形式输出、显示或记录检测结果。

早期的 PC 仪器系统是利用 PC 机的内部总线，仪器卡插在 PC 机内部或外部扩展机箱内，如图 1-6 所示。在这样的仪器系统中，各仪器卡相互间不能同步触发，无法直接通信，也无法传递模拟信号，且插在 PC 机箱内的仪器卡受到严重干扰。同时，因仅靠 PC 机的总线工作而使 PC 的负担明显加重。

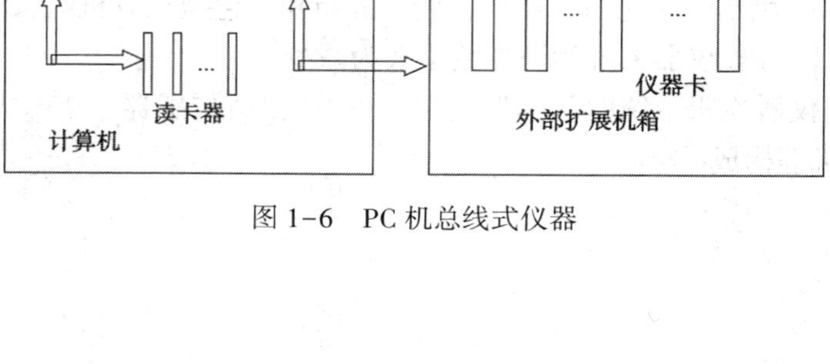

图 1-6　PC 机总线式仪器

为克服早期 PC 仪器及其系统的上述缺点，许多仪器生产厂家定义了新的仪器总线，并将仪器模块卡全插在 PC 外部的插卡总线机箱内。例如，HP6000 系列模块式仪器系统由八个机外模块组成，采用了自己定义的 PC 仪器总线 PCIB；又如，Summation 公司的 Sigma 系列卡式模块测距系统采用了外设主机箱，箱内设有带触发时基功能的控制器(该控制器用于管理各模块间的同步)的 VME 总线、模拟信号总线和交互触发总线。插卡总线机箱与 PC 间的通信，可利用 RS-232CIEEE-488(GPIB)接口总线或以太网电缆进行。至此，PC 仪器系统由原来的单一 PC 总线式发展成了多总线式，如图 1-7 所示。

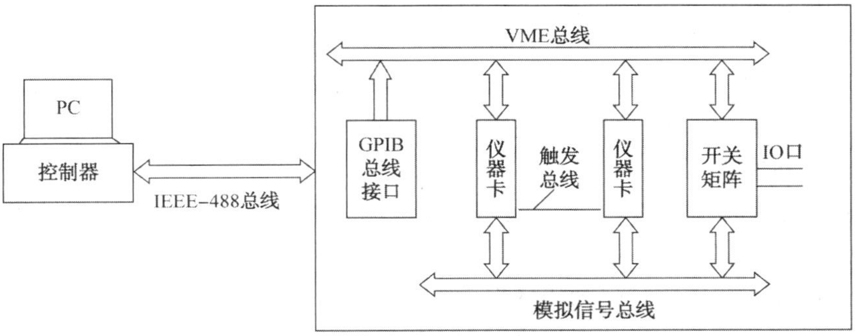

图 1-7　多总线仪器系统

与 GPIB 仪器系统相比，模块式 PC 仪器系统具有体积小、质量轻、价格低和便于携带等优点。但是，这种模块式仪器系统因各生产厂家自己定义总线而无统一标准，因此不同厂家的产品间兼容性差，使用户在组建检测系统时难以在不同厂家产品中进行配套选择。另外，这种多条总线系统的电性能不能满足军事、航天等部门的更高要求，故改善 PC 仪器系统的性能并使其生产或组合标准化势在必行。

3. 总线仪器系统——虚拟仪器系统

(1) VXI 总线(VXIbus)

VXI 是结合 GPIB 仪器和数据采集板(DAQ)的最先进技术而发展起来的高速、多厂商、开放式工业标准。VXI 总线是一种高速计算机总线(VME 总线)在仪器领域的扩展。VME 总标准自 1981 年确立以来，在国际上得到广泛应用。1987 年 7 月，美国五家大仪器公司主动联合起来，在 VME 总线标准的基础上制定了开放系统结构仪器所必需的附加标准，命名为 VXI 总线。经过多次修改和补充，于 1992 年 4 月形成了更为完善的接口总线标准 VXIbus Rev. 1. 4。

VXIbus 是面向模块式结构仪器的总线，可适应 16 位、32 位字长及大容量存储器、多级中断响应、分级组合、多机兼容、数据传输率高等计算机技术发展的要求(这些均是 GPIB 总线所不及的)。对所有仪器生产厂家和用户都是公开的，即允许用户将不同厂家生产的仪器模块用于一个仪器系统的同一主机箱内，从而使仪器系统硬件的组建更为灵活。

(2) VXIbus 仪器系统的构成

VXIbus 仪器系统是一种标准总线式模块仪器系统，一般由微机、VXIbus 模块和 VXIbus 机箱组成。若干仪器模块插入 VXIbus 机箱(或称仪器主机架)，便构成了 VXIbus 仪器系统。随着 VXI 总线规范的不断完善和发展，VXI 系统的组建和使用越来越方便。其高速率传输和模块式结构，不仅使得仪器结构紧凑、小巧轻便，更使得集多种功能于一体的现代集成式虚拟仪器变成现实。

(3) 特点——软件就是仪器

VXIbus 仪器系统是一个微机、软件技术和检测系统的有机结合体。在 VXIbus 仪器系统中，高性能的微机处于核心地位，传统仪器的某些硬件乃至整个仪器都被计算机软件所代替。为指挥微机化仪器及其系统工作，都要使用机器语言，但即便使用 C、C++及 BASIC 等高级语言编写程序代码，也会感到程序的编制、调试过程已极不适应高度自动化检测对缩短仪器系统开发时间的要求。而且使用者总希望对所选用(购)的仪器系统的关注最少，最好就像使用家用电器那样，简单地操作几个键即可，而不必了解仪器系统本身的技术问题，从而将更多的精力与注意力转向必须了解的检测对象。出于这种考虑，微机化仪器开发者将现代计算技术中的清单、窗口方式的图形技术、数据库技术、鼠标触动技术、触敏式 CRT 技术、接口驱动技术和数据处理(DSP)技术等引入测试(量)与仪器制造领域，形成了以 CRT 操作为中心的人机友好图形用户接口的开发软件包。使用这种软件包可在 CRT 上生成仪器软面板、多层式清单和窗口，并通过鼠标直观控制仪器；检测条件和测量结果均以字符或(和)图形显示在 CRT 上，且具有多种引导、提示和帮助功能。此外，仪器软面板的各种操作是以程序代码形式存储的，故利用这种工具时无须了解仪器语言，只要会操作仪器的主控微机，仪器本身就会快速、自动地形成检测程序。

利用图形软件包建立虚拟式仪器来完成仪器控制、数据采集、数据分析、数据管理和数据生成等任务，这是 VXIbus 自动测试系统的一个显著特点。美国的惠普(HP)、国家仪器(NI)、吉时利(Keithely)和艾欧泰克(Lotech)等公司研制开发出许多适于 VXIbus 仪器系统的图形软件，其中最受用户欢迎并已被确定为开发仪器驱动标准的是美国国家仪器公司(NI) 1992 年 4 月推出的两大软件——LabVIEW for Windows 和 LabVIEW for Sun，简称 LabWindows 和 LabVIEW。LabVIEW 采用全新的图形化编程概念，通过简单的图形模块连接即可实现数据采集、数据分析和图形显示等功能。只要掌握一点计算机基础知识的任何一位工程师，就可以轻而易举地将自己的检测方案设计思路转化为一台合适的虚拟仪器。

虚拟仪器的出现，突破了过去仪器由生产厂家定义、制造，而用户无法按自己意愿改变的传统模式。依靠日新月异的计算机技术，虚拟仪器(系统)给用户一个充分发挥自己才能与想象力的空间。用户(而不是仪器生产厂家)可以完全根据自己的需求设计仪器系统，以满足多种多样的应用需求。更本质地讲，有检测需求的用户需要的只是一些必要的硬件加上通用微机。借助利用微机资源形成的虚拟仪器，可大大突破传统仪器在数据的处理、表达、传送、存储等方面的限制，获得传统仪器无法比拟的效果。

现在，许多微机仪器的插卡、VXIbus 仪器系统的模块，都已有配套的驱动软件、图形显示软面板和鼠标控制器。用虚拟的东西来模拟仪器的面板乃至所有现代仪器的功能，已被越来越多的用户认同和采纳。由于 VXIbus 是继 GPIB 之后为适应检测仪器从分立的台式或机架叠层式结构发展成更为紧凑的模块式结构的需要而研制开发的，因此利用它形成的仪器系统无疑具有优于智能仪器、IEEE-488 总线测试系统和 PC 仪器及系统等的特点——数据传输率高、信息吞吐量大、易于与其他仪器兼容、体积小、质量轻、升级容易等。VXIbus 仪器系统在技术上与经济上的效益都很高，并展现出更广阔的发展与应用前景。

VXIbus 仪器及其系统、PC 仪器和 IEEE-488 仪器及检测系统一起，已在超大规模集成电路检测、通信机检测、模拟电路/数字电路检测、现代家用电器检测、印制板电路/混合信号电路检测、电子元件/电力电子器件检测，以及军事、航天、生物医学、工厂检测、电工技术领域等的可移动式现场检测工作中得到广泛应用。

第三节　检测系统的基本特性

一、检测系统的精度

不同的检测系统，用以下几个指标来评价其品质的优劣。

1. 准确度

准确度表明仪表指示值与检测对象的真正值的偏离程度，反映了检测系统误差大小。例如，若说某转速表的准确度为 2r/min，则是指用该表检测转速时，其指示值与真正值偏离在 2r/min 之内。

2. 精密度

精密度表明仪表指示值的分散性，即用同一检测系统对同一对象在短时间内做多次重复检测所得结果的分散程度。例如，某一转速表精密度为 2r/min 是指用该转速表多次检测的数据的分散程度小于 2r/min。由误差理论的分析可知，精密度体现了随机误差在检测中的影响。

3. 精确度

精确度(精度)是准确度和精密度的综合反映，习惯上用精度这一概念来综合表示检测误差的大小，其反映了检测结果好坏。准确度是检测值与真值的接近程度，系统误差是准确度的标志，系统误差小，说明准确度高，通常以绝对误差来表示。精密度是指在检测中所测数值重复一致的程度，即所谓重复性。随机误差大小是精密度的标志，随机误差小，意味着精密度高，通常用标准误差(均方根误差)表征。不难理解，准确度高不一定精密，同样精密度高也未必准确。因此必须用精确度来评价检测系统或检测结果。精确度高意味着随机误差和系统误差均很小。在工程中，通常以精度等级(D)来表征其性能的优劣。精度等级，是一系列标准百分数比值，是在规定条件下仪表最大绝对允许误差值相对于仪表量程的百分数，以公式表示为

$$D=\frac{\Delta_{max}}{x_{max}-x_{min}} \tag{1-3}$$

式中　D——仪表精度等级；

Δ_{max}——仪表在全量程范围内的最大绝对允许误差；

x_{max}——仪表量程上限值；

x_{min}——仪表量程下限值。

例如，一台测温仪表，量程为 1000～1500℃，全量程最大绝对允许误差为 0.5℃，则 $D=\frac{0.5}{1500-1000}=0.001=0.1\%$，该测温仪表的精度等级为 0.1 级。又如，某压力表精度为 1.5 级，而其满量程刻度为 5MPa，这说明该压力表在检测中可能产生的绝对误差不超过 5×1.5%=0.075MPa；若所测得的值是 5MPa，可以认为被检测的真实值为(5±0.075)MPa。如果另一个压力表精度同上，但满量程刻度为 10MPa 时，它的绝对误差则是 10×1.5%=

0.15MPa，当所测得的值也是5MPa时，其真实值表示为(5±0.15)MPa，可见误差变大了。因此，我们在选用仪表时，在精度相同的条件下所选仪表的量程不宜过大，一般使测量值在满刻度的2/3以上较为合适。

二、检测系统的静态特性

检测系统的静态特性又称刻度特性、标准曲线或校准曲线。当被测对象处于静态时，也就是检测系统的输入为不随时间变化的恒定信号，在这种情况下测量系统输入与输出之间呈现的关系就是静态特性。

对于一个检测系统，必须在使用前进行标定或定期进行校验。即在规定的标准工作条件下(规定的温度范围、大气压力、湿度等)，由高精度输入量发生器给出一系列数值已知的、准确的、不随时间变化的输入量x_i($i=1, 2, 3, \cdots, m$)，用高精度测量仪器测定被校检测系统对应输出y_i($i=1, 2, 3, \cdots, m$)，从而可以获得由x_i、y_i值列出的数表、绘制曲线或求得数学表达式表征的被校测量系统的输出与输入的关系，称之为静态特性。如果实际检测时的现场工作条件偏离了标定时的标准工作条件，则将产生附加误差，必要时须对读数进行修正。各个标定点输出量的数值y_i又称为刻度值、校准值或标定值。一个检测系统的静态特性常用以下几个指标来衡量。

1. *灵敏度*

灵敏度是指检测系统在稳定状态下输出变化值对输入变化值的比值，即单位输入量所引起的输出量的大小，用来描述检测系统对输入量变化反应的能力。

一个检测系统的静态灵敏度是由静态标定来确定的，即由实测该装置的输入、输出关系来确定。这种关系曲线叫标定曲线。而灵敏度可以被定义为标定曲线的斜率。

$$\text{灵敏度}\ K=\Delta y/\Delta x \tag{1-4}$$

式中 Δy——输出信号的变化量；

Δx——引起输出信号变化Δy的被测参数的变化量。

当输出量与输入量采用相对变化量$\Delta y/y$，$\Delta x/x$形式时，灵敏度有多种表达形式。

$$K=\frac{\Delta y}{\Delta x/x}\ \text{或}\ K=\frac{\Delta y/y}{\Delta x}$$

对于线性元件或线性系统，直线的斜率即为灵敏度，且K为一常数。而对于非线性元件或非线性系统，灵敏度不是常数。因此在表示灵敏度时，应同时标出输入量的大小。

若检测系统是由灵敏度分别为$K1$、$K2$、$K3$等多个相互独立的环节组成时，检测系统的总灵敏度K等于各个环节灵敏度的乘积。灵敏度数值大，表示相同的输入改变量引起的输出变化量大，则测量系统的灵敏度高。对于数字显示的检测系统，用分度值表征灵敏度的高低。

2. *线性度*

线性度又称非线性误差，说明了输出量与输入量的实际关系曲线偏离直线的程度。通常希望仪器的输出量与输入量间呈现线性关系，这样不仅装置简单而且调试方便。但实际中标定曲线往往不是理想的直线，线性度就是用来指示标定曲线偏离直线的程度。线性度的表示法通常是在标定曲线的坐标原点与对应于最大输入量的输出量间连一直线，以此作为基准直线(图1-8)，然后求出实际标定曲线同该基准直线间的最大偏差值Δy_{max}，线性度表示为

$$线性度=\left(\frac{\Delta y_{max}}{y_{max}}\right)\times 100\% \qquad (1-5)$$

3. *分辨力*

又称“灵敏度阈”，它表征检测系统有效辨别输入量最小变化量的能力，一般为最小分度值的1/5~1/2。具有数字显示器的检测系统，其分辨力是当最小有效数字增加一个字时相应示值的改变量，也即相当于一个分度值。

4. *量程*

又称“满度值”，表征检测系统能够承受最大输入量的能力。其数值为检测系统示值范围上、下限之差。当输入量在量程范围以内时，检测系统正常工作并保证预定的性能。

5. *变差(滞后)*

在外界环境条件不变的情况下，使用同一仪表对被测参数进行正反行程(即逐渐由小到大再由大逐渐到小)检测时，对相同的被测参数值仪表的指示值却不相同，这种差异的程度由变差予以表征，其值如图1-9中Δy_{max}所示。

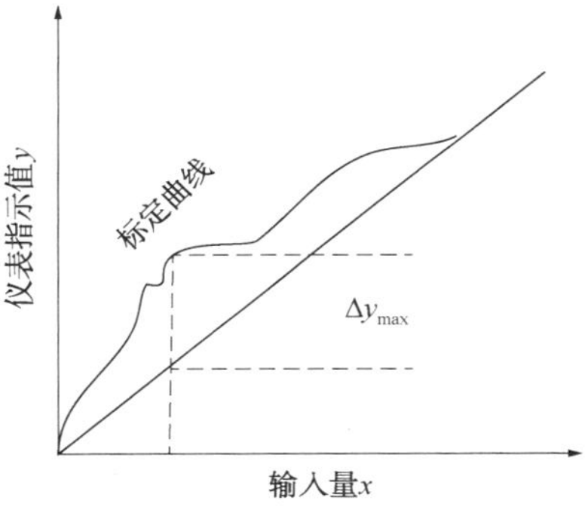

图1-8　仪表线性度表示法

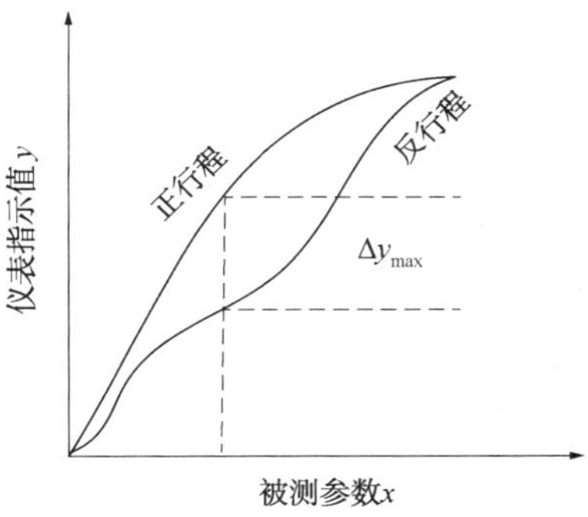

图1-9　仪表变差表示法

第四节　检测技术的发展趋势

一、计算机技术的广泛应用

以计算机为中心的现代检测系统，采用数据采集与传感器相结合的方式，能最大限度地完成检测工作的全过程。它既能实现对信号的检测，又能对所获信号进行分析处理求得有用信息。传统的检测，是由传感器或某些仪表获得信号，再由专门的检测仪器对信号进行分析处理而获得有限的信息。以计算机为中心的现代检测系统，能完成对多点、多种随时间变化参量的快速、实时测量，并能排除噪声干扰，进行数据处理、信号分析，由测得的信号求出与研究对象有关信息的量值或给出其状态的判别。仪器与计算机技术的深层次结合将产生全新的集成仪器概念。可十分方便地将多种检测功能集于一体，形成多功能的集成仪器。利用这种集成仪器的通用硬件平台调用不同的检测软件，就可以构成不同功能的仪器。带有高速及大容量数据采集芯片的计算机系统越来越多地应用在检测技术领域，使得测量过程中的数据采集处理、试验操作调节、实验结果显示分析等环节实现自动化。高速数据采集系统的应用还使许多瞬变过程测量的精度、分辨力及实时处理能力大大提高。

通用集成仪器平台的构成技术与数据采集、数字信号分析处理的软件技术是决定现代检测仪器、系统性能与功能的两大关键技术。以虚拟/集成仪器为代表的现代检测仪器、系统，与传统检测器相比较的最大特点是：用户在集成仪器平台上根据自己的要求开发相应的应用软件，就能构成自己需要的实用仪器和实用检测系统，其仪器的功能不限于厂家的规定。因此，学习、了解检测原理是非常必要的。

将最优秀的检测专家的思维过程固化入测试程序的软件中——人工智能专家系统用于检测技术，可有望大大提高检测系统的能力。

二、新型传感器的研制

传感器技术与计算机技术是同步发展起来的，各种功能的陶瓷传感器、光纤传感器以及传感器与计算机处理一体化的集成化芯片等，近年来都开始由实验室走向工程应用。许多传统温度、压力传感器的应用范围及精度也大大提高。还要特别指出的是，随着微电子技术的发展，将传感器与信号调理电路集成为一体化的芯片已经实现，甚至将传感器、信号调理电路、数据采集以及微计算机或微处理器全部系统集成在一块芯片的产品也已面世，因此，传感器与仪器的界线正在消失。

另外，激光、超声波、红外线等技术在测试技术中的应用也越来越广泛。例如三维激光测速仪、激光相位多普勒技术、超声波流场测试仪、宽量程红外测温仪、热像仪、高速摄影技术等。

采用电子技术对非电物理量进行检测称为非电量电测法，这种方法的优点是：频率响应快，可用于检测动态过程，能连续地进行检测及记录；易实现自动化控制及信号计算机处理；检测精度高。随着电子技术的发展，非电量电测法在材料成型及控制工程检测技术中得到越来越广泛的应用。早期检测仪器是以电磁感应基本定律为基础的模拟指针式仪表。20世纪70年代出现了以集成电路芯片为基础的数字式仪表。随着微电子技术的发展和微处理器的普及，20世纪80年代以微处理器为中心的智能式仪表迅速普及。现在，微电子技术与计算机技术的飞速发展，检测技术与计算机深层次的结合正引起检测仪器领域一场新的革命，一种全新的仪器结构概念导致新一代仪器——虚拟仪器的出现，进而产生集成仪器，即由单台仪器的系统向多台仪器组成的大的检测系统方向发展。

思考与练习

1. 简述检测系统的基本类型及结构。
2. 检测系统的基本特性。
3. 检测系统的发展趋势。

第二章　常用传感器

第一节　传感器概述

一、传感器的定义

从广义上讲，传感器是一种能把物理量或化学量转变成便于利用的电信号的器件。国际电工委员会(IEC：International Electro-technical Committee)的定义为："传感器是测量系统中的一种前置部件，它将输入变量转换成可供测量的信号。"因此传感器是包括承载体和电路连接的敏感元件，而传感器系统则是组合有某种信息处理(模拟或数字)能力的传感器。传感器是传感器系统的一个组成部分，它是被测量信号输入的第一道关口。德国和俄罗斯学者认为传感器应是由两部分组成的，即直接感知被测量信号的敏感元件部分和初始处理信号的电路部分。按这种理解，传感器还包含了信号成形器的电路部分。

传感器是一种能把特定的被测量信息(包括物理量、化学量、生物量等)按一定规律转换成某种可用信号输出的器件或装置。唯有便于处理和传输的信号才是"可用信号"。由于电信号是最易于处理和传输的，传感器通常被认为是能够将非电量转换为电量的器件。凡是能接收一种物理形式的信息，并按一定规律将它转换成另一种或同一种物理形式信息的器件都称为传感器，有时也称为变化器、换能器、检测器等。传感器是实现检测和材料成型控制的首要环节，也是检测系统与被测对象直接发生联系的环节。

传感器一般由敏感元件、转换元件和变换电路三部分组成，有时还需要加上辅助电源。通常传感器的组成如图 2-1 所示。

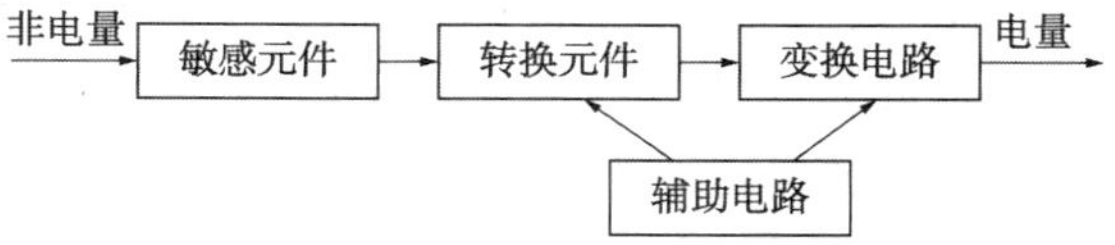

图 2-1　传感器组成示意图

敏感元件是传感器的重要组成元件，是直接感受被测量(一般为非电量)，并输出与被测量有确定关系的其他量(也可以包括非电量)的元件，如膜片和波纹管，可以把被测压力变成位移量。转换元件是直接感受被测非电量或与被测量有确定关系的其他非电量，输出与被测量有确定关系的电量。如差动变压器式压力传感器，其并不直接感受压力，只是感受与被测压力对应变化的衔铁位移量，然后转换成电量输出。变换电路是把转换元件输出的信号转换为便于显示、记录、控制和处理信号的电路。变换电路视转换元件的类型而定，使用较多的是电桥电路，也可使用其他特殊电路。由于转换元件的输出信号一般比较小，为了便于显示和记录，大多数测量电路还包括了放大器。

有些元件既是敏感元件又是转换元件，能直接输出电量，如热电偶。还有些新型传感器，如压阻式和谐振式压力传感器、差动变压器式位移传感器等，其敏感元件与转换元件已完全合为一体了。传感器制作有简单的，也有很复杂的；有带反馈的闭环系统，也有不带反馈的开环系统，其组成将依不同情况而异。

二、传感器分类

各领域生产中所涉及的被测对象千差万别，采用的传感器也不相同。目前，还没有统一的分类方法，但一般可将传感器分为如下几类：

1. 按非电量形式分类

依据被测非电量的不同形式，传感器一般可分为位移传感器、速度传感器、温度传感器、压力传感器、湿度传感器和流量传感器等。

2. 按工作原理分类

传感器按其工作原理可分为电阻式、电容式、电感式、压电式、光电式和热电式等。

3. 按能量传递形式分类

传感器按其能量传递形式可分为有源传感器和无源传感器两大类。有源传感器为能量变换器，它能将非电能量转化为电能而不需要辅助能源，如压电式、热电式、磁电式、光电式传感器等。无源传感器不是一种换能器，它需要有辅助能源(电源)，被测的非电量只能对传感器中的辅助能量起控制和调节的作用。

4. 按输出信号性质分类

按其输出信号性质，传感器可分为模拟式和数字式两种。模拟式传感器与数字计算机配合时，需要模/数转换环节，目前所应用的传感器中模拟式传感器仍然占有很大数量。如果采用数字式传感器，则可使电测量系统大为简化，从而为计算机自动检测带来方便。此外，数字式传感器还具有抗干扰能力强、适应远距离传输等优点。

5. 按敏感元件作用分类

根据传感器敏感元件作用机理，可分为物理传感器和化学传感器两大类。物理传感器应用的是物理效应，诸如压电效应，磁致伸缩现象，离化、极化、热电、光电、磁电等效应。被测信号量的微小变化都将转换成电信号。化学传感器是以化学吸附、电化学反应等现象为因果关系的传感器，被测信号量的微小变化也将转换成电信号。

有些传感器既不能被划分到物理类，也不能被划分为化学类。大多数传感器是以物理原理为基础运作的。化学传感器技术问题较多，例如可靠性问题、规模生产的可能性、价格问题等。

6. 按其用途分类

传感器按用途可分为：压力敏和力敏传感器、位置传感器、液面传感器、能耗传感器、速度传感器、热敏传感器、加速度传感器、射线辐射传感器、振动传感器、湿敏传感器、磁敏传感器、气敏传感器、真空度传感器、生物传感器等。

7. 按输出信号分类

以其输出信号为标准可将传感器分为：模拟传感器、数字传感器、膺数字传感器、开关传感器。

模拟传感器——将被测量的非电学量转换成模拟电信号。

数字传感器——将被测量的非电学量转换成数字输出信号(包括直接和间接转换)。

膺数字传感器——将被测量的信号量转换成频率信号或短周期的输出信号(包括直接或间接转换)。

开关传感器——当一个被测量的信号达到某个特定的阈值时，传感器相应地输出一个设定的低电平或高电平信号。

三、传感器的发展方向

1. 向高精度发展

随着自动化生产程度的不断提高，对传感器的要求也在不断提高。现在要求必须研制出灵敏度高、精确度高、响应速度快、互换性好的新型传感器，以确保生产自动化的可靠性。目前能生产精度在万分之一以上的传感器的厂家为数很少，其产量也远远不能满足要求。

2. 向高可靠性、宽温度范围发展

传感器的可靠性直接影响到电子设备的抗干扰性能，研制高可靠性、宽温度范围的传感器将是永久性的方向。提高温度范围历来是大课题，大部分传感器的工作范围都在−20～+70℃，在军用系统中要求工作温度在−40～+85℃范围，而在汽车、锅炉等场合对传感器的温度要求更高，因此发展新兴材料(如陶瓷)的传感器将很有前途。

3. 向微型化发展

各种控制仪器设备的功能越来越多，要求各个部件体积所占空间越小越好，因而传感器本身体积也是越小越好，这就要求发展新的材料及新的加工技术。传统的加速度传感器是由重力块和弹簧等制成的，体积较大、稳定性差、寿命也短，而目前利用激光等各种微细加工技术制成的硅加速度传感器体积非常小、互换性和可靠性都较好。

4. 向微功耗及无源化发展

传感器一般都是由非电量向电量的转化，工作时离不开电源。在野外现场或远离电网的地方，往往是用电池或太阳能等供电。因此，开发微功耗的传感器及无源传感器是必然的发展方向，这样既可以节省能源又可以提高系统寿命。

5. 向智能化和数字化发展

随着现代化的发展，传感器的功能已突破传统的功能，其输出不再是一个单一的模拟信号(如0～20mV)，而是经过微型计算机处理后的数字信号，有的甚至带有控制功能，这就是所说的数字传感器。

第二节　电阻式传感器

被测非电量的变化引起电阻器阻值改变的变换元件称为电阻式传感器。电阻式传感器应用较早，由于其结构简单、价格便宜、工作可靠性高、输出信号大，至今仍有比较广泛的应用。

导线的电阻值 R 与导线长度 L 及电阻率 ρ 成正比，与导线横截面积 S 成反比，即

$$R=\rho\frac{L}{S} \tag{2-1}$$

改变 S、L 和 ρ 中的任何一个数值，都将引起电阻 R 的变化。因此，电阻式传感器的基本类型有以下三种：

(1) 利用电刷滑动，改变电路中导线长度 L，从而实现电阻 R 的改变。这种传感器被称为电位器式传感器，一般用于测量线位移和角位移等参量。

（2）利用应力、应变使电阻丝产生形变，使电阻丝长度 L、截面积 S 和电阻率 ρ 均发生改变，从而实现电阻值 R 改变。这种传感器被称为电阻应变式传感器，一般用于测量立力、应变等参量。

（3）利用热或光等辐射能使传感器的电阻发生变化，从而使电阻 R 发生改变。这种传感器被称为热电阻或光敏电阻传感器，一般用于测定温度和光通量及其派生量。

一、电位器式传感器

电位器式传感器（简称电位器）的种类很多，按其结构形式不同可分为线绕式、薄膜式、光电式、磁敏式等；而按其输出特性不同，又可分为线性电位器和非线性电位器。这里仅讨论线绕式电位器，如图 2-2 所示。

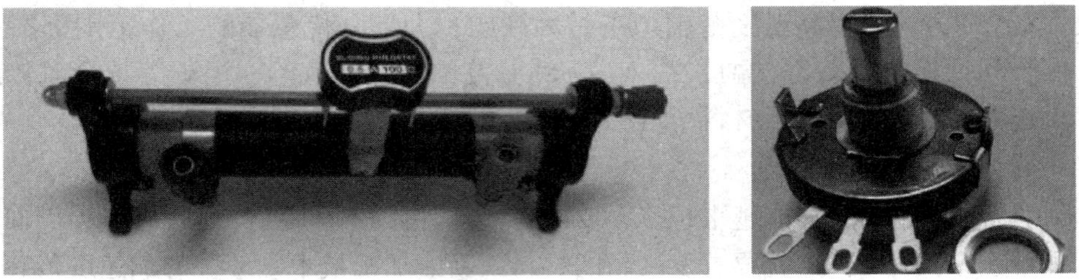

图 2-2　线绕式电位器

线绕式电位器由电阻丝、骨架和电刷构成，如图 2-3 所示。电阻丝一般为铜镍合金丝、铜锰合金丝和铂合金丝；骨架一般由陶瓷、酚醛树脂和工程塑料制成；电刷多由磷青铜或铂银合金片制成。

1. 线性线绕电位器

线性线绕电位器由材料均匀的导线按等间距，在截面积相等的骨架上绕制而成，如图 2-4 所示。对于理想线性线绕电位器，电阻丝单位长度上的电阻值相等，当电刷行至此处时，对应输出电压为

$$U_0=\frac{r}{R}u_i=\frac{U_i}{R}\cdot\frac{x\cdot R}{L}=\frac{U_i}{L}x \tag{2-2}$$

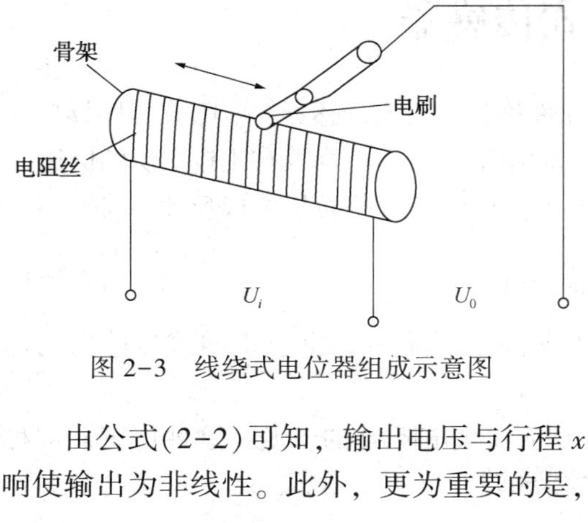

图 2-3　线绕式电位器组成示意图

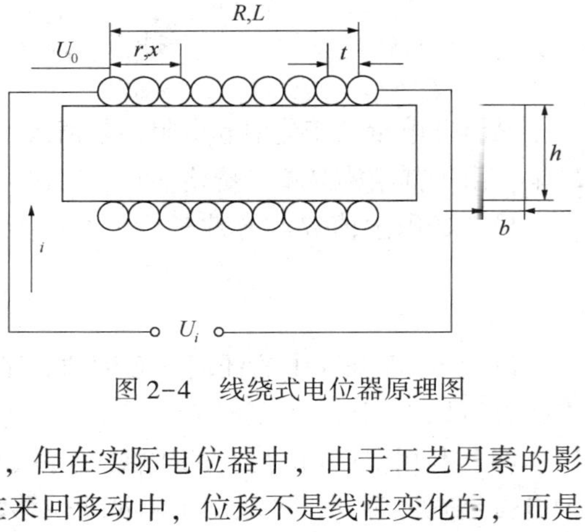

图 2-4　线绕式电位器原理图

由公式（2-2）可知，输出电压与行程 x 成正比，但在实际电位器中，由于工艺因素的影响使输出为非线性。此外，更为重要的是，电刷在来回移动中，位移不是线性变化的，而是

阶梯状运行，即传感器输出具有阶梯特性。线绕式电位器的阶梯特性是由于工作原理的不完善而引起的，减小阶梯误差的主要方法就是增加总匝数，如当骨架长度一定时，就要减少导线直径；当导线直径一定时，就要增加骨架长度。多圈螺旋电位器就是基于这一原理设计的。

2. 非线性线绕电位器

非线性线绕电位器是指输出电压（或电阻）与电刷行程之间具有非线性关系的一种电位器。这种电位器可以实现指数函数、对数函数、三角函数及其他任意非线性函数的输出，故又称函数电位器。这种电位器有时与其他元件适当配合，可获得线性输出，常用的非线性线绕电位器有变骨架式和变节距式。如图 2-5 所示。

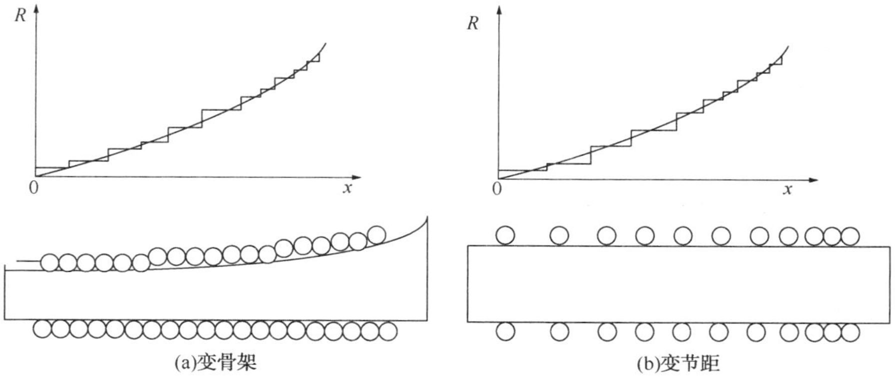

图 2-5　非线性线绕电位器原理图

变骨架式非线性线绕电位器是在保持导线电阻率 ρ、截面积 S、节距 t、骨架宽度 b 等结构参数不变的条件下，通过改变骨架高度 h 的方法来实现非线性函数关系变换的。

一般的情况下，骨架的形状应根据输入量而定，具体的求法如下：

假设输入量为 $f(x)$，简写为 f，电刷的行程为 x，则

$$\frac{\mathrm{d}f}{\mathrm{d}x}=\lim_{\Delta x\to 0}\frac{\Delta f}{\Delta x}=\lim_{\Delta x\to 0}\frac{\Delta R\cdot I}{\Delta x}=\lim_{\Delta x\to 0}I\cdot\frac{2\rho(b+h)}{S}\cdot\frac{1}{t}=\frac{2\rho(b+h)I}{St} \tag{2-3}$$

所以

$$h=\frac{St}{2\rho I}\left(\frac{\mathrm{d}f}{\mathrm{d}x}\right)-b \tag{2-4}$$

可见，骨架高度 h 随特性函数$\frac{\mathrm{d}f}{\mathrm{d}x}$而变化。

变节距是指在保持电阻率 ρ 和截面积 S 不变的条件下，通过改变节距 t 来实现非线性函数的输出。由式(2-3)不难得出

$$t=\frac{2\rho I(b+h)}{S\left(\frac{\mathrm{d}f}{\mathrm{d}x}\right)} \tag{2-5}$$

利用此种方法制作骨架容易，但绕线困难，故适合于特性曲线斜率变化不大的情况。

3. 电位器的负载特性

当电位器输出端带有有限负载时所具有的特性就是电位器的负载特性。负载特性将偏离

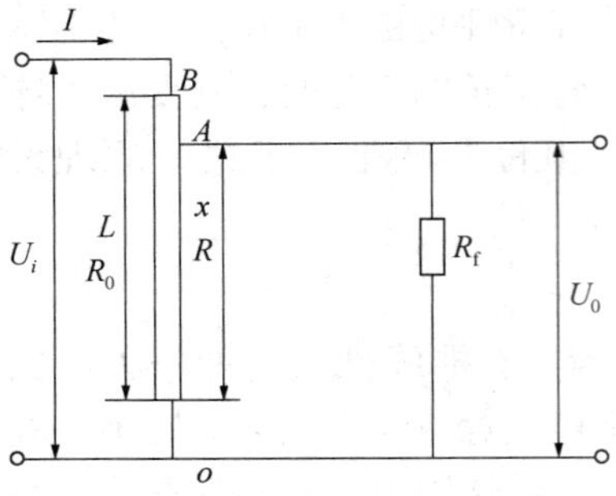

图 2-6　带负载的电位器

理想的空载特性。在电位器空载情况下的特性，即电位器的输出端接至输入阻抗非常大的放大器时的特性，被称为电位器的空载特性。它们之间的偏差被称为电位器的负载误差。无论是线性电位器还是非线性电位器，在带载工作时都会产生负载误差。

由图 2-6 所示，计算负载电位器输出电压U_0

$$U_0=\frac{\frac{R_fR}{R+R_f}}{\frac{R_fR}{R+R_f}+(R_0-R)}U_i=\frac{RR_fU_i}{R_fR_0+RR_0-R^2} \tag{2-6}$$

式中　R_f——负载电阻；

R_0——电位器的总电阻；

R——电位器的实际工作电阻。

假设电位器的总长度(总行程)为 L，电刷的实际行程为 x，引入电阻的相对变化 $r=R/R_0$，电位器的负载系数$k_f=R_f/R_0$，电刷的相对行程 $X=x/L$，电压的相对输出 $Y=U_0/U_i$，则由式(2-6)可得

$$Y=\frac{r}{1+\frac{r}{K_f}-\frac{r^2}{K_f}} \tag{2-7}$$

上式是电位器负载特性的一般表达式，适用于任意电位器。

二、电阻应变式传感器

电阻应变式传感器是将应变量输入转换为电量输出的转换器件，可以测量力、位移、速度、加速度、扭矩等。电阻应变式传感器的敏感元件是应变片，可将应变转换成电量。

1. 金属应变片的工作原理

横截半径为 r、长度为 L 的圆柱形电阻丝的电阻值为

$$R=\frac{\rho L}{S}=\frac{\rho L}{\pi r^2} \tag{2-8}$$

在外力作用下，电阻丝发生变形，电阻率 ρ、导线长度 L、导线截面积 S 或截面半径 r 均发生改变，变化量分别为 $\mathrm{d}\rho$、$\mathrm{d}L$、$\mathrm{d}S$，此时引起的电阻增量为 $\mathrm{d}R$，即

$$\mathrm{d}R=\frac{\partial R}{\partial L}\mathrm{d}L+\frac{\partial R}{\partial \rho}\mathrm{d}\rho+\frac{\partial R}{\partial S}\mathrm{d}S=\left(\frac{\mathrm{d}L}{L}+\frac{\mathrm{d}\rho}{\rho}-2\frac{\mathrm{d}r}{r}\right)\cdot R \tag{2-9}$$

则电阻 R 的相对变化率为

$$\frac{\mathrm{d}R}{R}=\frac{\mathrm{d}L}{L}+\frac{\mathrm{d}\rho}{\rho}-2\frac{\mathrm{d}r}{r} \tag{2-10}$$

式中　$\frac{\mathrm{d}L}{L}$——电阻丝轴向相对变形，即 $\varepsilon=\frac{\mathrm{d}L}{L}$；

$\frac{\mathrm{d}r}{r}$——电阻丝径向相对变形；

$\frac{d\rho}{\rho}$——电阻丝电阻率的相对变化率，与电阻丝轴向所受正应力 σ 有关，$\frac{d\rho}{\rho}=\lambda\sigma=\lambda E\varepsilon$（$E$ 为电阻丝材料的弹性模量，λ 为压阻系数，与材质有关）。

当电阻丝沿轴向伸长时，必沿径向缩小，根据材料力学可知，二者之间的关系为

$$\frac{dr}{r}=-\mu\frac{dL}{L} \tag{2-11}$$

式中　μ——电阻丝材料的泊松比。

所以

$$\frac{dR}{R}=(1+2\mu)\varepsilon+\lambda E\varepsilon \tag{2-12}$$

式中　$(1+2\mu)\varepsilon$——由几何尺寸变化引起，对同一材料 $1+2\mu$ 是常数；

$\lambda E\varepsilon$——由电阻丝电阻率变化引起，通常被称为压阻效应。

2. 应变片的种类及构造

电阻应变片一般由敏感元件、基底、覆盖片和引出线四部分组成。电阻应变片的核心是电阻敏感元件，基底和覆盖片起保护作用，并可使电阻丝和弹性元件之间绝缘，引出线用作连接测量电路。

根据电阻敏感元件的材料及制造工艺不同，电阻应变片可分为金属应变片和半导体应变片两种。

（1）金属应变片

金属应变片一般分为丝式和箔式两种。

① 丝式应变片。丝式应变片一般由敏感栅、基片、引线和覆盖层等组成。如图 2-7 所示。敏感栅通常用具有高电阻率，直径为 0.015～0.05mm 的金属丝紧密排列成栅状形式而成。通过黏接剂固定在基片和覆盖层之间。制作应变栅的常用材料如表 2-1 所示。

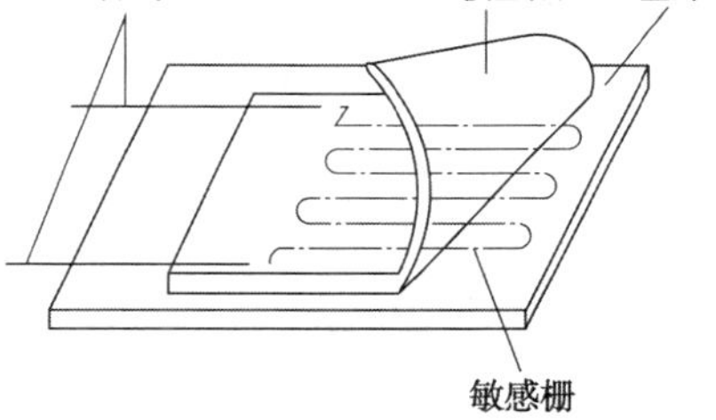

图 2-7　丝式应变片结构图

表 2-1　制作应变栅的常用材料

合金类型	铜镍合金		镍铬合金	镍铬铝合金				铁铬铝合金
成分	康铜	铜 55% 镍 45%	镍 80% 铬 20%	6J22	镍 74% 铬 20% 铝 3% 铁 3%	6J23	镍 75% 铬 20% 铝 3% 铁 2%	铁 70% 铬 20% 铝 3%
电阻率/($10^{-6}\Omega\cdot m$)	0. 45～0. 52		1. 0～1. 1	1. 24～1. 42				1. 3～1. 5
电阻温度系数/(10^{-6}/℃)	±20		110～130	±20				30～40
灵敏度系数 K	1. 9～2. 1		2. 1～2. 3	2. 4～2. 6				2. 8
线膨胀系数/(10^{-6}/℃)	15		14	13. 3				14
对铜热电势/(μV/℃)	43		3. 8	3				2～3
抗拉强度/MPa	450～700		650～1000	1000～1300				600～800
最高使用温度/℃	300(静态) 400(动态)		450(静态) 800(动态)	450(静态) 800(动态)				700(静态) 1000(动态)

表 2-1 中所列材料，以康铜应用最为广泛。用康铜作线栅的应变片测量范围大，温度系数小。因此，检测时因温度变化而引起的误差较小。静态测量时的使用温度可达 800℃；动态测量时可达 400℃。也可用于测量大应变(高达 22%)，且价格较低廉。镍铬合金具有较高的电阻率，但温度系数大，主要用于动态应变测量，使用温度可达 800℃。在这种合金中掺入少量的其他元素，可以制成 6J22 合金(卡马合金)和 6J23 合金(伊文合金)，其电阻率比原来有所提高，电阻温度系数可以减少，如果采用适当的冷加工与热处理工艺。可以控制其电阻温度系数，用来制作温度自补偿应变片。铁铬铝合金的特点是电阻率较高、对铜引线的热电势小、灵敏度系数较大。

基片的作用是保证将构件上的应变准确地传递到敏感栅上，因此基片做得很薄，并具有良好的绝缘性能及抗潮和耐热性能，其厚度为 0.02～0.04mm。基片有纸基、纸浸胶基和胶基等种类。纸基应变片制造简单、价格便宜、便于粘贴，但耐热性和耐潮性较差，一般只在短期的实验中使用，使用温度一般在 70℃以下。用酚醛树脂、聚酯树脂等胶液将纸浸透、硬化处理的纸浸胶基，其特性得到较大改善，使用温度可达 180℃，抗潮性能也较好，可长期使用。

覆盖层起到保护敏感栅的作用，其材料与基底基本相同。黏接剂分为有机和无机两大类。有机黏接剂用于低温、常温和中温。常用的有聚丙烯酸酯、有机硅树脂、聚酰亚胺等。无机黏接剂用于高温，常用的有磷酸盐、硅酸盐、硼酸盐等。

敏感栅电阻丝两端焊接有引线，用以和外接电路相接，常用直径为 0.1～0.15mm 的镀锡铜线或其他合金材料制成。根据不同用途，栅长可为 0.2～200mm。

② 箔式应变片。箔式电阻应变片是用厚度为 3～10mm 极薄的康铜或镍铬金属片腐蚀而成的。制造时，先在康铜薄片上的一面涂上一薄层聚合胶，使之固化为基底，箔片的另一面涂感光胶，用光刻技术印刷上所需要的丝栅形状，然后放在腐蚀剂中将多余部分腐蚀掉，焊上引出线就成了箔式电阻应变片。常见的箔式应变片如图 2-8 所示。

(a)单应力应变片　(b)扭矩应变片　(c)压力传感器专用应变片

图 2-8　箔式应变片

箔式应变片由于采用先进的制造技术，能保证敏感栅尺寸准确、线条均匀，且可根据测量要求制成任意形状，易于大批量生产。应变片与试件接触面积大、粘贴牢固、机械滞后小、散热性能较好，允许通过较大的工作电流，从而增大了输出信号。由于箔式应变片的诸多优点，使它获得了日益广泛的应用。

(2) 半导体应变片

丝式及箔式应变片由于价格低廉、性能较好，在很多领域得到广泛应用。但二者存在共同的缺点：灵敏度较低，不适于微小应变或应力信号的精确测量。20 世纪 50 年代中期出现了半导体应变片，其灵敏度要比常规应变片高出近 50 倍，从而为电阻应变式传感器开辟了新途径。

半导体应变片工作原理在于半导体单晶材料具有压阻效应，即对一块半导体的某一轴向施加一定载荷而产生应力时，其电阻率会发生一定变化。对于不同类型半导体或施加载荷方向不同，压阻效应也不一样。目前使用最多的是单晶硅半导体，对于 P 型硅半导体，(111)晶轴方向的压阻效应最大；而对于 N 型硅半导体，(100)晶轴方向的压阻效应最大。半导体应变片的结构如图 2-9 所示。

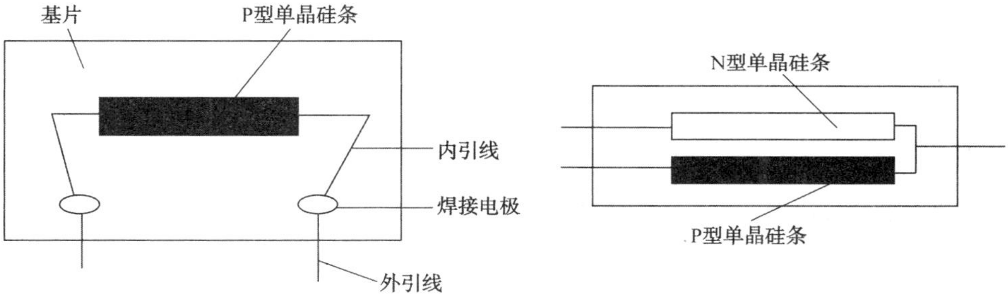

(a)PBD7型半导体应变片　　(b)二元件温度补偿半导体应变片

图 2-9　半导体应变片

半导体应变片突出的优点是灵敏度高、机械滞后小、横向效应小、体积小、蠕变小，因此适用于动态测量。其主要缺点是温度稳定性差、灵敏系数非线性大、电阻值和灵敏度系数的分散度大。因此，应用时必须采取温度补偿和非线性校正。

3. 应变片的工作特性参数

(1) 灵敏度系数

应变片的应变效应一般都用相对灵敏度系数 K 来表示，表征应变片的应变电阻相对变化率与其长度的相对变化率的比值，即

$$K=\frac{\varepsilon R}{\varepsilon L}=\frac{\Delta R/R}{\Delta L/L} \tag{2-13}$$

金属丝应变片的应变灵敏度系数为

$$K=1+2\mu+C(1-2\mu) \tag{2-14}$$

式中　μ——泊松比；

C——取决于金属丝材料结构的比例系数，一般在-12(镍)到+6(铂)之间。K 值一般为 2.0~3.6。

半导体应变片的应变灵敏度系数为

$$K=1+2\mu+\lambda E\approx\lambda E \tag{2-15}$$

式中　λ——压阻系数，与半导体导电类型、所掺杂质的浓度、受力方向及半导体材料电阻率有关；K 值一般为 100~170，比金属丝应变片高出 50 倍左右。

(2) 横向效应

当应变片受到纵向拉伸时，其横向将出现缩短现象。纵向拉伸使电阻值增加，横向缩短又使电阻值减小，其综合结果使得应变数值偏小或者说应变片的灵敏度系数减小，这种现象被称为横向效应。横向效应可以用横向灵敏度表示，其已经包含在灵敏度系数中。

（3）极限应变

应变片电阻相对变化与应变的相互关系，一般认为是线性的，但把应变片粘贴在被测试件上时，黏接剂和基片材料的特性对应变片的变形有很大影响。当应变片承受较大应变时，胶和基底传递应变的能力减弱，弹性元件真实应变不能全部作用在应变片敏感栅上，从而使测出的应变值比实际值偏低。此外，当应变值超过敏感栅弹性极限时，也破坏应力和应变的正比关系。

在温度一定的条件下，指示应变与真实应变的相对误差值不超过一定数值时的最大真实应变值称为应变极限，一般定义该相对误差为 10%，即指示应变值为真实应变值的 90% 时的真实应变值为应变极限，如图 2-10 所示。

（4）机械滞后

应变机械滞后是指在一定温度下，对已粘贴应变片的弹性元件加载或卸载时，其$\dfrac{\Delta R}{R}$与ε的特性曲线不相重合，而是一条封闭曲线，如图 2-11 所示，这种现象称为应变片的机械滞后。产生机械滞后的原因主要是敏感栅、黏接剂和基片在承受机械应变后都留有残余变形。

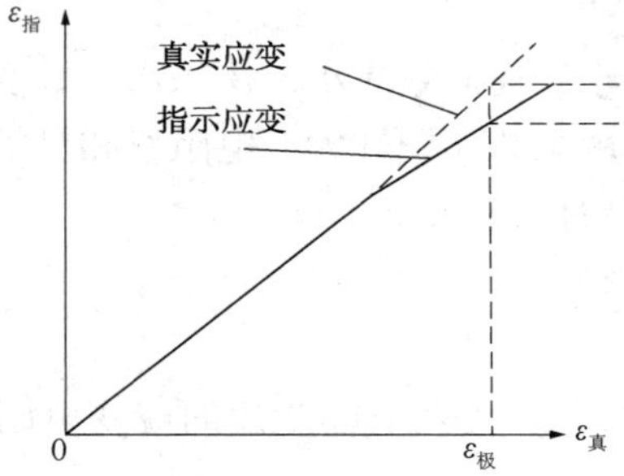

图 2-10　应变极限

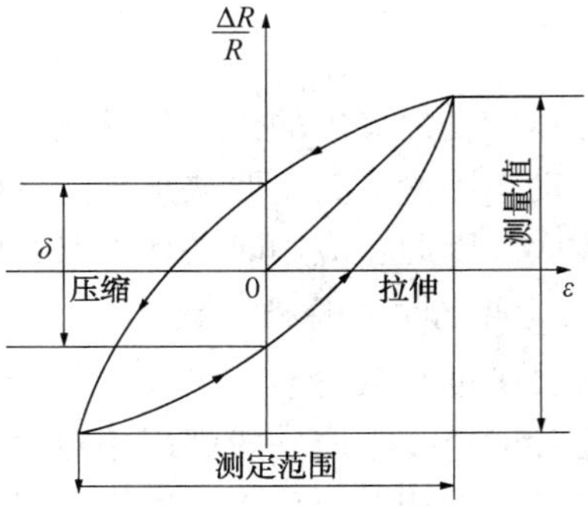

图 2-11　机械滞后曲线

为了减小机械滞后，要选择性能良好的黏接剂和基片，以及对金属丝进行适当的热处理，而且在将应变片贴在弹性元件上以后，最好先进行几次加载、卸载循环，然后再标定。

（5）零漂和蠕变

应变片的零漂是指试件在不受力的情况下，在恒定的温度环境中，应变片的指示应变值随时间而变化的特性。零漂测定试验一般进行 3h。常温下工作的一个应变片不允许进行此特性的测定。零漂主要是由于应变片的绝缘电阻过低或通过电流后产生热电势等原因造成。

粘贴在试件上的应变片，在恒定的应变及恒定的温度环境中，应变片的电阻值随时间变化的特性，称为应变片的蠕变。应变片的蠕变主要是由于黏接层引起的，如应变胶种类选择不当、黏接层受潮、在接近应变胶软化温度下进行测量、黏接层过厚或固化不充分等因素均能使应变片产生蠕变。

（6）疲劳寿命

应变片疲劳寿命是应变片在试件的某一应变变化幅度下所能经受的变化循环次数。超过这个循环次数，应变片就不能继续工作，或者测出的应变比开始服役时减小 5%，这种现象被称为疲劳破坏。应变片产生疲劳破坏的主要原因有：应变片电阻敏感元件已达到疲劳极限；应变片敏感元件与引出线连接点损坏；应变胶损坏，基底与试件（弹性元件）局部脱开。

（7）允许电流及电阻值

应变片工作时，有电流 I 通过，将产生一定的热量，它使应变片的温度不断升高。当电流达到一定数值时，可能使应变片的敏感栅烧毁，因此对通过应变片的电流应加以限制。在静态下测量时，为了保证测量精度，允许电流一般为 25mA；在动态下测量时，允许电流为 75～100mA。允许电流一般由生产厂家提供，使用时不要超过此值。应变片的电阻值是指应变片尚未粘贴、未受外力情况下，在室温下测定的电阻值。其值有 60Ω、120Ω、350Ω、600Ω、1000Ω，其中 120Ω 是最为常用的阻值。

（8）温度特性

理想中的应变片，其阻值仅与应变有关。但实际上，没有外加载荷时，其阻值也发生变化。其原因有两个：其一是温度变化引起敏感栅的电阻率发生变化；其二是应变片敏感栅与弹性元件的线膨胀系数不同，产生了附加变形。

敏感栅电阻值随温度变化的关系为

$$R_{\alpha}=R_0(1+\alpha_0\Delta t) \tag{2-16}$$

式中　R_{α}——温度为 t 时的电阻值；

a_0——敏感栅电阻温度系数；

R_0——温度为零时的电阻值；$\Delta t=t-t_0$。

故温度变化 Δt 时，电阻变化为

$$\Delta R=R_{\alpha}-R_0=R_0\alpha_0\Delta t \tag{2-17}$$

因线膨胀系数不同引起的阻值变化为

$$\Delta R_{\beta}=R_0K_{0\varepsilon\beta}=R_0K_0(\beta_g-\beta_s)\Delta t \tag{2-18}$$

式中　K_0——温度为零时的灵敏度系数；

β_g——弹性元件线膨胀系数；

β_s——敏感栅线膨胀系数。

由于环境温度变化而引起的总附加电阻为

$$\Delta R_t=\Delta R+\Delta R_{\beta}=R_0[\alpha_0+K_0(\beta_g-\beta_s)]\Delta t \tag{2-19}$$

4. 应变片的温度补偿

（1）桥路补偿

由电桥和差特性公式可知，电桥相邻两臂若同时产生大小相等、符号相同的电阻增量，电桥的输出将保持不变。利用这个性质，可将应变片的温度影响相互抵消。其方法是：将两个特性相同的应变片，用同样方法粘贴在相同材质的两个试件上，置于相同的环境温度中，一个承受应力为工作片，一个不承受应力为补偿片，把两个应变片分别安置在电桥的相邻两个臂。检测时，温度发生变化，这两个应变片将引起相同的电阻增量，但这时电桥的输出值不受这两个增量的影响，电桥的输出只反映工作片所承受的应力大小。使用桥路进行补偿较简单，在常温下使用效果好。

（2）应变片自补偿

使用特殊的应变片，使其温度变化时的电阻增量等于零或相互抵消，从而不产生测量误差，这种应变片被称为自补偿应变片。

① 选择式自补偿应变片。当环境温度变化 Δt 时，应变片电阻值的增量 ΔR_t 可用式

(2-19)来表示。由此可知，使应变片实现自补偿的条件是

$$\alpha_0=-K_0(\beta_g-\beta_s) \tag{2-20}$$

由此可见，只要电阻丝材料和被测件材料配合恰当，就能满足上式，使应变片温度变化的电阻增量等于零。选择不同电阻温度系数的电阻丝材料来实现温度补偿而制成的应变片称为选择式温度自补偿应变片。其优点是成本低，且在一定的温度范围内补偿效果可达±2με/℃；缺点是一种 α_0值的应变片，只能在一种材料上使用，且α_0值并不随温度呈现直线变化，因而使用温度范围受限制。

② 组合式自补偿应变片。利用某些电阻材料的电阻温度系数有正负的特性，将两种不同的电阻丝栅串联制成一个应变片，以实现温度补偿，这种应变片称为组合式自补偿应变片。

这种应变片的自补偿条件是两段电阻丝栅随温度变化而产生的电阻增量大小相等，符号相反。由于这种应变片是用两种不同长度的丝栅来实现温度补偿的，故补偿效果较好，在使用温度范围内可达±0. 45με/℃。

温度补偿的方法还有很多，如热敏电阻法等，但是一种温度补偿法只适用于一个较狭窄的范围和一定的温度环境，即使这样，也很难达到“完全”补偿。因此，在实际测量中首先要尽量创造恒温或温度变化较小的环境，以减小温度对测量精度的影响，其次是选用恰当的温度补偿方法。

第三节　电容式传感器

电容式传感器的作用是将被测工件尺寸的微小变化或将被测工件间的电容介质介电系数的微小变化转换成电容量的变化，然后通过一定的测量电路，将电容量的变化以一定的电信号形式反映出来，从而实现非电量电测量的目的。其具有结构简单、体积小、分辨率高、可实现非接触测量的特点，被广泛应用于位移、液位、振动及湿度等参量的测量中。

一、电容式传感器工作原理及类型

1. 电容式传感器工作原理

由两块平行板组成一个电容器，若忽略其边缘，其电容量为

$$C=\frac{\varepsilon S}{d}=\frac{\varepsilon_r\varepsilon_0 S}{d} \tag{2-21}$$

式中　ε——电容极板间介质的介电常数；

ε_0——真空介电常数，$\varepsilon_0=8.85\times10^{-12}$ F/m；

ε_r——极间的相对介电常数；

S——两平行极板覆盖的有效面积；

d——两平行极板之间的距离。

由式(2-21)可知，任意改变 ε、S、d 中的某一个量，则电容 C 都会随之改变。

2. 基本类型

根据电容式传感器的工作原理可将电容式传感器分为三种类型，即变极距型电容传感器、变面积型电容传感器和变介电常数型电容传感器。

（1）变极距型电容传感器

图 2-12 中，使极板 P_1 固定，P_2 沿垂直方向移动，则电容 C 就要随间隙 d 的改变而变化。

若电容器极板距离由初始值 d 变化 Δd，且在极距为 d 和 $d\pm\Delta d$ 时，其电容量分别为 C_0 和 C'，则

$$\begin{cases} C_0=\dfrac{\varepsilon S}{d} \\ C'=\dfrac{\varepsilon S}{d\pm\Delta d}=\dfrac{\varepsilon S}{d\left(1\pm\dfrac{\Delta d}{d}\right)}=\dfrac{\varepsilon S\left(1\pm\dfrac{\Delta d}{d}\right)}{d\left(1-\dfrac{\Delta d^2}{d^2}\right)} \end{cases} \tag{2-22}$$

当 $\Delta d \ll d$ 时，$1-\dfrac{\Delta d^2}{d^2}\approx 1$，此时

$$C'=\frac{\varepsilon S\left(1\pm\dfrac{\Delta d}{d}\right)}{d}=C_0\pm C_0\frac{\Delta d}{d} \tag{2-23}$$

要使C'与 Δd 有近似的线性关系，必须规定 Δd 在较小的间隙范围内变化，通常取$\dfrac{\Delta d}{d}=0.1$。另外也可以看出，当 d 较小时，同样的 Δd 引起的电容变化量 ΔC 较大，使传感器的灵敏度提高；但 d 过小时，容易引起电容击穿，一般可以在极板间放置云母片来改善。

在实际应用中经常采用差动式，如图 2-13 所示，以提高变极距电容传感器灵敏度和线性度。

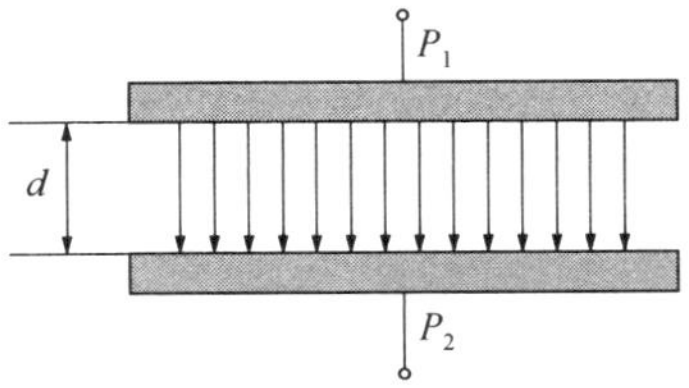

图 2-12　变极距型电容传感器

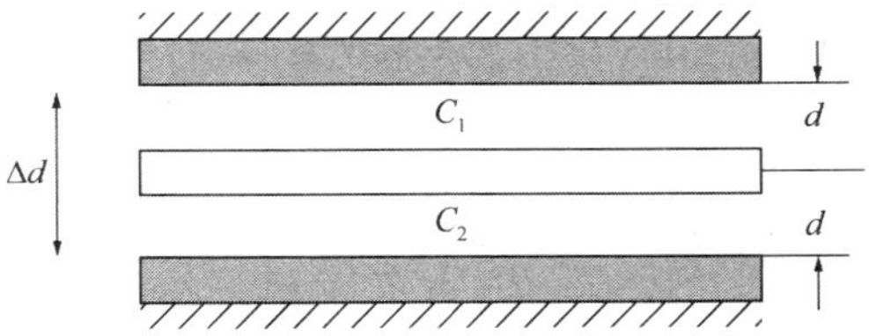

图 2-13　差动式变极距电容传感器

当动极板位于中间时：$C_1=C_2$，动极板向下移动 Δd 后，则两组电容分别为

$$\begin{cases} C_1=\dfrac{\varepsilon S}{d+\Delta d} \\ C_2=\dfrac{\varepsilon S}{d-\Delta d} \end{cases} \tag{2-24}$$

在两块固定极板间加交流电压 u，测定加于两组电容器上的电压差值 u_1-u_2。根据库仑定律可知：

$$\begin{cases} u_1=\dfrac{Q}{C_1}=\dfrac{d+\Delta d}{\varepsilon S}\cdot Q \\ u_2=\dfrac{Q}{C_2}=\dfrac{d-\Delta d}{\varepsilon S}\cdot Q \end{cases} \tag{2-25}$$

式中　$Q=C\cdot u=\dfrac{\varepsilon S}{d+d}\cdot u$。

则

$$\Delta u=u_1-u_2=\frac{\Delta d}{d}\cdot u \tag{2-26}$$

可见，动极板的移动距离 Δd 与 Δu 成线性关系，若测定出 Δu 就得到了 Δd 的大小，同时也消除了小范围移动的限制条件。

（2）变面积型电容传感器

变面积型电容传感器的特点是测量范围大，输出与输入成线性关系。变面积型电容传感器有四种类型，即平板电容器、圆柱形电容器、角位移电容器和容栅式电容器。下面以平板电容器和角位移电容器为例说明其结构和原理。图 2-14 为变面积型线位移电容传感器原理图。

动极板相对定极板移动 Δx 后，引起两极板有效面积变化，从而引起电容量的变化。

$$\Delta C=C-C_0=\frac{\varepsilon_0\varepsilon_r(a-\Delta x)b}{d}-\frac{\varepsilon_0\varepsilon_r ab}{d}=-\frac{\varepsilon_0\varepsilon_r b}{d}\Delta x \tag{2-27}$$

灵敏度为$K_g=-\dfrac{\Delta C}{\Delta x}=\dfrac{\varepsilon b}{d}$，即 ΔC 与 Δx 成线性关系。

图 2-15 为变面积型角位移电容传感器原理图。当 $\theta=0$ 时，$C_0=\dfrac{\varepsilon_0\varepsilon_r S_0}{d}$；当动极板相对定极板有一个相对角位移，即 $\theta\neq 0$ 时，

$$C=\frac{\varepsilon_0\varepsilon_r\left(1-\dfrac{\theta}{\pi}\right)S_0}{d}=C_0-C_0\frac{\theta}{\pi} \tag{2-28}$$

电容量的变化量为

$$\Delta C=C-C_0=-C_0\frac{\theta}{\pi} \tag{2-29}$$

灵敏度为$K_g=-\dfrac{\Delta C/C_0}{\theta}=\dfrac{1}{\pi}$，即 ΔC 与 θ 成线性关系。

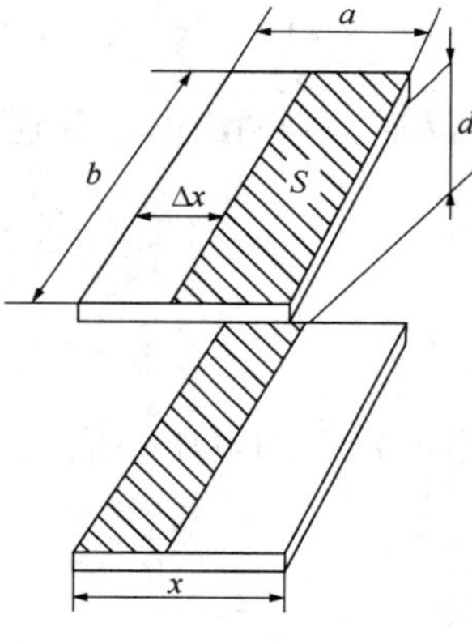

图 2-14　变面积型线位移电容传感器原理图

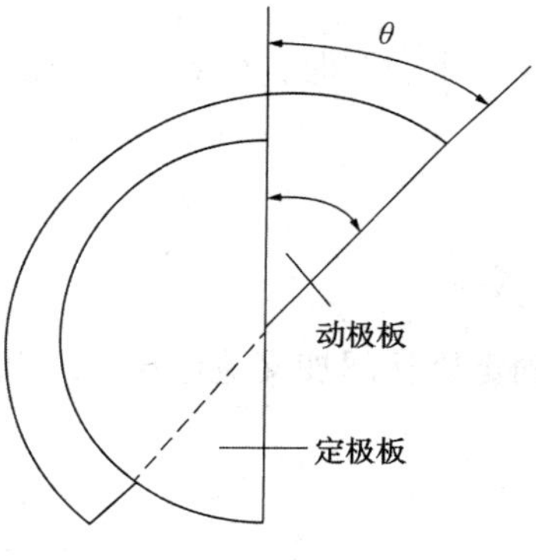

图 2-15　变面积型角位移电容传感器原理图

（3）变介电常数型电容传感器

变介电常数型电容传感器一般用于测定混合物中某种成分的多少，也用于检测液位的高低。图 2-16 为变介质型电容传感器原理图。图中两平行板电极固定不动，极距d_0，相对介电常数为ε_{r2}的电介质以不同深度插入电容器中，从而改变两种介质的极板覆盖面积。传感器总电容量 C 为

$$C=C_1+C_2=\varepsilon_0 b_0 \frac{\varepsilon_{r1}(L_0-L)+\varepsilon_{r2}L}{d_0} \tag{2-30}$$

式中　L_0和b_0——极板的长度和宽度；

L——第二种介质进入极板的长度。

若电介质$\varepsilon_{r1}=1$，当 $L=0$ 时，传感器的初始电容$C_0=\frac{\varepsilon_0\varepsilon_{r1}L_0b_0}{d_0}=\frac{\varepsilon L_0 b_0}{d_0}$。当被测电介质$\varepsilon_{r2}$进入极板间 L 长度后，引起的电容相对变化量为

$$\frac{\Delta C}{C_0}=\frac{C-C_0}{C_0}=\frac{(\varepsilon_{r2}-1)L}{L_0} \tag{2-31}$$

可见，电容变化量与电介质介电常数ε_{r2}的移动量 L 成线性关系。

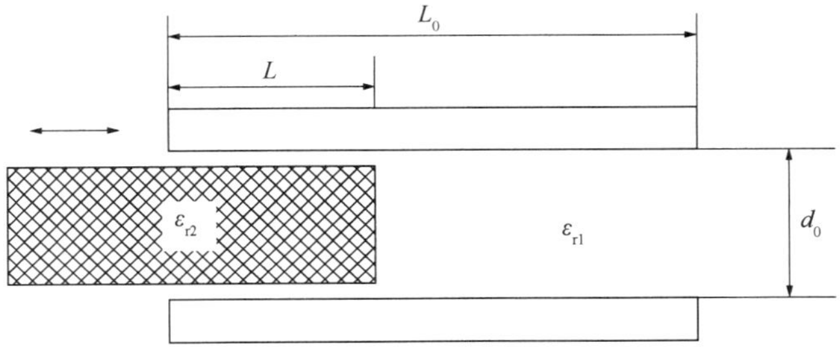

图 2-16　变介质型电容传感器原理图

二、电容式传感器的测量电路

1. 桥式测量电路

图 2-17(a)所示为单臂接法的桥式测量电路，高频电源经变压器接到电容桥的一条对角线上，电容 C_1、C_2、C_3、C_x构成电桥四臂，C_x为电容传感器，电桥平衡时有：$\frac{C_1}{C_2}=\frac{C_x}{C_3}$，$U_0=0$。当 C_x发生变化时，$U_0\neq 0$，即有电压输出，此种电路多用于料位的检测。

图 2-17(b)所示电路中，接有差动电容传感器，其空载输出电压可表示为

$$U_0=\frac{(C_0-\Delta C)-(C_0+\Delta C)}{(C_0+\Delta C)+(C_0-\Delta C)}\cdot U=-\frac{\Delta C}{C_0}\cdot U \tag{2-32}$$

式中　U——工作电压；

C_0——传感器平衡时的电容值；

ΔC——传感器电容变化值。

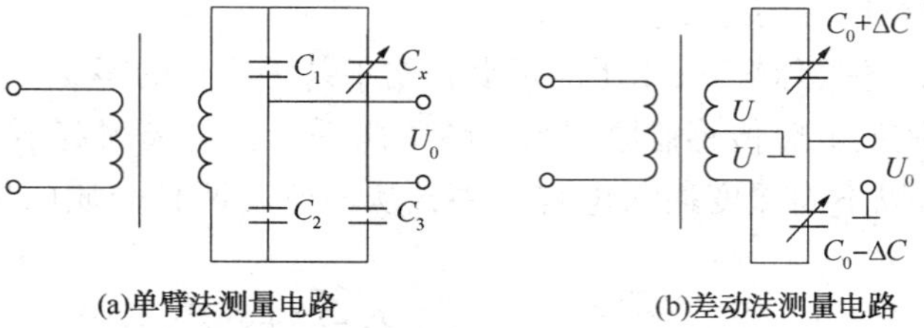

图 2-17　电容信号的桥式测量电路

2. 调频电路

将电容式传感器接入振荡器谐振回路，当电容器容量发生变化时，振荡器振荡频率会发生相应改变。将频率变化经鉴频器变换为振幅变化，再经适当放大，即可用表头指示或记录仪器记录下来，这就是利用调频电路测量电容传感器信号输出的基本原理。

调频电路可分为直放式和外差式两种类型，图 2-18(a)和图 2-18(b)分别为这两种电路的框图。外差式电路略为复杂，但性能远优于直放式，其主要优点是选择性好、抗干扰能力强和工作稳定。

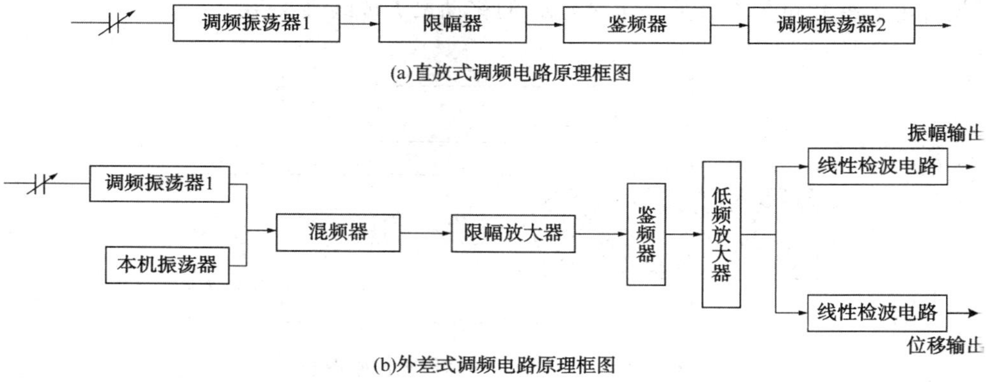

图 2-18　调频电路框图

3. 脉冲电路

图 2-19 所示为电容传感器单臂接法脉冲测量电路。当 S 合向右方时，电源经电阻 R 向电容传感器 C_x 充电，电流流过整流器、表头及电源，电容器充电电压值为

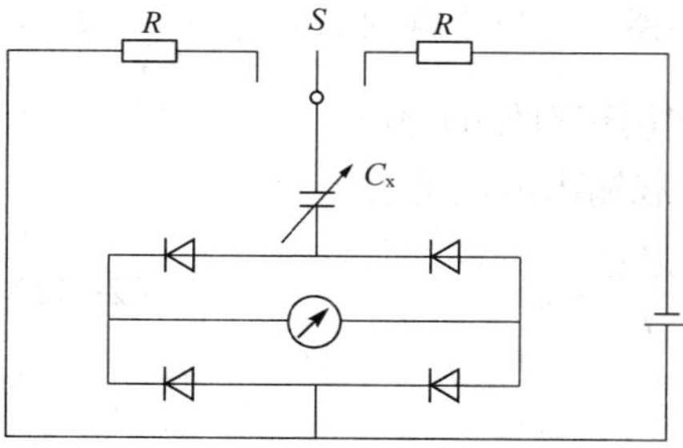

图 2-19　电容传感器单臂接法脉冲测量电路

$$U_x=E(1-e^{-\frac{t}{\tau}}) \tag{2-33}$$

式中　τ——电路时间常数，$\tau=RC$；

R——充电回路总电阻；

t——充电时间。

如果选充电时间 t 比电路时间常数 τ 大 4～6 倍，则在 t 时间内，C_x 上的电压基本上可以达到 E 值。

将开关合向左方时，C_x 经同样的电阻 R 放电，如果能保持充电和放电时间相同，则充电和放电电流大小相同，它们的平均电流值 I_M 为

$$I_M=\frac{2Q}{T}=\frac{2C_xE}{T}=2C_xEf \tag{2-34}$$

式中　Q——充电电荷；

E——电源电压；

f——开关切换频率。

如果 E 和 f 固定不变，则 I_M 可反映 C 的大小，且 I_M 与 C_x 成线性关系。

第四节　电感式传感器

电感式传感器是利用电磁感应原理，将被测量的变化转换为线圈的自感或互感变化的装置。它常用来检测位移、压力、振动、应变、流量和密度等参数。电感式传感器种类较多，根据转换原理的不同，可分为自感式、互感式、电涡流式等。按照结构形式不同，自感式传感器可分为变气隙式、变截面积式和螺线管式；互感式传感器可分为变气隙式和螺管式；电涡流传感器可分为高频反射式和低频透射式。

一、自感式传感器

1. 结构和工作原理

图 2-20 为自感式传感器的结构图，其中铁芯和活动铁(衔铁)由导磁材料(如硅钢片或坡莫合金)制成。铁芯上绕有线圈，并加交流电激励。铁芯与衔铁之间有空气隙，当衔铁上下移动时，气隙改变，磁路磁阻发生变化，从而引起线圈自感的变化。这种自感量的变化与衔铁位置有关，因此只要测出自感量的变化，就能获得衔铁位移量的大小。

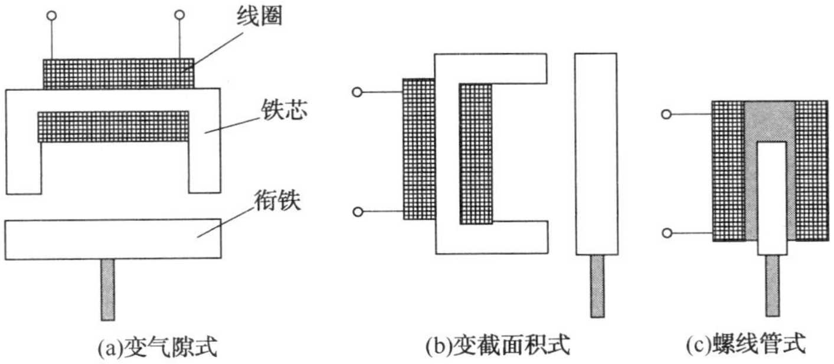

图 2-20　自感式传感器的结构图

假设匝数为 W 的电感线圈通以交流电激励，磁路的总磁阻为 $\sum_{i=1}^{n} R_{mi}$，则根据物理学的相关知识可知，电感线圈的自感值 L 为

$$L=\frac{W^2}{\sum_{i=1}^{n} R_{mi}} \tag{2-35}$$

而铁芯、衔铁和空气的总磁阻为

$$\sum_{i=1}^{3} R_{mi} = \sum_{i=1}^{3} \frac{l_i}{\mu_i S_i} = \frac{l_1}{\mu_1 S_1} + \frac{l_2}{\mu_2 S_2} + \frac{2\delta}{\mu_0 S_0} \tag{2-36}$$

式中　μ_0、δ、S_0——分别为气隙的磁导率、气隙的厚度和截面积；

μ_1、l_1、S_1——分别为铁芯的磁导率、长度和截面积；

μ_2、l_2、S_2——分别为衔铁的磁导率、长度和截面积。

当忽略铁芯和衔铁的磁阻时，电感值 L 为

$$L = \frac{W^2}{\sum_{i=0}^{n} R_{mi}} \approx \frac{W^2 \mu_0 S_0}{2\delta} \tag{2-37}$$

从上式可以看出，当线圈的匝数确定后，只要气隙厚度或气隙截面积发生变化，电感即发生变化，即 $L=f(\delta, S)$。电感式自感传感器从结构上可分为变气隙式和变截面积式。此外，在圆筒形线圈中放圆柱形衔铁，当衔铁上下移动时，电感量也发生变化，可构成螺线管型电感传感器。在各类应用中，使用最广泛的是变气隙式自感传感器。

2. 变气隙式自感传感器的特性

（1）简单变气隙式自感传感器

变气隙式自感传感器的 L 与 δ 曲线如图 2-21 所示。假设衔铁处于初始位置时传感器的初始电感为L_0，即

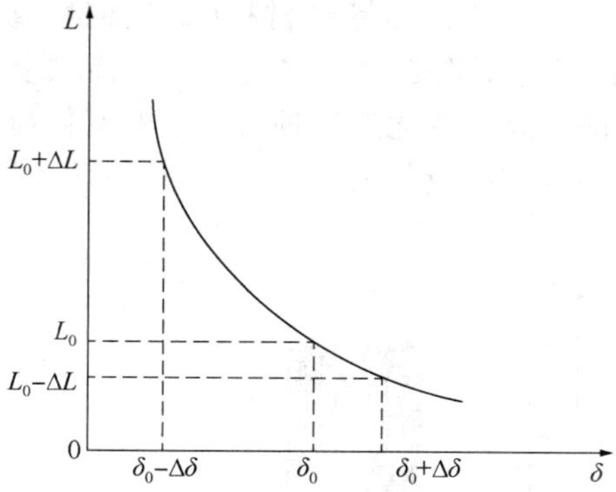

图 2-21　变气隙式自感传感器的 L 与 δ 曲线

$$L_0 = \frac{W^2 \mu_0 S_0}{2\delta_0} \tag{2-38}$$

当衔铁上移 $\Delta\delta$ 时，传感器的气隙减小到$\delta_0-\Delta\delta$，电感量的变化为

$$\Delta L = L - L_0 = \left(\frac{\Delta\delta}{\delta_0 - \Delta\delta}\right) L_0 \tag{2-39}$$

因此，电感量的相对变化为

$$\frac{\Delta L}{L_0} = \frac{\Delta\delta}{\delta_0 - \Delta\delta} = \frac{\Delta\delta}{\delta_0} \cdot \frac{1}{1 - \frac{\Delta\delta}{\delta_0}} \tag{2-40}$$

在实际应用中$\frac{\Delta\delta}{\delta_0} \ll 1$，可将式（2-40）展开成傅里叶级数形式

$$\frac{\Delta L}{L_0} = \frac{\Delta\delta}{\delta_0} + \left(\frac{\Delta\delta}{\delta_0}\right)^2 + \left(\frac{\Delta\delta}{\delta_0}\right)^3 + \cdots \tag{2-41}$$

同理，当衔铁下移 $\Delta\delta$ 时，传感器的气隙增大到$\delta_0+\Delta\delta$，电感量的相对变化展开成傅里叶级数形式为

$$\frac{\Delta L}{L_0} = \frac{\Delta\delta}{\delta_0} - \left(\frac{\Delta\delta}{\delta_0}\right)^2 + \left(\frac{\Delta\delta}{\delta_0}\right)^3 + \cdots \tag{2-42}$$

在式（2-41）和式（2-42）中，忽略掉包括二次项以上的高次项，则 ΔL 和 $\Delta\delta$ 成线性关系。由此可见，高次项是造成非线性的主要原因。$\frac{\Delta\delta}{\delta_0}$越小，高次项也越小，非线性化得到

改善。这说明了输出特性和测量范围之间存在矛盾，故电感式传感器用于测量微小位移量要更精确些。为了减少非线性误差，实际测量中一般都采用差动式电感传感器。

（2）差动变气隙式自感传感器

差动变气隙式自感传感器的结构特点是两个完全对称的简单电感传感元件合用一个活动衔铁，衔铁通过导杆与被测位移量相连。当被测体上下移动时，导杆带动衔铁也以相同的位移上下移动，使两个磁回路中磁阻发生大小相等、方向相反的变化，导致一个线圈的电感量增加，另一个线圈的电感量减小，形成差动形式。原理结构图如图 2-22 所示。

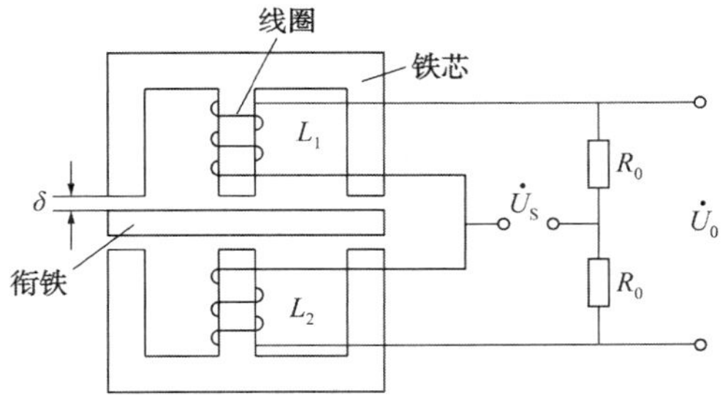

图 2-22　差动变气隙式自感传感器

衔铁处于初始位置时

$$L_1=L_2=\frac{W^2\mu_0 S_0}{2\delta_0} \tag{2-43}$$

衔铁移动 $\Delta\delta$ 时

$$\begin{cases}\Delta L_1=L_0\cdot\dfrac{\Delta\delta}{\delta_0}\left[1+\left(\dfrac{\Delta\delta}{\delta_0}\right)+\left(\dfrac{\Delta\delta}{\delta_0}\right)^2+\left(\dfrac{\Delta\delta}{\delta_0}\right)^3+\cdots\right]\\ \Delta L_2=L_0\cdot\dfrac{\Delta\delta}{\delta_0}\left[1-\left(\dfrac{\Delta\delta}{\delta_0}\right)+\left(\dfrac{\Delta\delta}{\delta_0}\right)^2-\left(\dfrac{\Delta\delta}{\delta_0}\right)^3+\cdots\right]\end{cases} \tag{2-44}$$

差动变气隙式自感传感器总的电感变化量为

$$\Delta L=\Delta L_1+\Delta L_2=2L_0\cdot\frac{\Delta\delta}{\delta_0}\left[1+\left(\frac{\Delta\delta}{\delta_0}\right)^2+\left(\frac{\Delta\delta}{\delta_0}\right)^4+\cdots\right] \tag{2-45}$$

忽略二次项以上的高次项可得

$$\frac{\Delta L}{L_0}=2\frac{\Delta\delta}{\delta_0} \tag{2-46}$$

可见，差动变气隙式自感传感器为简单变气隙式自感传感器灵敏度的 2 倍，非线性误差由原来的$\dfrac{\Delta\delta}{\delta_0}$减为$\left(\dfrac{\Delta\delta}{\delta_0}\right)^2$。

二、互感式传感器

互感式传感器是把位移量变化转换为绕组互感系数 M 变化的一种器件，就其本身而言是一个变压器。在它的初级绕组接入交流电源后，次级绕组即感应产生电压输出。当互感有变化时，输出电压做相应变化。由于这种传感器常做成差动形式，故又称差动变压器式传感器，它具有结构简单、测量精度高、灵敏度高、测量范围广等优点。

图 2-23 所示为互感式传感器的工作原理图。当匝数为 W_1 的初级绕组通入激励交流电流 i_1 时，将产生磁通 ϕ_{11}，这时有一部分磁通 Φ_{12} 穿过匝数为 W_2 的次级绕组，因而在绕组 W_2 中将产生互感电动势 $\dot{E}$，即

$$\dot{E}=\frac{d\Phi_{12}}{dt}=M\frac{d\dot{I}_1}{dt} \tag{2-47}$$

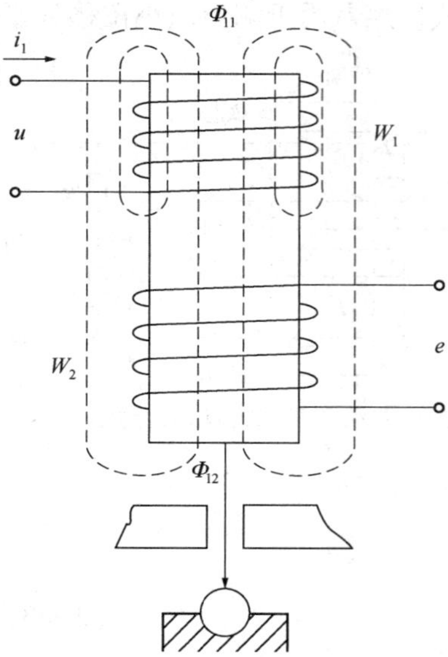

图 2-23 互感式传感器的工作原理图

式中 M——绕组 W_1 对 W_2 的互感系数，$M=\frac{d\Phi_{12}}{d\dot{I}_1}$。

设 $\dot{i}_1=I_{1M}e^{-j\omega t}$，则 $\frac{d\dot{i}_1}{dt}=-j\omega I_{1M}e^{-j\omega t}$，故次级绕组开路输出电压 $\dot{U}$ 为

$$\dot{U}=\dot{E}=-j\omega M\dot{I}_1=-j\omega M\frac{\dot{U}}{r_1+j\omega L_1} \tag{2-48}$$

式中 r_1 和 L_1——分别为初级绕组的有效电阻和自感值。

由此可见，输出电压信号随互感变化而变化，这就是互感式传感器的工作原理。互感式传感器按其改变电感量的方式主要有两种基本形式。

1. 改变气隙厚度的互感式传感器

与改变气隙厚度的自感式传感器极为相似，其工作原理如图 2-24 所示。它是由铁芯 1、衔铁 2、初级绕组 W_{1a}、W_{1b} 和次级绕组 W_{2a}、W_{2b} 组成。

设初级绕组 W_{1a} 和 W_{1b} 的有效电阻分别为 r_{1a}、r_{1b}，自感分别为 L_{1a}、L_{1b}；磁路 a 和磁路 b 的总磁阻分别为 R_{ma} 和 R_{mb}，初级绕组与次级绕组互感系数为 M_a 和 M_b，δ_a 和 δ_b 为气隙厚度，S 为气隙磁通截面积，根据物理学知识可知

$$\begin{cases} L_{1a}=\frac{W_{1a}^2}{R_{ma}} \quad M_a=\frac{W_{2a}W_{1a}}{R_{ma}} \quad R_{ma}=\frac{2\delta_a}{\mu_0 S} \\ L_{1b}=\frac{W_{1b}^2}{R_{mb}} \quad M_b=\frac{W_{2b}W_{1b}}{R_{mb}} \quad R_{mb}=\frac{2\delta_b}{\mu_0 S} \end{cases} \tag{2-49}$$

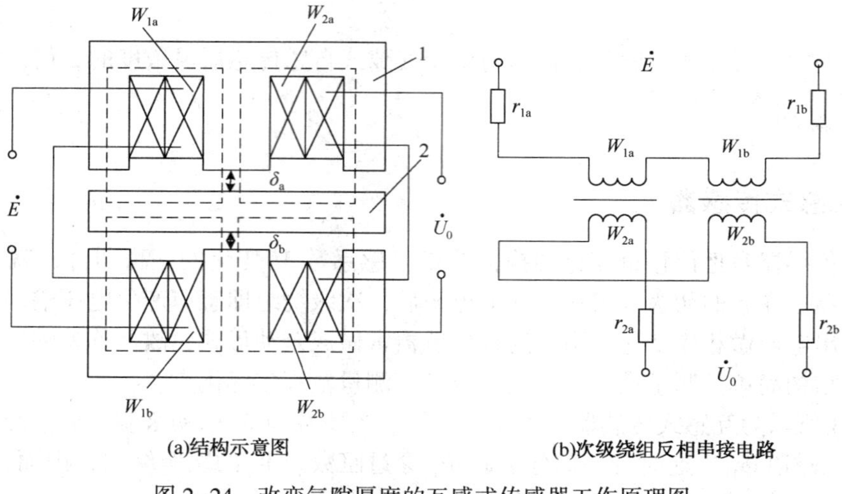

图 2-24 改变气隙厚度的互感式传感器工作原理图

当对初级绕组施加交流电时，电源电压 $\dot{E}$ 加在 W_{1a} 和 W_{1b} 绕组上，因此，初级绕组内流过电流 $\dot{I}_1$，由于 $\dot{I}_1$ 存在，将在次级绕组中产生感应电压 $\dot{U}_{2a}$ 和 $\dot{U}_{2b}$。当把两次级绕组反相串接后

[见图 2-24(b)]，输出电压$\dot{U}$为

$$\dot{U}_0=\dot{U}_{2a}-\dot{U}_{2b}=j\omega\frac{\dot{E}}{r_{1a}+r_{1b}+j\omega L_{1a}+j\omega L_{1b}}(M_b-M_a) \tag{2-50}$$

若$W_{1a}=W_{1b}=W_1$，$W_{2a}=W_{2b}=W_2$，且 $r\ll\omega L$，则

$$\dot{U}_0=\frac{W_2(\delta_a-\delta_b)}{W_1(\delta_a+\delta_b)}\cdot\dot{E}$$

（1）当衔铁处于中间位置时，则$\delta_a=\delta_b=\delta_0$，此时$\dot{U}_0=0$；

（2）当衔铁向上偏移 $\Delta\delta$ 时，则$\delta_a=\delta_0-\Delta\delta$、$\delta_b=\delta_0+\Delta\delta$，此时$\dot{U}_0=-\frac{W_2\Delta\delta}{W_1\delta_0}\cdot\dot{E}$；

（3）当衔铁向下偏移 $\Delta\delta$ 时，则$\delta_a=\delta_0+\Delta\delta$、$\delta_b=\delta_0-\Delta\delta$，此时$\dot{U}_0=\frac{W_2\Delta\delta}{W_1\delta_0}\cdot\dot{E}$。

从上面的分析可知，输出电压$\dot{U}_0$与传感器变压比 W_2/W_1、衔铁偏移量 $\Delta\delta$、激励电压$\dot{E}$成正比，与磁路气隙厚度δ_0成反比。

2. 螺线管型差动变压器式传感器

螺线管型差动变压器式传感器的结构如图 2-25 所示，工作原理与改变气隙厚度的互感式传感器相似，它主要由绕组、绕组框架、铁芯等组成。在绕组框架上绕有一组初级绕组作为输入绕组，在框架的另一部分绕上两组次级绕组作为输出绕组，在其芯部放入铁芯。当初级绕组通以适当频率的激励电压时，那么在两个次级绕组中，由于变压器的互感作用就会产生感应电压。

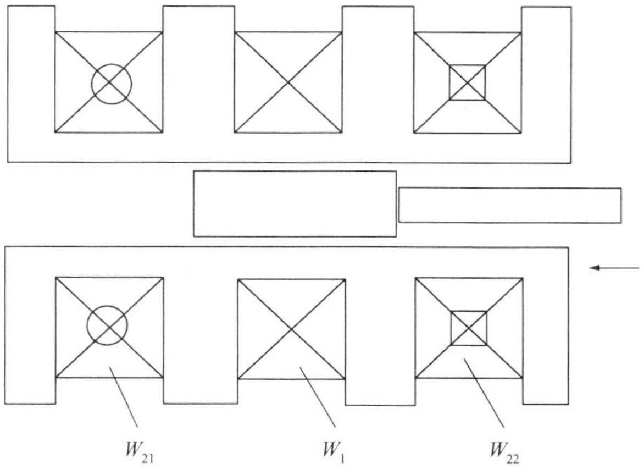

图 2-25　螺线管型差动变压器式传感器的结构图

初级绕组通电激励所引起的磁场分布规律与铁芯所处的位置有关。当铁芯向左移动时，在次级绕组 W_{21}内所穿过的磁通比穿过次级绕组 W_{22}的磁通多一些，因此互感也大一些，反之亦然。次级绕组各自感生的电压随铁芯偏离中心位置的大小而不同，当铁芯在中心位置时，两个次级绕组各自感生出大小相等方向相反的电压。因此，现只研究一个次级绕组和初级绕组的关系，如图 2-26 所示，当铁芯位于两个绕组的中间位置时，感应电压最大；当铁芯逐渐偏离中心位置时，感生电压随偏离中心增加而逐步减小，最后接近空芯状态时的电压

为e_0。当两个次级绕组反向串接时，空载输出电压$e_0=e_1-e_2$，并且具有"V"字特性。

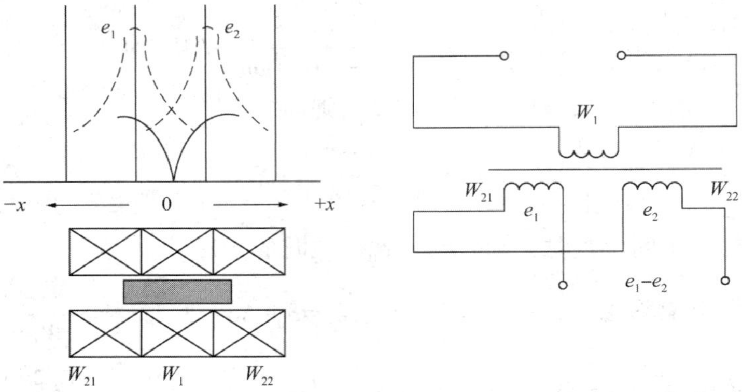

图 2-26　螺线型差动变压器式传感器输出特性

差动变压器的两组次级绕组反向串接，当铁芯处在中间位置时，输出电压应该为零，如图 2-27 所示，但实际上输出特性曲线"V"字端部不是零，而有一个很小的电压e_0，这个电压被称为"零点残余电压"。零点残余电压的存在对测量极为不利，必须尽力加以消除或克服到最小限度。互感传感器产生零点残余电压的原因主要有两点：①两次级绕组等效参数不对称，使输出的基波感应电势的幅值不同或相位不同；②由于磁芯的非线性，产生高次谐波不同，不能相互抵消。

减小或消除零点残余电压可采用如下措施：①从设计和工艺上尽量保证传感器绕组和磁路对称；②采用拆圈实验的方法减小零点残余电压，这种方法的理论依据是两个次级绕组的等效参数不相等，用拆圈的方法进行调整，以改善绕组的对称性，减小零点残余电压；③在电路上进行补偿，这是既简单又行之有效的办法。通常在输出端接一个电位器 R，电位器的动点接两个次级绕组的公共点，如图 2-28 所示。调节电位器，使两个绕组接入不同负载，可使两个绕组不同的感应电势产生大致相同的输出电压，以达到减小零点残余电压的目的。

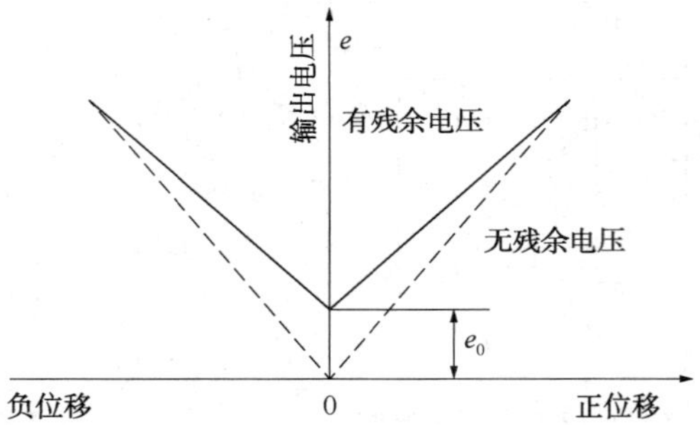

图 2-27　零点残余电压示意图

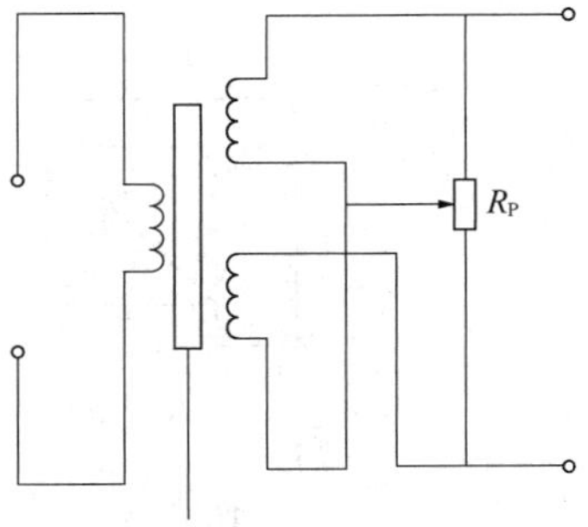

图 2-28　零点残余电压的补偿电路

三、涡流式传感器

把金属板置于变化着的磁场中，或让其在磁场中运动，金属板中就会产生感应电流，由于电流在金属板中构成闭合回路，因此被称为涡流。

由于涡流传感器使用简便、工作可靠、灵敏度高，能进行非接触式测量，因此在机械和冶金工业中得到日益广泛的应用。涡流传感器可分为高频反射式和低频透射式两种，其中高频反射式涡流传感器应用得较多。

1. 高频反射式涡流传感器

（1）工作原理

高频反射式涡流传感器的基本原理如图 2-29 所示。高频激励电源 $e_n(\omega)$ 施加于电感线圈 L 上，所产生的高频磁场作用于金属板表面。由于集肤效应，高频磁场不能透过具有一定厚度的金属板，只能作用于其表面薄层内。在金属板表面感应的涡流 i，又会产生交变电磁场反作用于线圈 L 上，并在线圈中产生感应电动势，从而引起线圈自感系数 L 或线圈阻抗 Z_L 的变化，即

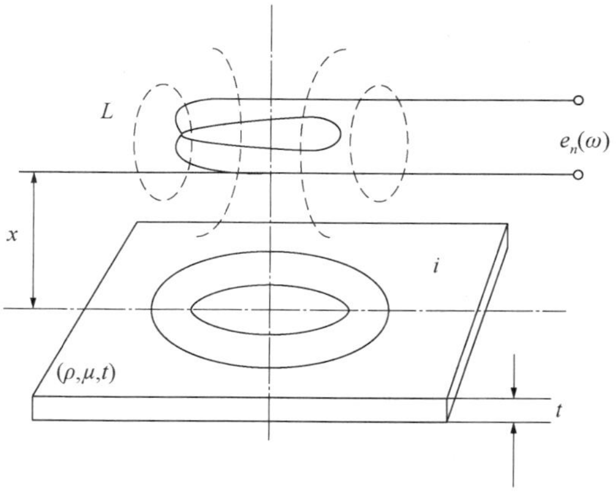

图 2-29 高频反射式涡流传感器原理图

$$Z_L = R + r\frac{\omega^2 M^2}{r^2+\omega^2 l^2} + j\left(\omega L - \omega l\frac{\omega^2 M^2}{r^2+\omega^2 l^2}\right) \tag{2-51}$$

式中 R——线圈电阻；

L——线圈电感；

r——涡流回路电阻；

l——涡流回路电感；

M——线圈与被测物体涡流回路间互感；

ω——电源角频率。

显然，高频回路阻抗与被测金属材料电阻率 ρ、磁导率 μ 以及传感器与被测金属之间的距离 x 有定量关系。因此，高频反射式涡流传感器既可用于检测位移，又可用于检测材料电阻率和磁导率。

（2）测量电路

高频反射式涡流传感器的测量电路主要有调频式和调幅式两大类。

① 调频测量电路。如图 2-30 所示，将传感器接于振荡电路，其振荡频率为 $f=1/2\pi\sqrt{LC}$。当传感器与被测导体的距离变化时，在涡流的影响下，传感器线圈的电感 L 发生变化，导致输出频率变化。输出频率可直接用数字频率计测量，也可通过鉴频器变换，将频率变为电压，通过电压表测出。

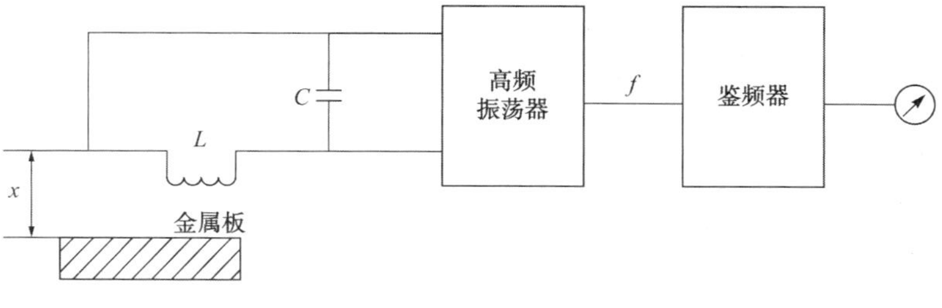

图 2-30 调频式测量电路

② 调幅测量电路。稳频稳幅的高频激励电流对并联 LC 电路供电，测量原理如图 2-31 所示。无被测体时，LC 回路处于谐振状态，LC 回路阻抗最大，输出电压最大。被测体靠近线圈时，由于被测体内产生涡流，使线圈电感值减小、回路失谐、回路阻抗下降、输出电压下降。输出电压为高频载波的等幅电压或调幅电压。

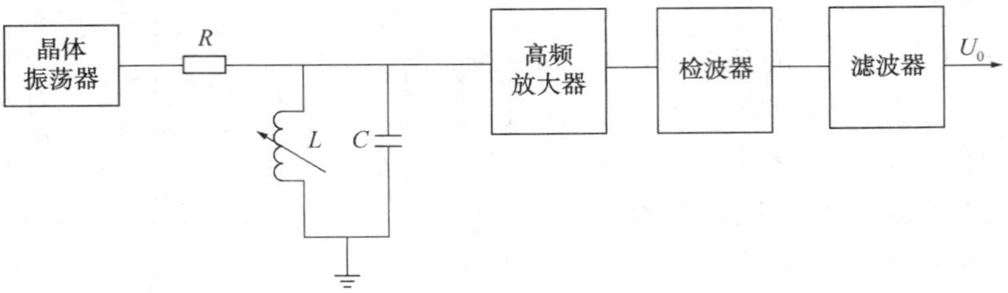

图 2-31　调幅式测量电路

2. 低频透射式涡流传感器

低频透射式涡流传感器主要用于测量材料厚度，其原理如图 2-32 所示。图中的发射线圈 L_1 和接收线圈 L_2 均绕于胶木棒上，分别置于被测金属板的上下方。由振荡器产生的低频电压 U 加到 L_1 的两端后，线圈中有交流电流流过，产生一个交变磁场。假如两线圈间没有被测金属 M，L_1 的磁场会直接贯穿线圈 L_2，在 L_2 中将感生出交变电动势 e。e 的大小与 U 的幅值、频率以及 L_1、L_2 的匝数、结构及相对位置有关。

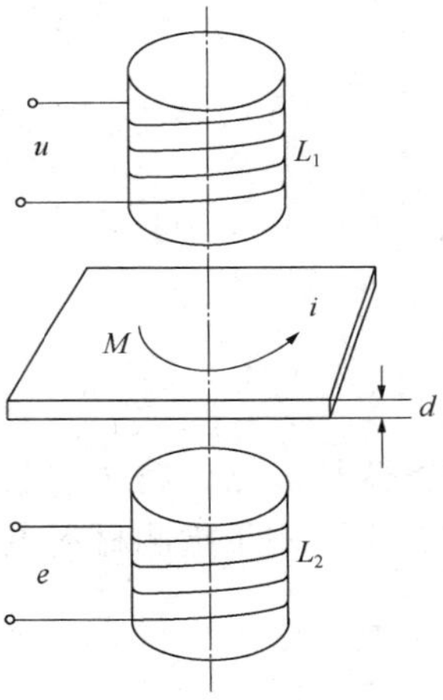

图 2-32　低频透射式涡流传感器原理图

在 L_1 与 L_2 之间放置金属板 M 后，L_1 产生的磁感线将透过 M，并在其中产生涡流 i，因此损耗了部分能量，从而使 L_2 上的磁感线匝数减少，导致感应电动势 e 下降。M 的厚度 d 越大，e 值就越小。所以，e 值反映了 M 的厚度变化，这就是低频透射式涡流传感器的基本工作原理。

实际上 M 中的涡流大小，还与 M 的电阻率 ρ、化学成分及物理状态等有关，可能导致相应的测试误差，因而限制了测量的应用范围。对于这种情况，一般要采取一定校正措施加以解决。

第五节　电动式传感器

电动式传感器能够将被测量转换为电动势信号，该信号直接来源于传感器而非外部电源。它主要包括磁电式传感器、压电式传感器、光电式传感器等。

一、磁电式传感器

1. 磁电式传感器工作原理

磁电式传感器是利用电磁感应定律，将被测量转变成感应电动势而进行测量的。它不需要供电电源，电路简单、性能稳定、频率响应范围宽，适用于动态测量。这种传感器通常可用于振动、转速、扭矩等参数的测量。

根据电磁感应定律，对于一匝数为 W 的线圈，当穿过该线圈的磁通 Φ 发生变化时，其感应电动势可表示为

$$e=-W\frac{\mathrm{d}\Phi}{\mathrm{d}t} \tag{2-52}$$

由式(2-52)可见，线圈中感应电动势 e 的大小，取决于匝数 W 和穿过线圈的磁通变化率$\frac{\mathrm{d}\Phi}{\mathrm{d}t}$，磁通变化率是由磁场强度、磁路磁阻及线圈的运动速度决定的。所以改变其中一个因素，就会改变线圈的感应电动势。因此，电磁变换器只要配备不同的结构就可以组成测量不同物理量的磁电式传感器。

2. *磁电式传感器的分类*

按工作原理的不同，磁电式传感器可分为恒磁阻式和变磁阻式两种。

(1) 恒磁阻式传感器

恒磁阻式传感器是由线圈、运动部件和永久磁铁组成，如图 2-33 所示。图 2-33(a)中，当线圈在磁场中做直线运动时，设线圈垂直于磁场，它所产生的感应电动势 e 为

$$e=WBlv \tag{2-53}$$

式中 B——磁场的磁感应强度；

l——线圈的有效长度；

v——线圈与磁场的相对运动速度。

图 2-33(b)所示为角速度型恒磁阻式传感器，线圈在磁场中以角频率 ω 转动时，设线圈垂直于磁场，产生感应电动势 e 为

$$e=WBS\omega \tag{2-54}$$

由式(2-53)和式(2-54)可以看出，当传感器的结构一定时，B、W、S 均为常数，因此感应电动势与线圈对磁场的相对运动的线速度 v 或线圈相对磁场的角速度 ω 成正比。所以，这种传感器可以用来测量线速度和角速度。由于速度与位移具有积分的关系，与加速度之间具有微分关系，因此如果在信号转换电路中接一个积分电路或微分电路，也可以测量位移或加速度。

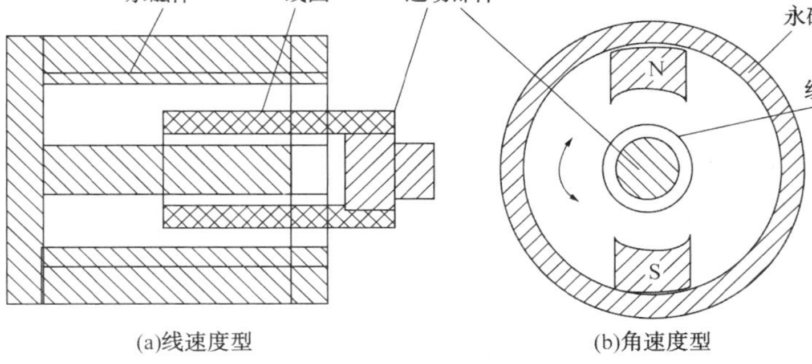

图 2-33 恒磁阻式传感器原理图

(2) 变磁阻式传感器

变磁阻式传感器的线圈与磁铁之间没有相对运动，由运动着的被测物体(一般是导磁材料)来改变磁路的磁阻，引起磁通量变化，从而在线圈中产生感应电动势。变磁阻式检测元

件一般做成转速式，产生的感应电动势的频率作为输出。

变磁阻式转速传感器在结构上可分为开磁路式和闭磁路式两种。

① 开磁路式

该传感器主要由永久磁铁、衔铁和感应线圈组成，如图 2-34 所示。齿轮装在被测转轴上，与转轴一起转动。当齿轮旋转时，由齿轮的凸凹引起磁阻的变化，从而使磁通量发生变化，进而在线圈中感应出交变电动势，该电动势的频率 f 等于齿轮齿数 z 和转轴转速 n 的乘积，即 $f=nz$。当齿数 z 一定时，通过测定 f 即可求出被测转轴的转速 n。这种传感器结构简单，但输出信号小，转速高时信号失真较大。

② 闭磁路式

闭磁路式转速传感器的结构原理如图 2-35 所示。它是由安装在转轴上的内齿轮和永久磁铁、外齿轮及线圈构成的。内外齿轮的齿数相等，测量时，转轴与被测轴相连。当转轴旋转时，内外齿轮的相对运动使磁路气隙发生变化，导致磁阻发生变化，并使穿过线圈的磁通发生变化，在线圈中产生感应电动势。与开磁路式相同，这种传感器可通过测量感应电动势的频率得到被测轴的转速。在振动信号或转速高的场合，其测量精度高于开磁路式。

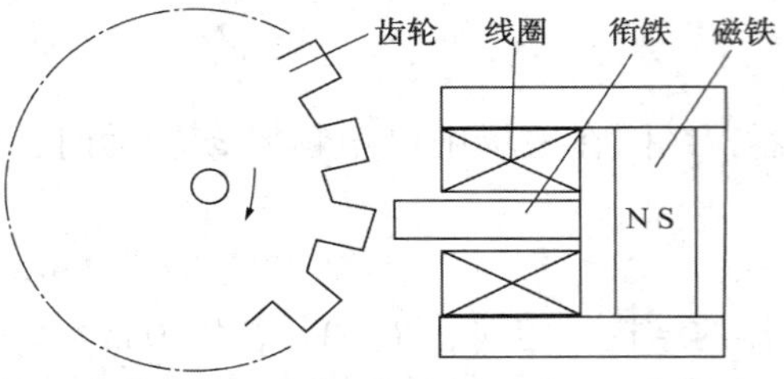

图 2-34　开磁路式转速传感器原理图

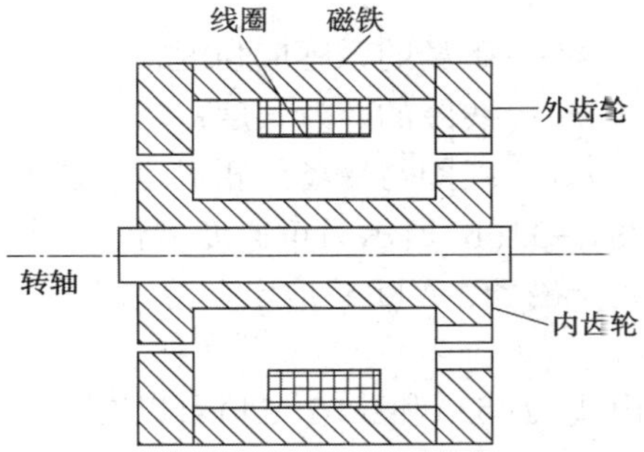

图 2-35　闭磁路式转速传感器原理图

变磁阻式传感器的输出电动势取决于线圈中磁场的变化速度。当转速过低时，输出电动势太小，会导致无法测量，所以该传感器有一个下限工作频率，一般为 50Hz。闭磁路式转速检测元件的下限频率可低至 30Hz。

二、压电式传感器

压电式传感器是一种以压电效应为转换原理的传感器。某些晶体在受力后其表面将产生电荷，压电晶体就是这种机电转换元件，可以测量一些通过检测元件或其他方法能变换成力的参数，如加速度、位移等。

1. 压电效应及压电材料

(1) 压电效应

某些晶体，在沿着一定方向对其施加拉力或压力使其变形时，晶体表面便产生电荷，当除去外力时，晶体又重新回到不带电状态，这种现象被称为压电效应。具有这种压电效应的晶体被称为压电晶体或压电元件。常见的有石英晶体、钛酸钡、锆钛酸铅等。

现以石英晶体来介绍压电晶体产生压电效应的原理。石英晶体(SiO_2)的一个分子中有三个硅离子和六个氧离子，氧离子是成对的，如图 2-36 所示，构成了六边棱柱形晶体[见图

2-36(a)]，因为硅离子带四个正电荷，氧离子带两个负电荷，所以就一个单晶体而言，电荷是平衡的，即外部没有带电现象。

当沿 x 轴方向施加压力时，硅离子 1 挤入氧离子 2 与 6 之间，氧离子 4 挤入硅离子 3 与 5 之间，其结果使表面 A 上呈现负电荷，而在表面 B 上呈现正电荷[见图 2-36(b)]；相反，当沿 x 轴方向施加拉力时，硅离子 1 和氧离子 4 外移使表面 A 上呈现正电荷而在表面 B 上呈现负电荷，这就是纵向压电效应。

当沿 y 轴方向施加压力时，如图 2-36(c)所示，则硅离子 3 和 5 都向内移动了相同数值，故在 C、D 表面上不呈现电荷，而在 A、B 表面上，硅离子 3 和 5 的内移使得硅离子 1 和氧离子 4 挤向外边而分别呈现正电荷(A 表面)和负电荷(B 表面)。当沿 y 轴方向施加拉力时，则在 A、B 表面的电荷符号恰好相反，这就是横向效应。

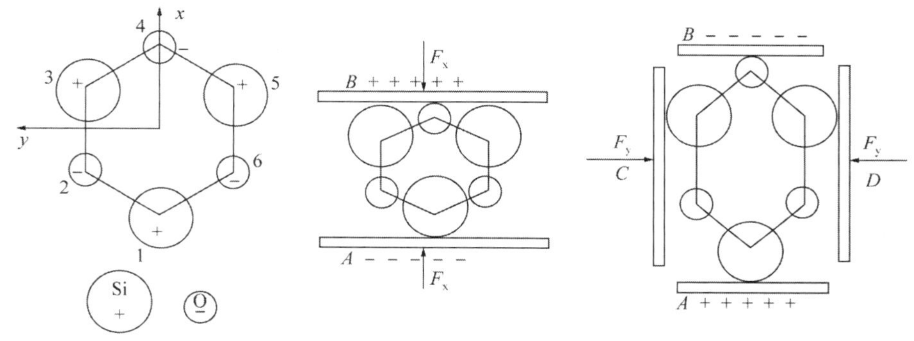

(a)石英晶体的分子构成　(b)沿x轴施加力　(c)沿y轴施加力

图 2-36　石英晶体的压电效应

图 2-37(a)所示为天然石英晶体，为了说明压电效应的大小，把石英的六边棱柱形晶体的 x 轴称为电轴、y 轴称为机械轴、z 轴称为光轴，如图 2-37(b)所示。把沿着晶体 y 轴方向，即垂直于 x 轴方向切下的薄片称为晶体切片，如图 2-37(c)所示。

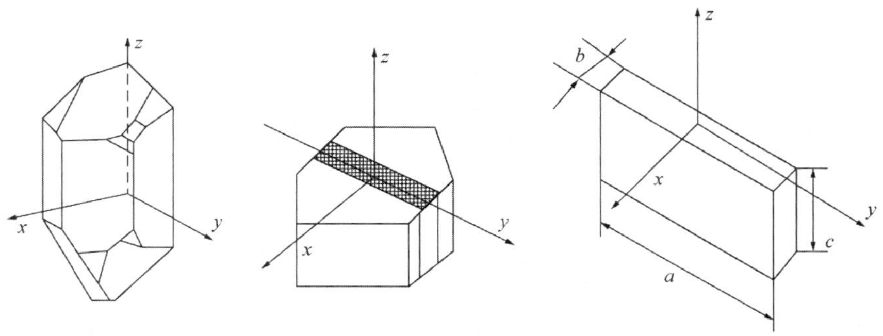

(a)天然石英晶体　(b)六边棱柱形石英晶体　(c)晶体切片

图 2-37　石英晶体与切片示意图

如果沿着切片的 x 轴方向给一作用力 F_x 时，在与电轴垂直的平面上产生电荷 q_x，它的大小为

$$q_x = \mathrm{d}xF_x \tag{2-55}$$

式中　dx——x 轴方向受力的压电系数。

电荷q_x的符号由F_x是压力还是拉力决定，从式(2-55)可以看出，切片产生的电荷大小与切片的几何尺寸无关。

如果沿切片的机械轴方向施加作用力F_y时，其电荷仍在与电轴相互垂直的平面上产生，而极性相反，若使施加外力$F_y=F_x$时，电荷大小q_x为

$$q_x = \mathrm{d}y \cdot \frac{ac}{bc} \cdot F_y = -\mathrm{d}x \cdot \frac{a}{b} \cdot F_x \tag{2-56}$$

式中 a——晶体切片长度；

b——晶体切片厚度；

c——晶体切片宽度；

dy——y 轴方向受力的压电系数，dy=-dx。

从式(2-56)可以看出，当力沿着 y 轴方向作用在晶体上时，产生的电荷q_x，与晶本切片的几何尺寸有关。式中的负号说明沿 y 轴的压力F_y所引起的电荷极性与沿 x 轴的压力F_x所引起的电荷极性相反。

晶体切片上的电荷与受力方向的关系如图 2-38 所示。

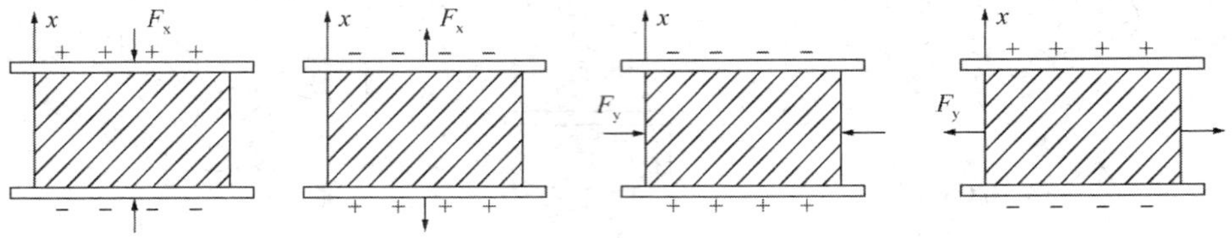

图 2-38 晶体切片上电荷符号与受力方向的关系

如果在压电晶体的两个电极面上施加交流电，压电晶体切片将产生振动，即在压电晶体的电极方向有伸缩的现象，这种现象被称为电致伸缩效应。因为这个现象与压电效应是相反的，故又被称为逆压电效应。这是压电式超声波换能器的理论依据，该超声波换能器广泛用于以固体和流体为介质的超声波探伤中。

(2) 压电材料

石英晶体在 20~200℃的范围内压电系数变化很小。到 576℃时就完全丧失了压电性质。它的灵敏度很低、介电常数小，因而逐渐被其他压电材料所代替，但其机械强度很高。

除了天然的石英晶体外，压电陶瓷也具有很好的压电效应。压电陶瓷是人工制备的多晶材料，它需要经外加电场极化，使其内部电畴排列趋向电场方向，当电场强度达到饱和后，即使去除极化的电场，电畴还会基本保持，余下很强的剩余极化，因此有很强的压电效应。常用的压电陶瓷有二元系的钛酸钡类、锆钛酸铅系(PZT)、酸盐系、三元系的钒镁酸铅、钛酸铅、醋酸铅等。

与石英相比，压电陶瓷的压电系数和介电常数高、居里点低、机械强度低，且制造上可通过选择组成(如调整添加物和烧结工艺等)在较大范围内控制其特性和应用性，价格也低廉。不过其材料在多孔性、重复性和均匀性上有问题。

此外，某些天然高分子化合物，由于本身分子排列的单轴性，使其具有切向压电效应；某些合成高分子聚合物薄膜经延展拉伸和电场极化后也具有压电性，如聚氟乙烯(PVF)、聚偏氟乙烯(PVDF)、聚氯乙烯(PVC)等，它们质地柔软，具有抗拉强度较高、蠕变小、耐冲击、体电阻高等优点，适合大范围使用和批量生产；在高分子化合物中掺杂压电陶瓷 PZT

或 $BaTiO_3$。粉末制成的高分子压电薄膜为一种复合的压电材料，既有上述材料的柔软性又具有很高的压电性。

2. 压电式传感器的连接方式及等效电路

（1）压电式传感器的连接方式

在压电式传感器中，利用压电材料纵向效应的居多，在压电晶片的两个工作面上进行金属蒸镀，形成金属膜，构成两个电极，如图 2-39 所示。当施加外力 F 时，两金属膜之间形成电场，相当于一个极板电容器，此时电容量为

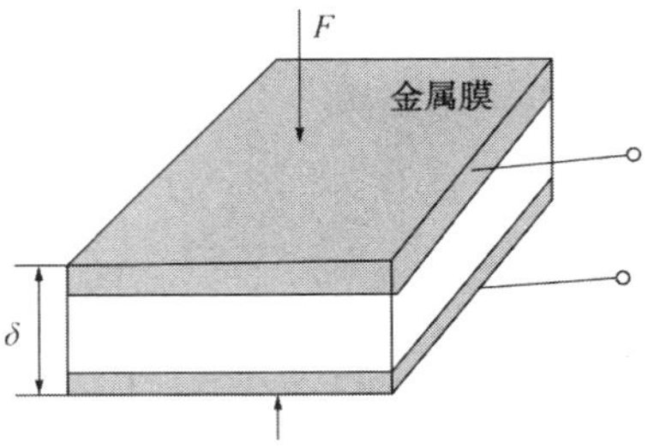

图 2-39　压电片与电极示意图

$$C=\frac{\varepsilon_0\varepsilon_r S}{\delta} \tag{2-57}$$

若外力不变且无泄漏时，电荷不变；外力终止，电荷消失。

实际的压电式传感器中，常常采用串联或并联接法将两片或两片以上压电元件黏接在一起。

串联时，正极与负极接在一起，如图 2-40 所示。根据式(2-57)可知，δ 增大、C 减小，由于电荷量 Q 不变，所以输出电压变大，适合于以电压作为输出信号。

并联时，负极与负极接一起，如图 2-41 所示。电容变大、电荷量大，适合于以电荷量作为输出信号。

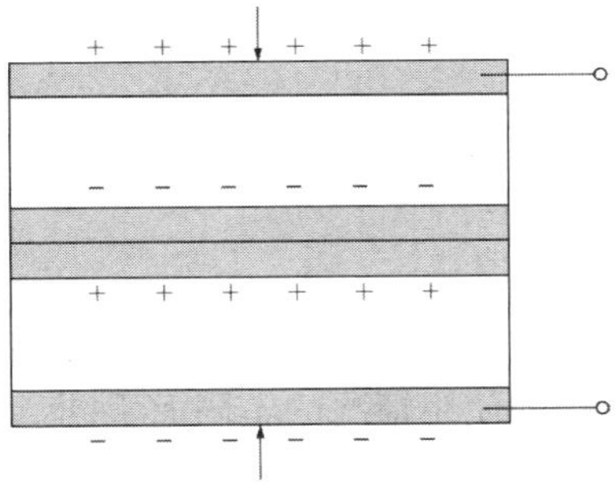
图 2-40　串联接法

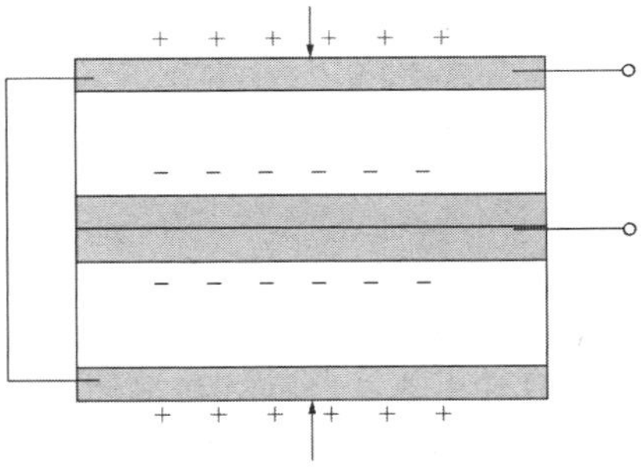
图 2-41　并联接法

（2）等效电路及输出特性

由于压电式传感器本身是一个电容器，因而是一个具有一定电容的电荷源。电容器开路电压 e_0 与电荷量 Q、电容 C_a 存在下列关系式

$$e_0=\frac{Q}{C_a} \tag{2-58}$$

式中　电荷量 Q 与压电传感器的压电系数 D、作用力 $F=F_0\cdot\sin\omega t$ 大小有关，即

$$Q=D\cdot F_0\sin\omega t=Q_0\sin\omega t \tag{2-59}$$

当压电式传感器接入电路后，等效电路如图 2-42 所示。图中 Q 为压电元件在外力 F 作用下产生的电荷，C_a 为传感器电容，C_c 为电缆电容，R_0 为后续电路的输入阻抗和传感器中的漏电阻形成的泄漏电阻，C_i 为外接电路的输入端电容，i 为泄漏电流。

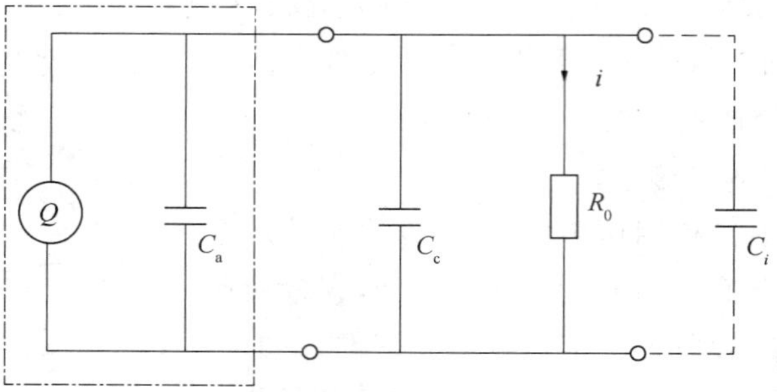

图 2-42　压电传感器等效电路

令 $C=C_a+C_c+C_i$，则由电荷平衡可知：

$$\begin{cases} Q=(C_a+C_c+C_i)e+\int i\mathrm{d}t \\ e=R_0 i \end{cases} \tag{2-60}$$

因此，求解上述方程可得电容上的电压值为

$$e=R_0 i=\frac{Q_0\omega R_0}{\sqrt{1+(\omega CR_0)^2}}\sin(\omega t+\varphi)=\frac{Q_0}{C}\frac{1}{\sqrt{1+\left(\frac{1}{\omega CR_0}\right)^2}}\sin(\omega t+\varphi) \tag{2-61}$$

从式(2-61)可以看出

① 测量静态参数，即 $\omega=0$ 时，则 $e=0$，压电传感器没有输出，因此它不能测量静态参数。

② 输出电压与时间常数R_0C 有关，当R_0C 很大时，$\omega CR_0\gg 1$，可得输出电压为

$$e=\frac{Q_0}{C}\sin(\omega t+\varphi)=\frac{Q}{C} \tag{2-62}$$

即输出电压与电荷量成正比，与频率无关。因此，这时若增大 C，则灵敏度减小。而 C 中还包含连接导线电容C_c，而连接导线电容随连接导线的使用情况的不同而不同，这样就会引起测量误差。为减小误差，一般需要接入一个固定电容，并固定导线的长度和规格。

③ 测量低频时，即在 $\omega CR_0\ll 1$ 时，$e=QR_0\omega$，即输出电压是频率的函数，且随频率下降而下降。

3. 压电式传感器的测量电路

由于压电式传感器是一个能产生电荷的高内阻发电元件，其电荷很小，如果采用一般仪器测量，该电荷就会通过测量电路的输入电阻释放掉。因此必须采用高阻抗的仪器测量电荷的变化。目前这样的仪器有两种，一种是直接测量电荷，为电荷放大器；另一种是把电荷转变成电压，然后测定电压值，即电压放大器。

(1) 电荷放大器

图 2-43 所示为电容反馈的电荷放大器，它是一种输出电压与输入电荷量成正比的前置放大器。A 为电荷放大器开环增益，C_f为反馈电容，如将反馈电容折算到输入端，其值等于 $(1+A)C_f$，当忽略电荷放大器的输入电阻和传感器的漏电阻时，放大器的输入电压为

$$U_i=\frac{Q_a}{C+(1+A)C_f} \tag{2-63}$$

式中　Q_a——传感器产生的电荷量；

C——等效电容，$C=C_a+C_c+C_i$。

由放大器的输入电压U_i，可得放大器的输出电压U_0

$$U_0=-AU_i=-\frac{AQ_a}{C+(1+A)C_f} \tag{2-64}$$

若放大器的开环增益A足够大，则$(1+A)C_f \gg C$，上式变为

$$U_0=-\frac{Q_a}{C_f} \tag{2-65}$$

上式说明，电荷放大器的输出电压与传感器发出的电荷量Q_a成正比，与反馈电容C_f成反比，而与电缆电容无关。因此在长距离测量和经常需要改变输入电缆长度的场合，采用电荷放大器。

(2) 电压放大器

图 2-44 所示是具有电阻反馈的电压放大器，它的作用是放大传感器的微弱输出信号，并把传感器的高输出阻抗转换成较低值。

电压放大器的输出电压取决于电容值C，而该电容值除电路中C_i、C_a不变之外，还随电缆电容C_c的改变而变化，如果改变电缆长度，则必须重新校正灵敏度。因此，在设计时应该把电缆长度定为常值。

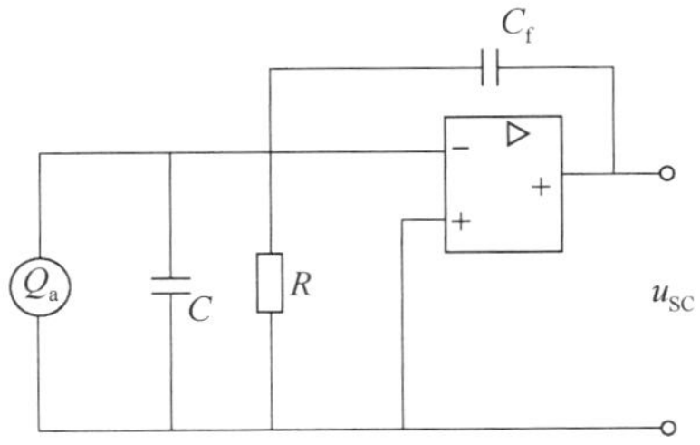

图 2-43　电荷放大器

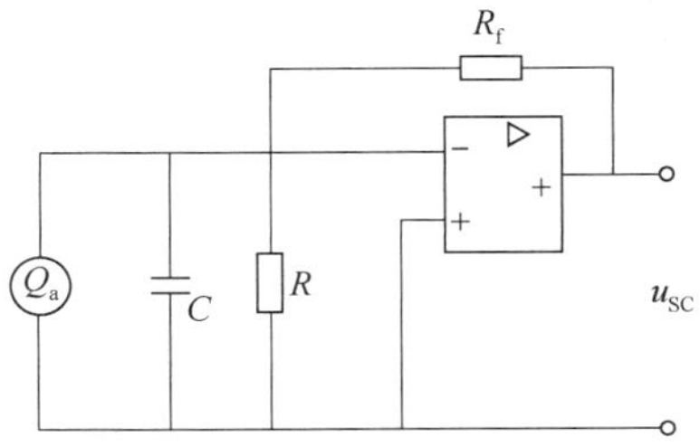

图 2-44　电压放大器

三、光电式传感器

光电式传感器是将光信号转换为电信号的传感器。光电式传感器具有结构简单、工作可靠、精度高、反应快和非接触工作的特点，被广泛应用在非电量电测量中。

1. 光电效应

因光照而引起物体电学特性改变的现象被称为光电效应。光电效应可分为外光电效应和内光电效应两种。

光照物体向真空发射电子的现象被称为外光电效应。金属中存在大量的具有一定能量的自由电子，在平常温度条件下不能离开金属表面。当受光辐射时，金属吸收光子，使内部的电子被激发到高能状态，并向表面运动。到达表面的电子能克服位垒而逸出，从而将光辐射能转换为逸出电子的电磁能。利用外光电效应制成的变换元件一般为光电管和光电倍增管。

光照物体的电导率发生变化或产生电动势的现象被称为内光电效应。内光电效应分为光导效应和光生伏特效应。

物体在光照下吸收一部分光能，而使内部的原子释放出电子，导致物体导电性增加的现象称为光导效应。基于光导效应而制成的电阻被称为光敏电阻，用光敏电阻制成的器件被称为光导管。

光照使不均匀半导体或半导体与金属组合的不同部位之间产生电位差的现象被称为光生伏特效应。把依据光生伏特效应而制成的光电器件称为光电池。

2. 光敏元器件

(1) 光电管和光电倍增管

光电管的种类很多，图 2-45 所示为其典型结构，它是在真空玻璃泡内装入两个电极——光电阴极和光电阳极，光电阴极可以是柱面形金属板，也可以是涂在玻璃泡内壁上的阴极涂料。在阴极前置入环形金属丝或柱形金属丝即为光电阳极。

当光电阴极受到适当波长的光线照射时便会发射电子，这些电子被加有一定电位的阳极吸收，从而在光电管内形成空间电子流。如果在外电路中串入适当阻值的电阻，则在此电阻上将有正比于光电管中空间电流的电压降，如图 2-46 所示，其幅值与光电管阴极受光照的亮度成函数关系。

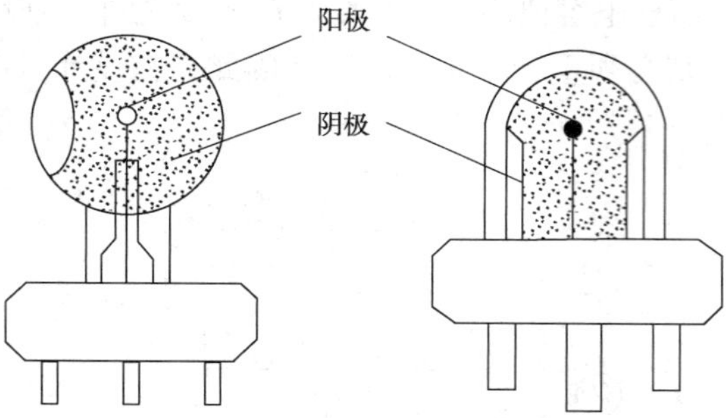

图 2-45 典型光电管结构

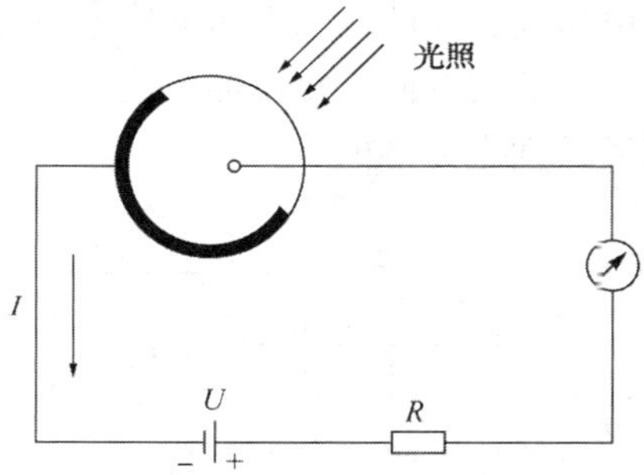

图 2-46 光电管电路

制造光电阴极常用的材料有锑-铯、银-氧-铯、银-铋-氧-铯等，光电阴极对不同波长的光线有不同的灵敏度，称为频谱灵敏度。如银-氧-铯光电阴极在红光和红外光区具有较高的灵敏度，而锑-铯光电阴极频谱灵敏度的峰值在紫外光区。

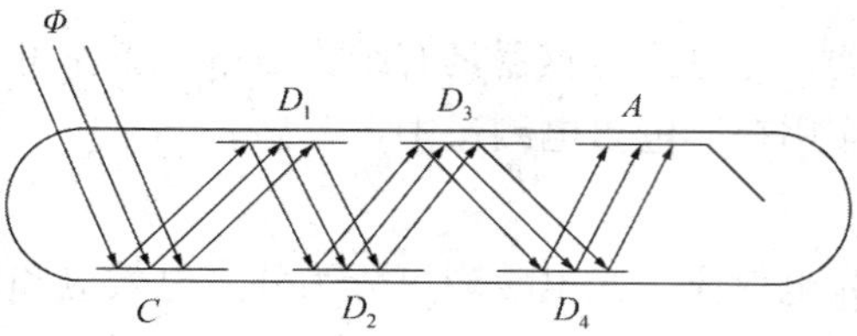

图 2-47 光电倍增管

当入射光极其微弱时，光电管产生的电流很小，即使光电流能被放大，但信号和噪声也会同时被放大，为此可采用光电倍增管。光电倍增管的工作原理如图 2-47 所示。它由光电阳极 A、阴极 C 和若干倍增极 D 组成。倍增极的数目为 4~14 个，在各倍增极上加一定电压，可使电子逐步加速。入射光首先使光电阴极激发出电子，发射的电子轰击第一倍增极。放出电子，被 C、D_1 间电场加速，射向第二倍增极 D_2，并再次产生二次电子发射。如此下去，每经一次二次电子发射，电子数量有所增加，最后被阳极吸收，在光电阴极和光电阳极之间形成电流。

(2) 光敏电阻

光敏电阻是一种匀质半导体光敏元件。它是由一块两边带有金属电极的光电半导体组成，如图 2-48 所示。在黑暗的环境下，其阻值很高，但受到足够强的光照时，其导电性大大增强，并且光照越强，阻值越低；光照停止，阻值又恢复原值。

在可见光范围内应用最为广泛的光敏电阻有硫化镉、硒化镉光敏电阻，紫外波段大多用氧化锌、硫化锌光敏电阻等，红外波段用硫化铅、硒化铅光敏电阻等。光敏电阻在使用时不能使光电流超过额定值，以免烧坏器件。由于它具有体积小、质量小的优点，被广泛应用于自动检测与控制技术中。

（3）光电池

光电池是一种直接将光能转换成电能的器件，其工作原理是基于光生伏特效应。常用的光电池有两种：一种是金属半导体型，如硒光电池；另一种是 PN 结型，如硅光电池。除此之外，还有硅太阳能电池、硫化镉太阳能电池等。它们的光谱响应曲线如图 2-49 所示。

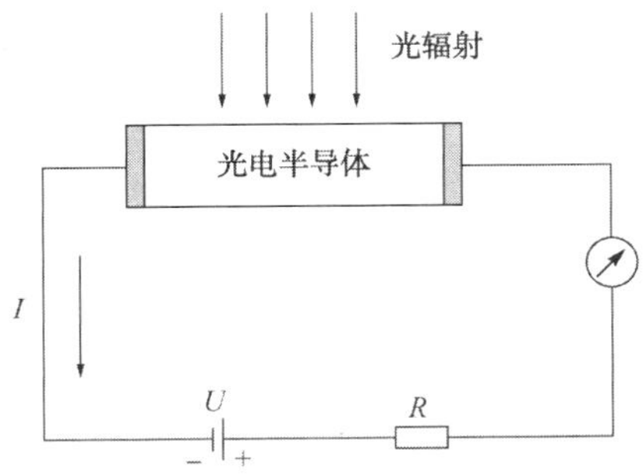

图 2-48　光敏电阻

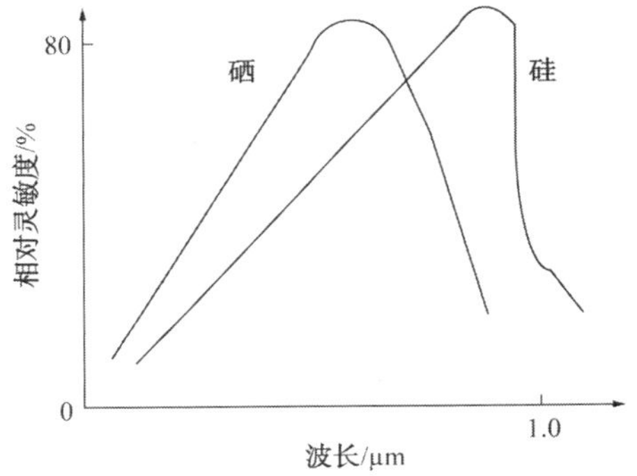

图 2-49　硅、硒光电池的光谱响应曲线

（4）光敏晶体管

光敏晶体管又称光电晶体管，包括光敏二极管和光敏三极管。光敏二极管是一种具有 PN 结单向导电性的结型光电器件，与一般半导体二极管相似，其 PN 结装在管的顶端，以便接受光照。光敏二极管在电路中通常工作在反向偏压状态。原理和接线如图 2-50 所示。在无光照射时，处于反偏的光敏二极管工作在截止状态；在有光照射时，PN 结附近的光子受到轰击，吸收光子能量而产生电子空穴对，它们在 PN 结处的内电场作用下作定向运动，P 区的少数载流子越过阻拦层进入 N 区，而 N 区的少数载流子越过阻拦层进入 P 区，从而使通过 PN 结的反向电流大为增加，形成光电流。而且光照越强，光电流越大。因此，可以认为在无光照射时，光敏二极管处于截止状态，在有光照射时，光敏二极管处于导通状态。

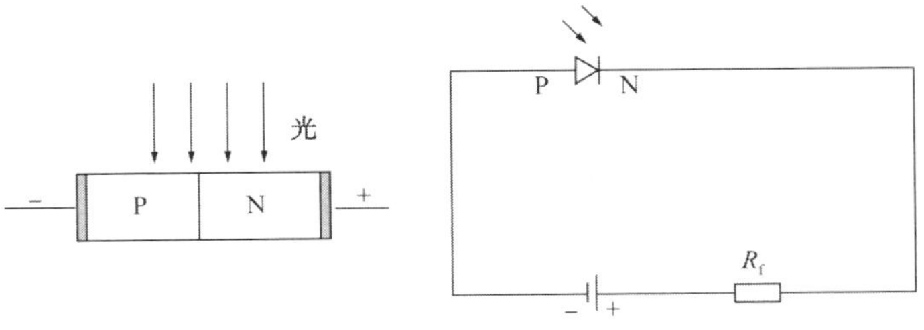

图 2-50　光敏二极管原理和接线图

光敏三极管的结构与普通三极管相似，也分为PNP型和NPN型两种，其符号如图2-51所示。工作原理与光敏二极管相同，内部有两个PN结。

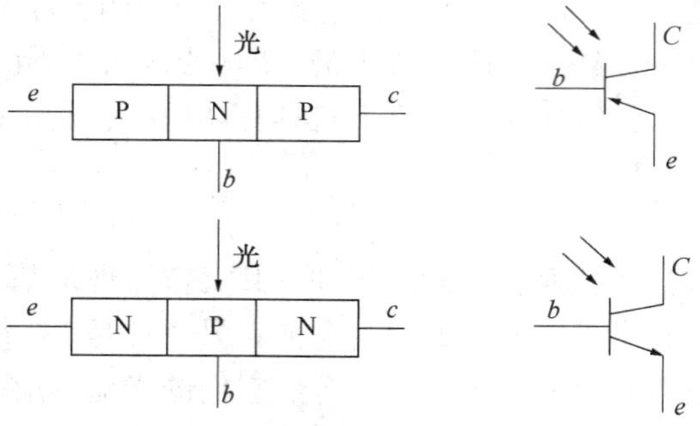

图2-51　光敏三极管

第六节　霍尔传感器

霍尔传感器是利用霍尔效应原理实现磁电转换，从而将被测物理量转换为电动势的传感器。1879年霍尔在金属材料中发现霍尔效应，由于金属材料的霍尔效应太弱，未得到实际应用。直到20世纪50年代，随着半导体和制造工艺的发展，人们才利用半导体元件制造出霍尔元件。我国从20世纪70年代开始研究霍尔元件，现在已经能生产各种性能的霍尔元件。由于霍尔传感器具有灵敏度高、线性度好、稳定性高、体积小等优点，它已经被广泛应用于电流、磁场、位移、压力、转速等物理量的测量。

一、霍尔效应

将导体或半导体置于磁场中并通入电流，若电流方向与磁场方向正交，则在与磁场和电流两者都垂直的方向上会出现一个电势差，该现象称为霍尔效应，该电动势称为霍尔电动势。实验和理论表明，在磁场不太强时，霍尔电动势与电流和磁感应强度成正比，与载流体厚度成反比。

霍尔效应的产生是由于运动电荷受磁场力、电场力作用的结果。假设材料是N型半导体，则导体的载流子是电子，电子沿与I相反的方向以速度v运动。在z轴方向的磁场作用下，电子将受到一沿y轴负方向的力的作用，这个力就是洛伦兹力F_1，其大小为

$$F_1 = evB \tag{2-66}$$

式中　e——电子电荷量，$e=1.602\times10^{-19}$C；

v——载流子运动速度；

B——磁感应强度。

在洛伦兹力作用下，电子向一侧偏转，使该侧形成负电荷的积累，另一侧形成正电荷的积累。这样，两端面因电荷积累而建立了一个电场E，被称为霍尔电场。该电场对电子的作用力为$F_E=-eE_H$，式中的负号表示电场方向与规定方向相反。由于电场力与洛伦兹力相反，即阻止电荷的继续积累，当电场力与洛伦兹力相等时，电子的积累便达到动态平衡，即$eE_H=evB$，由此得到霍尔电场的强度为

$$E_H = vB \tag{2-67}$$

在两端建立的电势差称为霍尔电压，用U_H表示，其大小为

$$U_H = E_H b = vBb \tag{2-68}$$

若 N 型半导体中的电子浓度(即单位体积中的电子数)为 n，则流过材料的电流为 $j = -nev$，负号表示电子运动速度方向与电流方向相反。而电流 $I = j \cdot bd = -nev \cdot bd$，从而得

$$v = -\frac{I}{nebd} \tag{2-69}$$

将式(2-69)代入式(2-68)，得

$$U_H = -\frac{1}{ned}IB = R_H\frac{IB}{d} = k_H IB \tag{2-70}$$

式中 $k_H = \frac{R_H}{d}$——霍尔灵敏度系数，它与载流材料的物理性质和几何尺寸有关，表示在单位磁感应强度和单位控制电流下霍尔电动势的大小；

$R_H = -\frac{1}{ne}$——霍尔系数，由载流材料的物理性质决定。一般载流子电阻率 ρ、磁导率 μ 和霍尔系数的关系为

$$R_H = \rho\mu \tag{2-71}$$

由于电子的迁移速率大于空穴的迁移速率，因而霍尔元件多用 N 型半导体材料。虽然金属导体的载流子迁移率很大，但其电阻率较低；而绝缘材料的电阻率较高，但载流子迁移率很低，所以两者不适宜于做霍尔元件。此外，由式(2-70)可知，元件的厚度 d 对灵敏度的影响也很大，元件越薄，灵敏度就越高。

二、霍尔元件的测量电路

霍尔元件是一个四端器件，由霍尔片、四根引线和壳体组成。霍尔片是一块矩形半导体单晶薄片，在它的长度方向两端面焊有两根控制电流引线，通常为红色导线。另两侧端面焊出的引线为霍尔输出，通常为绿色导线。霍尔元件的壳体一般用非导磁金属、陶瓷或环氧树脂封装。

霍尔元件的符号及基本测量电路如图 2-52 所示。图中，控制电流(激励电流)由电源 E 供给，其大小可调节电位器 R_p 来实现，霍尔元件输出端接负载 R，R 可以是一般电阻，也可以是放大器的输入电阻或指示器的内阻。

由于建立霍尔效应所需要的时间很短($10^{-14} \sim 10^{-12}$ s 之间)，因此，控制电流用交流电时，频率可以很高。

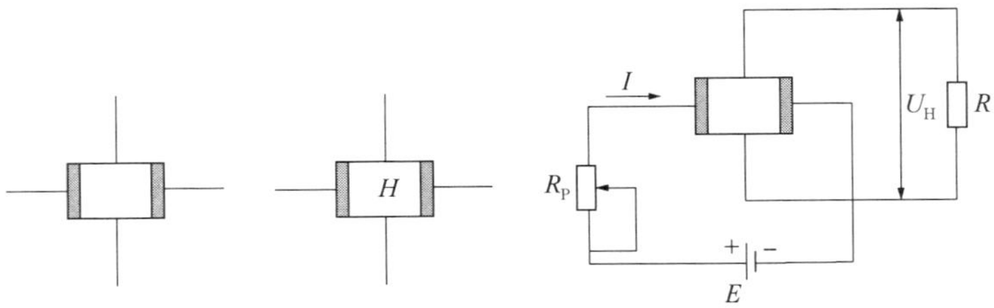

图 2-52 霍尔元件的符号及测量电路

三、霍尔元件的主要特性参数

1. 输入电阻R_i和输出电阻R_o

R_i为控制电极之间的电阻值，R_o是指霍尔元件输出电极之间的电阻。测量时，应在无外磁场和室温变化的条件下，用电阻表测量。

2. 额定激励电流和最大允许控制电流

当霍尔元件通过控制电流使其在空气中产生10℃的温升时，对应的控制电流值被称为额定控制电流。元件的最大温升限制所对应的控制电流值被称为最大允许控制电流。由于霍尔电动势随着激励电流的增大而增大，所以在实用中，在满足温升的条件下，尽可能地选用较大的工作电流。改善霍尔元件的散热条件可以增大最大允许控制电流值。

3. 不等位电动势U_0和不等位电阻R_0

在额定控制电流下，不加外磁场时，霍尔输出电极空载输出电动势为不等位电动势。不等位电动势产生的主要原因是两个霍尔电极没有安装到同一等位面上。一般要求不等位电动势小于1mV。不等位电动势U_0与额定控制电流I_0之比，被称为霍尔元件的不等位电阻R_0。

4. 寄生直流电动势

无外加磁场，霍尔元件通以交流控制电流时，霍尔电极的输出除了交流不等位电动势外，还有一个直流电动势，被称为寄生直流电动势。该电动势是由于霍尔元件的两对电极非完全欧姆接触形成整流效应，以及两个霍尔电极的焊点大小不等、热容量不同引起温差所产生的。因此，在霍尔元件制作和安装时，应尽量使电极欧姆接触，并做到有良好的散热条件。

四、霍尔元件的误差及补偿

1. 不等位电动势误差的补偿

不等位电动势是一个主要的零位误差。在制造霍尔元件时，由于制造工艺限制，两个霍尔电极不能完全位于同一等位面上，如图2-53所示。因此，当有控制电流I流过时，即使外加磁感应强度为零，霍尔电极上仍有电动势存在，该电动势为不等位电动势。另外，由于霍尔元件的电阻率不均匀、厚度不均匀及控制电流的端面接触不良，也会产生不等位电动势。

为了减小不等位电动势，可以采用电桥平衡原理加以补偿。由于霍尔元件可以等效为一个四臂电桥，如图2-54所示。$R_1 \sim R_4$为电极间的等效电阻。在理想情况下，不等位电动势为零，电桥平衡，相当于$R_1=R_2=R_3=R_4$。如果不等位电动势不为零，相当于四臂电阻不全相等，此时应根据霍尔输出电极两点电位的高低，判断应在哪一个桥臂上并联电阻，使电桥平衡，从而消除不等位电动势。图2-55所示为不等位电动势补偿电路原理，为了消除电动势，一般在阻值较大的桥臂上并联电阻。

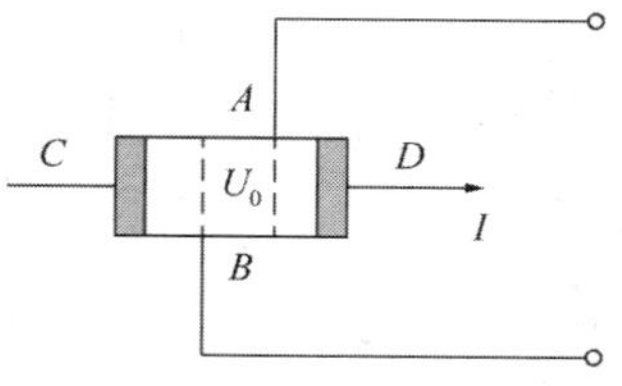

图2-53　霍尔元件的不等位电动势

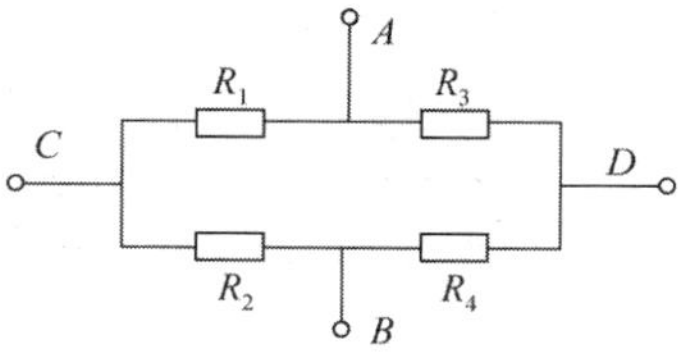

图2-54　霍尔元件的等效电路

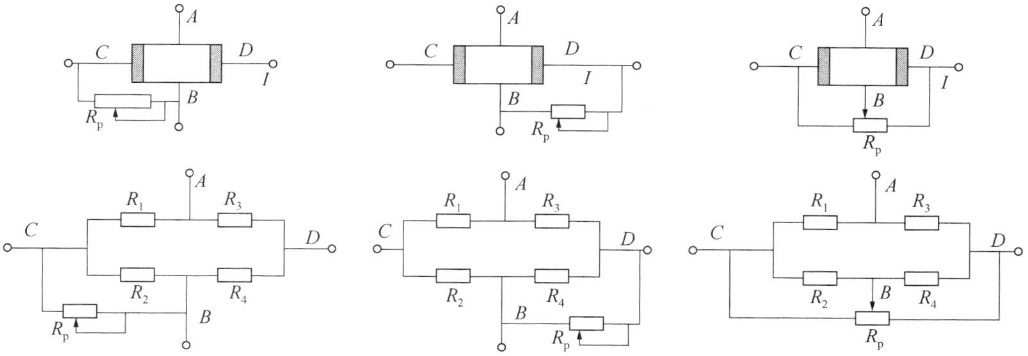

图 2-55　不等位电动势补偿电路原理图

2. 温度误差及其补偿

当温度变化时，霍尔元件的载流子浓度 n、迁移率 μ、电阻率 ρ 及灵敏度 k 都将发生变化，致使霍尔电动势变化，产生温度误差。

根据 $U_H = k_H IB$ 可知，只要保持 $k_H I$ 的乘积不变就可实现温度补偿。方法是用一个分流电阻与霍尔元件的控制电极并联，采用恒流源供电。当霍尔元件的输入电阻随着温度的升高而增加时，一方面，霍尔灵敏度增大，使霍尔电动势输出有增大趋向；另一方面，其输入电阻增大，旁路分流电阻自动加强分流，减小了控制电流 I，使霍尔电动势输出有减小趋向，使 $k_H I$ 基本不变，达到补偿的目的。图 2-56 所示为采用恒流源加并联补偿电阻温度补偿电路。

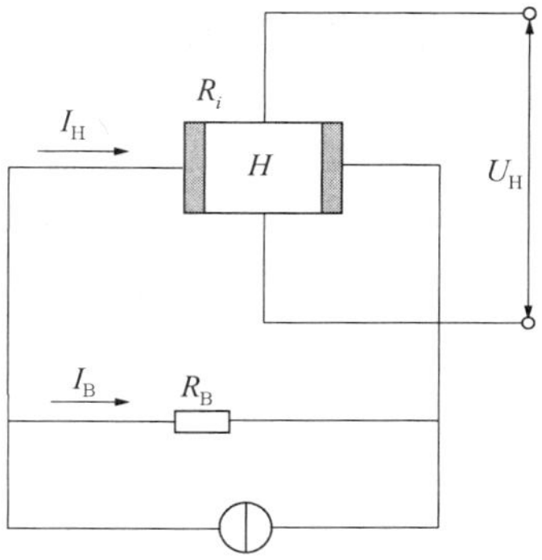

图 2-56　恒流源加并联电阻补偿法

思考与练习

1. 简答题

(1) 应变片的工作特性参数有哪些？如何实现应变片的温度补偿？

(2) 简要说明霍尔传感器的工作原理及典型应用。

(3) 传感器的分类方法，举例说明。

(4) 简述热电偶基本定律中的中间导体定律。

(5) 电感式传感器有哪些类型？各有什么特点？

2. 思考题

任选一种被测对象，用你所熟悉的传感器组成检测系统进行检测，阐述检测过程及检测系统，重点阐述传感器部分。

第三章　控制工程基础

第一节　控制系统基本概念

在工程技术领域，有许多应用自动控制技术的装置装备，图 3-1 是一个原理性示意图。图 3-1 中控制器可以是电子电路装置，也可以是计算机硬软件，它对给定值信号进行处理。被控量是指经某种算法处理后控制驱动受控对象的某个物理量。检测装置时刻对被控量进行检测，并将检测值反馈给控制器，通常是把非电物理量以电信号形式呈现。控制器将给定值与检测值进行比较得到偏差值，进而调节控制输出量，使被控量按所希望的规律运行　这就构成了一个自动控制系统。

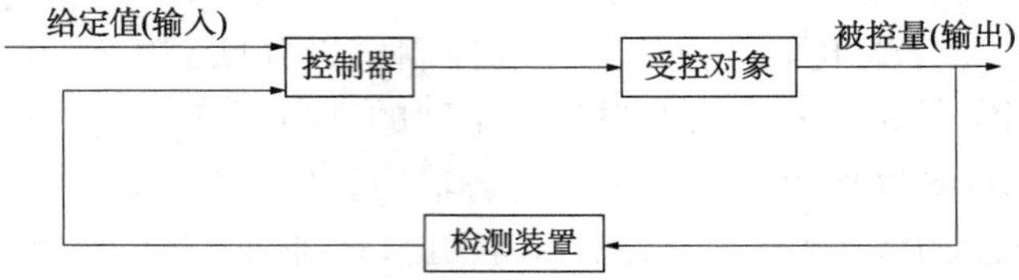

图 3-1　自动控制系统原理图

为了更好地理解自动控制系统，下面将介绍一个有人直接参与的人工控制水温系统，如图 3-2 所示。

该系统的功能是保证从储水罐中能流出给定温度的热水。为了简化问题，假定流入水箱的水总是冷水，而流出水箱的水总是热水。流出的水温总是高于流入的水温，因此只需要对水箱中的水进行加热(即不需要冷却)。又假定即便在某段时间内不需要用水，放置在水箱中已加热好的水也会因自然冷却而降温，这时也需要加热以补充热量损失。

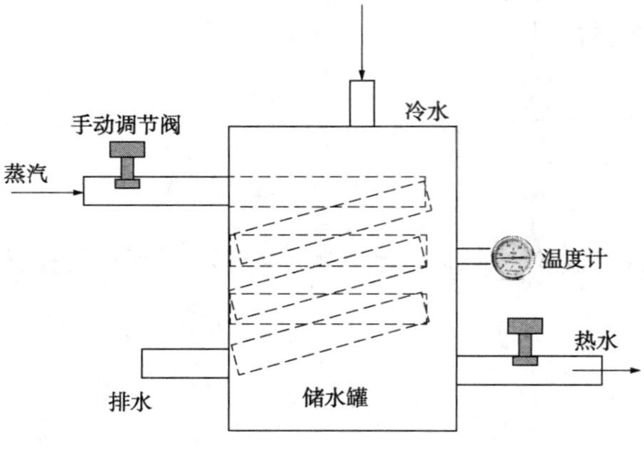

图 3-2　人工控制水温

控制目的是控制储水罐的水温。加热通过蒸汽进行，蒸汽经手动调节阀门流经储水罐的热传导器件，通过热传导作用将储水罐中的水加热，加热后的水流出储水罐。同时，蒸汽冷却成水后由排水口排出。由此可见，调节阀的开度大小将对水温起调节作用。如果出水温度低了，可以由人工来开大调节阀门，即加大蒸汽流量，从而可使出水温度提高。反之，如果出水温度高了，可以由人工来减小调节阀门开度，即减小蒸汽流量，使出水温度降低。

在这种控制方式中，人起到了关键作用。例如检测装置是人（如观测温度计显示的水温）、控制器是人（如大脑）、控制驱动装置也是人（如手）。由于人介入了控制过程，因此不能称为“自动”控制系统。且不说占用了人力，如果对于水温的控制精度要求比较高的话，人工控制方式还不能满足控制需求。

采用自动控制装置和执行机构，取代人工控制调节阀的作用，形成水温自动控制系统，如图 3-3 所示。

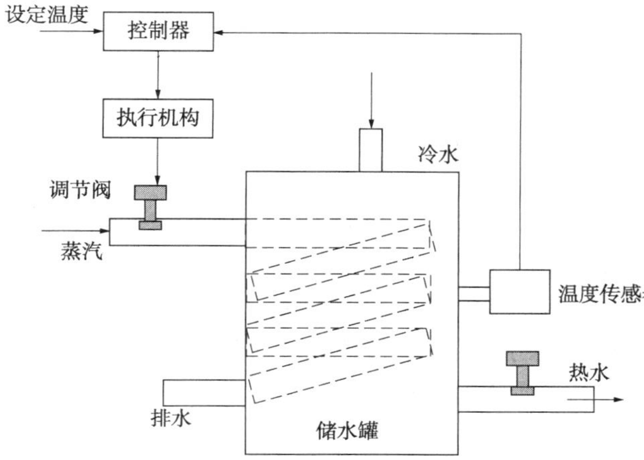

图 3-3　自动控制水温

调节阀的开度大小可以由某种电驱动的机械执行机构（执行机构）进行调节，水温的检测由温度传感器完成，而控制器可以是某种电路形式或者以某芯片为主的控制板。这样输入的给定值可以是电量（比如电压），也可以是数字量；温度传感器的输出形式是电压或者电流或者数字量，反馈给控制器。控制器将给定值和检测值比较之后，发出控制信号。当水温检测值低于输入给定值时，执行机构将调节阀的开度增大，使更多的蒸汽流入，以提高水温，反之亦然。这样，实现了自动控制水温。

为了分析方便，常用方块图来表示系统各个部件及变量之间的关系，上例采用图 3-4 进行表示。

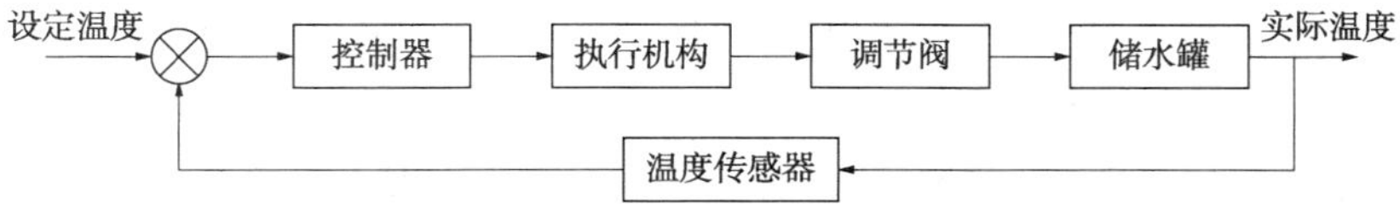

图 3-4　自动控制水温

从以上水温自动控制的例子可以看出，自动控制的实现，实际上是由自动控制装置来取代人的功能。自动控制取代人工控制的功能，存在必不可少的三种代替人的职能的基本元件：①自动控制器（代替大脑）；②执行元件（代替手）；③测量装置或传感器（代替人的检测器官）。这些基本元件与被控对象相连接，一起构成一个自动控制系统。

一、基本概念

根据以上例子，我们给出控制系统的基本概念。

控制是指由人或用控制装置使受控对象按照一定目的来动作所进行的操作。

输入信号通常是人为给定，又称给定量。

输出信号就是被控制量，它表征对象或过程的状态和性能。

反馈信号是指从输出端或中间环节引出来并直接或经过变换以后传输到输入端比较元件中的信号，或者是从输出端引出来并直接或经过变换以后传输到中间环节比较元件中的信号。

偏差信号是比较元件的输出，等于输入信号与主反馈信号之差。

误差信号是输出信号的期望值与实际值之差。

扰动信号是来自系统内部或外部的、干扰和破坏系统具有预定性能的输出信号。

二、控制系统的分类

根据控制方式的不同，可以将控制系统分为开环控制、闭环控制和复合控制。

开环控制系统是指控制系统中无反馈回路的系统。因为无须对被控量进行检测和反馈，开环系统结构和控制过程均较简单。如果控制系统中使用的元器件精度足够，内外部干扰也不大，就可以考虑采用开环控制系统。很多步进电机控制系统就是开环控制系统。在某些被控量无法检测时，开环控制系统也有其优越性。同时，开环控制系统还没有稳定性问题。但总体来说，由于开环控制系统抗干扰能力弱，因而其控制精度较低，这大大限制了它的应用范围，用得较少。而闭环控制系统则用得较多。

闭环控制系统是指控制系统中存在反馈回路的系统。闭环控制又常被称为反馈控制或按偏差控制。闭环控制系统具有如下的特点：

(1) 闭环控制系统具有两种传输信号的通道：由给定值至被控量的通道被称为前向通道；由被控量至系统输入端的通道叫反馈通道。两者构成了一个闭合回路。

(2) 由于系统的控制作用是通过给定值与反馈量的差值进行，故这种控制常被称为按偏差控制，又称为反馈控制。而反馈控制的作用是使偏差减小，被称为负反馈。

(3) 作用在反馈环内前向通道上的扰动所引起的被控量的偏差值，都会得到减小或消除，使得系统的被控量基本不受该扰动的影响。

(4) 闭环控制系统存在稳定性问题。

闭环控制系统的特点是“检测偏差用以减小偏差”。正是由于这种特性，使得闭环控制系统在控制工程中得到了广泛的应用。

复合控制系统是指把开环控制与闭环控制两者结合起来使用的控制系统。复合控制实质上是在闭环控制回路的基础上，附加一个输入信号(给定或扰动)的顺馈通路，对信号实行加强或补偿，以达到精确的控制效果。

三、反馈控制系统的基本组成

反馈系统通常由给定元件、检测元件、比较元件、放大元件、执行元件和校正元件构成。

给定原件用于产生控制系统的输入量，一般是与期望的输出相对应的。以电类元件居多，它们产生电量，如电压或电流。在已知输入信号规律的情况下，也可用计算机软件产生指定信号。

检测元件多用于对控制系统的被控量进行检测。一般是各种各样的传感器，可以完成非电物理量的电测，如测速机，就是将电动机轴的速度检测出来并转换成电压；温度传感器将水温检测出来并转换成电压，等等。检测元件自身的性能指标对于整个控制系统的性能指标有着至关重要的影响。

比较元件用于把检测元件检测到的实际输出值与给定元件给出的输入值进行比较，求出它们之间的偏差。常用的电量比较元件有差动放大器、电桥电路等。在计算机控制系统中，比较元件的职能往往由软件完成。

放大元件用于将较小的偏差信号加以放大，以足够的功率来推动执行机构或被控对象。当然，放大倍数越大，系统的反应越敏感。一般情况下，只要系统稳定，放大倍数应适当大些。

执行元件是直接推动被控对象，使其被控量发生变化，一般有足够的能量输出。如阀门、电动机、机械或液压或气动形式的传动机构等。

校正元件可以改善或提高系统的性能，在系统基本结构基础上附加参数可灵活调整的元件，工程上称为调节器。常用串联或反馈的方式连接在系统中。简单的校正装置可以是一个RC 网络，复杂的校正装置可含有电子计算机。

典型的反馈控制系统基本组成如图 3-5 所示。

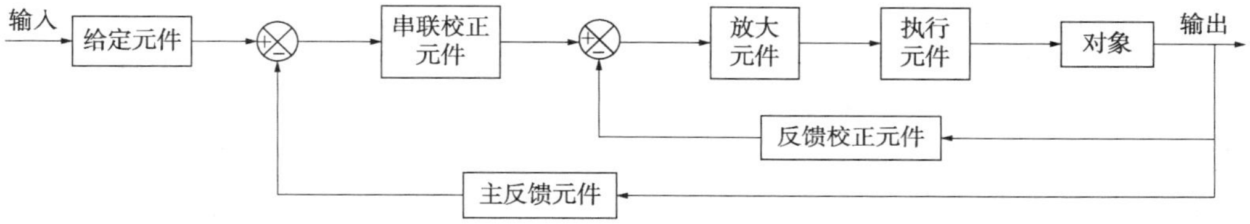

图 3-5　反馈控制系统基本组成

四、控制系统分类

1. 按给定信号的特征划分

给定信号作为系统的输入信息，反映了控制系统的目的和任务。给定信号的自身特征在很大程度上影响了对于自动控制系统的性能指标要求。

（1）恒值控制系统

恒值控制系统的任务是使控制系统的被控物理量维持在某一恒定值上。对于控制系统的主要要求是当被控量受某种干扰而偏离恒定值时，通过自动调节的作用，使它尽可能快地恢复到恒定值。在工程实现时，系统不可避免地存在误差，因此控制系统应保证误差不超过合理的允许范围。显然，控制系统的准确性是系统设计中要解决的主要问题。水温恒温控制系统及其他恒定位置、恒定速度、恒定压力、恒定流量、恒定温度等都属于这一类系统。

（2）随动控制系统

随动控制系统的主要特点是给定信号的变化规律是事先不能确定的。对于控制系统的主要要求是使输出快速地跟随给定值的变化而变化，故称为随动控制系统，又可称为伺服控制系统。显然，由于输入给定值在不断地变化，控制系统的快速响应能力是系统设计中要解决的主要问题。

用于军事上的自动火炮系统、雷达跟踪系统，用于航天或航海领域中的自动驾驶系统、自动导航系统等都是典型的随动系统的例子。

（3）程序控制系统

在程序控制系统中，已知给定输入信号的变化规律，将其事先预存在计算机中，因此输出的变化规律也可预先知道。这类控制系统往往适用于特定的生产工艺或工业过程。实际上大多数控制系统既有控制精度的要求，也有控制快速性的要求，即兼有恒值控制系统和随动控制系统的特点。程序控制系统也是如此。严格地说，程序控制系统作为一种分类类别并不一定成立。但由于其控制规律预知，设计这类系统的针对性较强，可根据要求事先选择方案，保证控制性能指标的实现，其特点还是明显的。

在工业生产中广泛应用的程序控制有仿形控制系统、机床数控加工系统等。

2. 按系统的数学描述划分

任何系统都是由各种元部件组成的。从控制理论的角度，这些元部件的性能，可用其输入输出特性来进行分析，按照元件特性的数学方程式的不同，可将系统分成线性系统和非线性系统两大类。

（1）线性系统

各元件输入输出特性是线性特性、状态和性能可以用线性微分方程来描述的系统被称为线性系统。所谓线性特征是指元件的静态特征是一条过原点的直线，也称其为线性元件。由线性元件组成的系统则是线性系统。线性系统的一个明显特点就是满足叠加原理，可运用叠加原理的两个性质，作为鉴别系统是否为线性系统的依据。叠加原理指出：当几个输入信号同时作用在系统上时，产生的总输出等于各个输入单独作用时系统的输出之和。当系统输入增大或缩小若干倍时，系统的输出也增大或缩小相同的倍数，这称为齐次性。

线性系统有两类：一类是系统微分方程的系数均为常数，被称为线性定常系统。这类系统的明显特点是系统的响应曲线只取决于具体的输入，而与输入的时间起点无关。也就是说无论什么时候开始输入，只要输入信号一致，响应都相同；另一类是微分方程的系数有一部分是时间的函数，被称为线性时变系统。如有的机电系统由冷态变为热态时，某些参数会发生变化，进而引起控制系统性能的变化。由于时变系统不具备定常特性，研究起来比定常系统复杂。线性定常系统理论比较成熟。所以在工程研究中，若系统参数时变特性不强，视作定常值时误差不大，就可以简化为定常系统，其优点是分析、设计比较方便。

（2）非线性系统

系统中只要存在一个非线性特性的元件，系统就由非线性方程来描述，这种系统被称为非线性系统。由于非线性特征的多样性，在数学上较难处理，叠加原理也不成立，研究起来不方便，至今尚没有通用的分析方法。只有一些在特定条件下近似分析的方法可以应用。严格地说，任何物理系统总是不同程度地具有非线性，虽然许多物理系统常以线性方程来表示，但大多数情况下，实际系统并非真正是线性的。所谓线性系统，也只是在一定工作范围内，保持较好的线性关系。例如系统中应用的放大器，在较大的输入信号下，输出可能饱和。此外，某些元件还可能具有死区，影响小信号正常工作。对于这类系统，在某一工作区域，可视为线性系统，但在大范围工作区域，则是非线性系统。这可称为非本质非线性。另外有些重要的控制系统，对于任意大小的输入信号而言，系统都是非线性的。例如在继电控制系统中，控制作用不是接通就是关断。这类控制器的输入输出关系总是非线性的，不分区域，这称为本质非线性。常见的几种简单非线性特性及其曲线如图 3-6 所示。

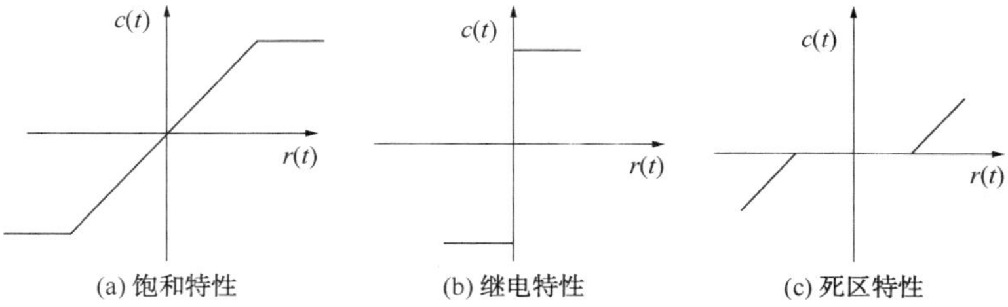

图 3-6　常见非线性曲线

虽然含有非线性特性的系统可以用非线性特性微分方程描述，但其求解困难。而对于各类非线性问题，尚无统一的方法来研究。对照线性系统可以看出，线性微分方程求解方便，且已有相当成熟的线性理论。鉴于一般实际系统都允许有一定的误差，所以为了绕过非线性系统造成的数学上的难关，常须引入“等效”线性系统来代替非线性系统，以求得近似值。当然，这种等效线性关系，仅在一定工作范围内是正确的，一旦用线性化数学模型来近似地表示非线性系统，就可以采用线性理论来分析和设计系统了。

对于非本质非线性系统，往往可以采用线性化的方法。非线性特性明显时，会产生一些比线性特性系统复杂的现象，有些是我们不希望得到的，要通过分析加以控制。而有些非线性元件，通过正确地在系统中使用，会收到意想不到的控制效果。因此，近年来在系统中引入非线性特性以改善控制系统质量，已取得了很成功的经验。非线性理论也在不断地发展着。

3. 按信号传递的连续性划分

（1）连续系统

如果系统中各元件的输入信号和输出信号都是时间的连续函数，就称其为连续系统，其特点是这类系统的运动状态是可以用微分方程来描述。

连续系统中各元件的输入输出量在工程上被称为模拟量，多数实际物理量都属于这一类。其输入输出一般用 $r(t)$ 和 $c(t)$ 表示，如图 3-7 所示。

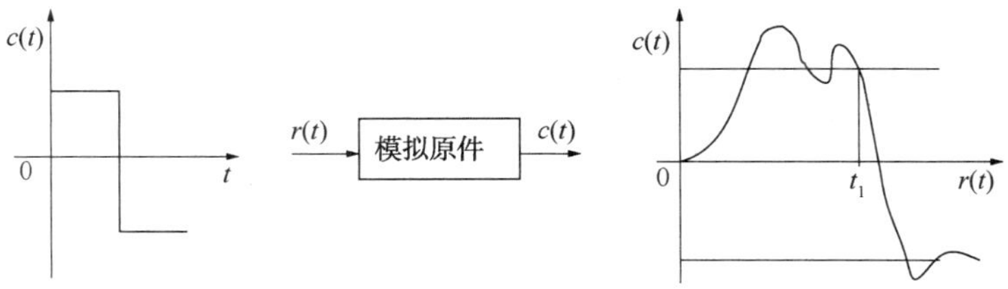

图 3-7　模拟量输入输出

（2）离散系统

如果控制系统中存在某处用数字形式表示的信号时，称该系统为离散系统。这种系统的状态和性能可以用差分方程来描述。实际物理系统中，离散信号的出现往往是由于计算机控制系统的需要。因为计算机中对于信息的表示和处理都是以数字形式的，因此计算机的输入输出与实际物理系统的接口就需要把模拟信号数字化或数字信号模拟化。

把模拟信号数字化即将连续信号离散化，被称为采样。采样过程如图 3-8 所示。

目前，计算机作为自动控制系统的组成部分已越来越常见，可称为计算机控制系统或数字控制系统，如图 3-9 所示。

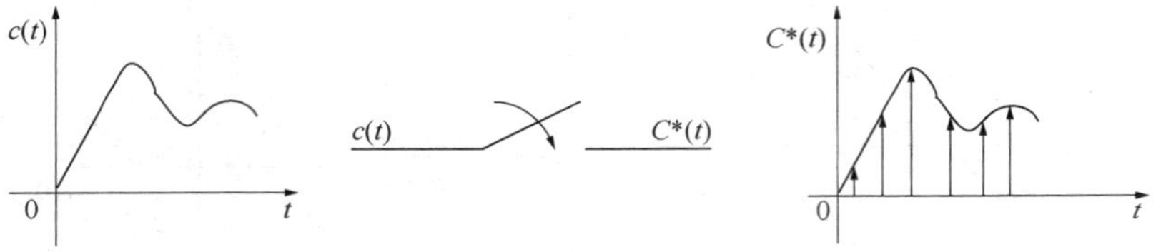

图 3-8　采样过程

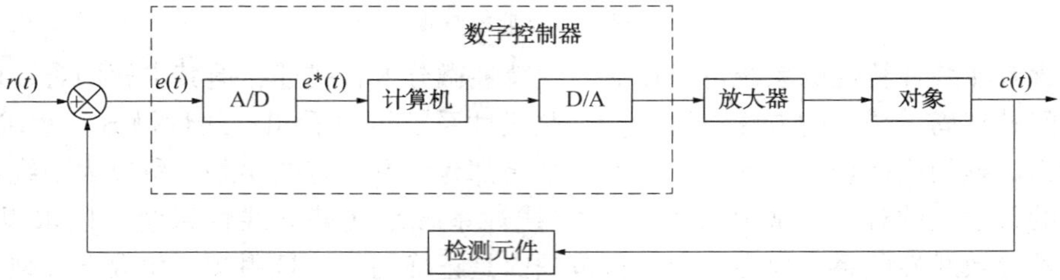

图 3-9　计算机控制系统

离散系统的数学描述形式与连续系统不同，分析研究方法也有不同的特点。随着计算机控制的广泛应用，离散系统理论方法也越来越重要，可参考有关书籍。但在要求不高的场合，也可近似地把计算机控制系统视作连续系统，即不考虑信号离散化的影响，这可以使控制系统的分析设计简单化。

4. 按系统的输入与输出信号的数量分类

（1）单变量系统(SIS)

单变量系统只有一个输入量和一个输出量，所谓单变量是从系统外部变量的描述来分类的，不考虑系统内部的通路与结构。也就是说给定输入量是单一的，响应也是单一的。系统内部的结构回路可以是多回路的，内部变量显然也是多种形式的，如图 3-10 所示。内部变量可称为中间变量，输入与输出变量被称为外部变量。对系统的性能分析，只研究外部变量之间的关系。

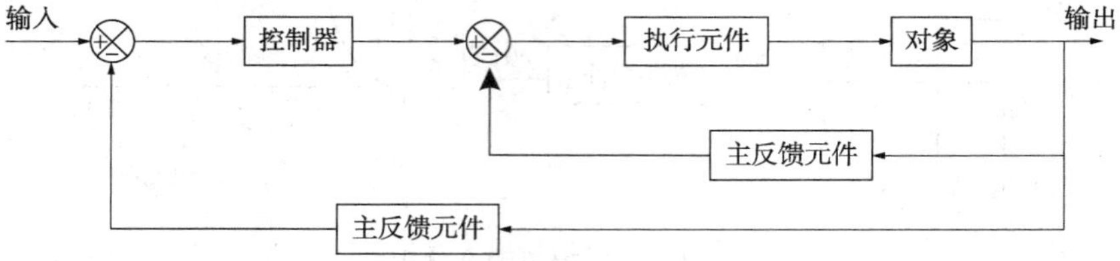

图 3-10　单变量多回路系统

单变量系统是经典控制理论的主要研究对象。它以传递函数作为基本数学工具，讨论线性定常系统的分析和设计问题。

（2）多变量系统(MIMO)

多变量系统有多个输入量和输出量。一般地说，当系统输入与输出信号多于一个时，就称为多变量系统。多变量系统的特点是变量多、回路也多，而且相互之间呈现多路耦合，研究起来比单变量系统复杂得多，如图 3-11 所示。

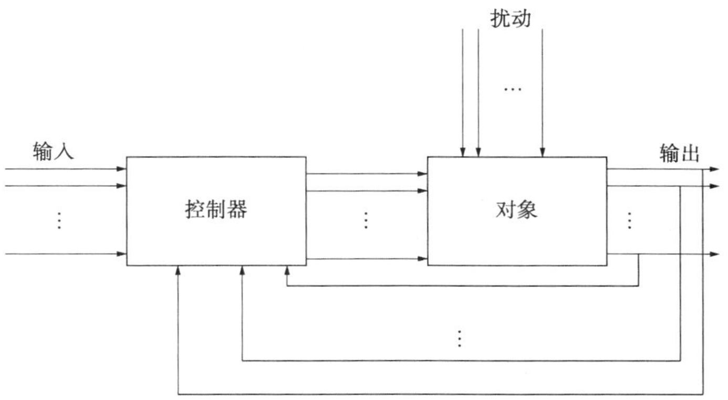

图 3-11　多变量多路耦合系统

多变量控制系统是现代控制理论研究的主要对象。在数学上以状态空间法为基础，讨论多变量、变参数、非线性、高精度、高效能等控制系统的分析和设计。

五、控制系统的性能要求

为了评价一个自动控制系统的性能优劣，必须要有评价指标，这些指标体现在三个方面，即稳定性、快速性和准确性，简称稳、快、准。

1. 稳定性

系统受到内部或外部扰动作用后，将产生运动，各物理量将偏离其平衡工作状态。如果在这些扰动作用消失后，系统各物理量能回到原平衡工作状态，则称该系统稳定，否则不稳定。只有闭环控制系统才会有稳定性问题，而稳定是一个闭环控制系统正常工作的先决条件。前面已经谈到，闭环控制系统的实质是“检测偏差用以减小偏差”，因此可以对稳定性进行这样的工程理解：一个系统如果不能做到“减小偏差”，甚至“放大偏差”，那么它就是不稳定的。

稳定性的严格数学定义有着其缜密的数学理论，我们也可以直观地从系统标准响应曲线中判定系统的稳定与否。在图 3-12 中，响应曲线是收敛的，因而该系统是稳定的；在图 3-13 中，响应曲线是发散的，因而该系统是不稳定的。

对比分析以上两图可知，不稳定的系统无法正常工作。

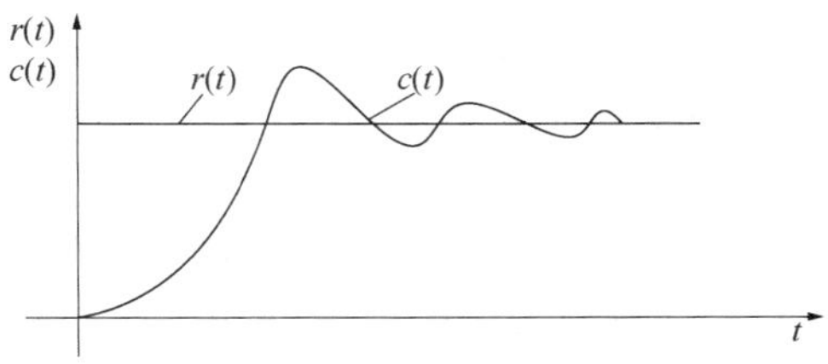

图 3-12　稳定系统的动态过程

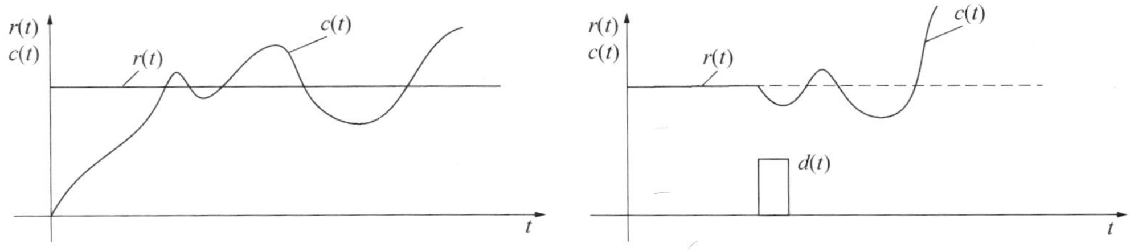

图 3-13　不稳定系统的动态过程

2. 快速性

理想的控制系统，其被控量(输出)与给定值(输入)应时时相等。但是由于机械运动部分质量、惯量的存在，电路中储能元件的存在以及物理装置功率的限制，使得控制系统的被控物理量难以瞬时响应输入量的变化。所以，当给定值变化时，被控量不可能立即等于给定值，而需要经过一个过渡过程，即动态过程。

快速性表明了系统输出对输入响应的快慢程度。系统响应越快，说明系统的输出复现输入信号的能力越强。快速性通过过渡过程时间 t_s 长短来表征，见图 3-14。

3. 准确性

准确性是由系统的稳态精度来衡量，它是指系统过渡过程结束后进入到稳态过程中，此时输入给定值与输出响应的稳态值的差值大小，被称为系统的稳态误差 e_{ss}，如图 3-15 所示。

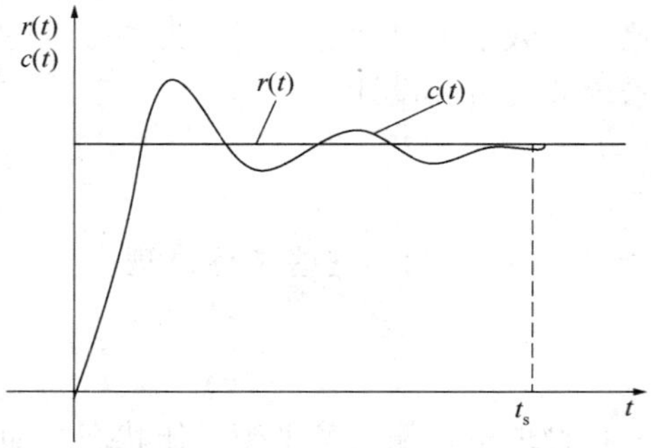

图 3-14　控制系统的快速性

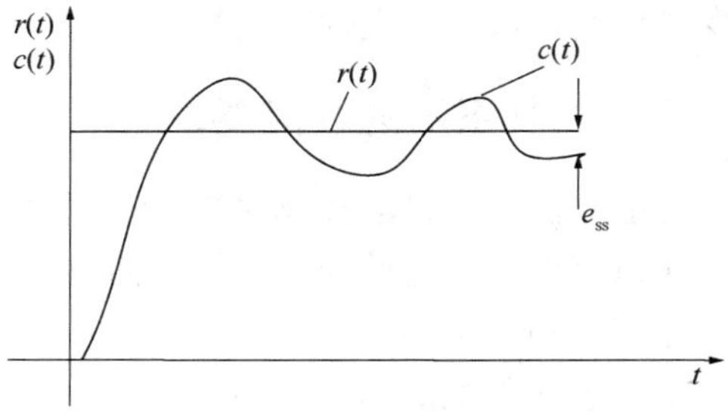

图 3-15　控制系统的稳态精度

对于系统的稳定性、快速性和准确性的要求不可能面面俱到，这三者往往是相互制约的。在设计与调试过程中，若过分强调系统的稳定性，则可能会造成系统响应迟缓和控制精度较低的后果；而若过分强调系统响应的快速性，则又会使系统的振荡加剧，甚至引起不稳定。快速性与稳定性、准确性与稳定性是控制系统的两对主要矛盾。根据控制系统的工作任务和目的，分析和设计自动控制系统，使其对三个方面的性能有所侧重，应抓住主要矛盾并兼顾满足其他要求。

第二节　系统的数学模型

控制系统的数学模型是系统动态性能的数学表达式，揭示了系统各变量之间的内在关系。在经典控制论中，常用的数学模型是微分方程、差分方程、传递函数、方块图和信号流图。建立控制系统的数学模型是分析和设计控制系统的首要基础工作。建立系统数学模型，一般采用解析法和实验法。所谓解析法建模，即依据系统及其元件各变量之间所遵循的物理学定律，推导出变量间的数学关系，从而建立数学模型。实验测定法是根据实验数据来建立数学模型，一般只用于建立被控对象或系统的输入输出模型，又被称为系统辨识。

一、建立微分方程式

微分方程式是对物理系统的输入输出描述，故有时被称为外部描述。

1. 线性微分方程

单输入、单输出系统的线性定常微分方程有如下的一般形式：

$$a_n\frac{\mathrm{d}^n c(t)}{\mathrm{d}t^n}+a_{n-1}\frac{\mathrm{d}^{n-1}c(t)}{\mathrm{d}t^{n-1}}+\cdots+a_1\frac{\mathrm{d}c(t)}{\mathrm{d}t}+a_0c(t)$$
$$=b_m\frac{\mathrm{d}^m r(t)}{\mathrm{d}t^m}+b_{m-1}\frac{\mathrm{d}^{m-1}r(t)}{\mathrm{d}t^{m-1}}+\cdots+b_1\frac{\mathrm{d}r(t)}{\mathrm{d}t}+b_0r(t) \quad (3-1)$$

式中　$r(t)$，$c(t)$——分别是系统的输入量和输出量，$n\geqslant m$。

下面通过两个例子来说明线性系统微分方程的列写方法。

例 3-1　一个由弹簧-质量-阻尼器组成的机械平移系统如图 3-16 所示。外力 $f(t)$ 为输入量，位移 $y(t)$ 为输出量。

解： 取向下为力和位移的正方向。该物体受到四个力的作用：外力 $f(t)$、弹簧力 $k[y(t)+y_0]$、黏性阻尼力 $\mu\frac{\mathrm{d}y(t)}{\mathrm{d}t}$ 及重力 mg。y_0 为 $f(t)=0$ 时，物体处于静平衡位置时弹簧的伸长量。

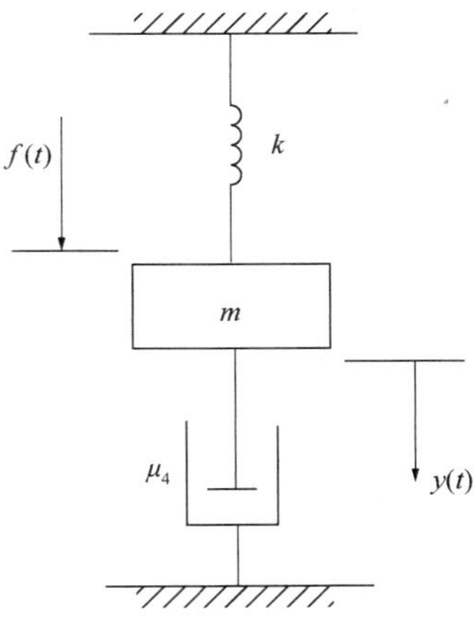

图 3-16　机械平移系统

由牛顿第二定律可知

$$f(t)-k[y(t)+y_0]-\mu\frac{\mathrm{d}y(t)}{\mathrm{d}t}+mg=m\frac{\mathrm{d}^2y(t)}{\mathrm{d}t^2}$$

其中：$mg=ky_0$，代入上式得

$$f(t)-ky(t)-\mu\frac{\mathrm{d}y(t)}{\mathrm{d}t}=m\frac{\mathrm{d}^2y(t)}{\mathrm{d}t^2}$$

写成式(3-1)的形式

$$m\frac{\mathrm{d}^2y(t)}{\mathrm{d}t^2}+\mu\frac{\mathrm{d}y(t)}{\mathrm{d}t}+ky(t)=f(t)$$

上式是一个二阶线性定常微分方程。

例 3-2　RC 无源网络如图 3-17 所示，R、C 分别为电阻、电容，建立输入电压 $e_i(t)$ 和输出电压 $e_o(t)$ 之间关系的微分方程。

解： 根据电路理论的基尔霍夫定律，可得

$$e_i(t)=i(t)R+e_o(t)$$
$$e_o(t)=\frac{1}{C}\int i(t)\,\mathrm{d}t$$

式中　$i(t)$——流经电阻 R 和电容 C 的电流，消去中间变量 $i(t)$，可得微分方程标准式。

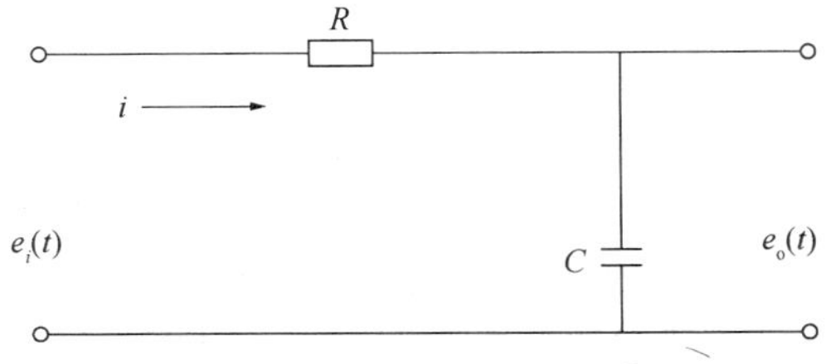

图 3-17　RC 无源网络

$$RC\frac{\mathrm{d}e_o(t)}{\mathrm{d}t}+e_o(t)=e_i(t)$$

令 $RC=T$，则上式又可写成如下标准形式

$$T\frac{\mathrm{d}e_o(t)}{\mathrm{d}t}+e_o(t)=e_i(t)$$

式中　T——RC 无源网络的时间常数。上式是一个一阶线性定常微分方程。

由以上的例子，可总结出列写系统微分方程的一般步骤：

(1) 分析系统工作原理和系统中各变量间的关系，确定系统的输入量和输出量。

(2) 从系统的输入端开始，依据各环节所遵循的物理定律，依次列写相应的微分方程，并构成微分方程组。

(3) 消去中间变量得到一个描述元件或系统输入、输出变量之间关系的微分方程。

(4) 写成标准化形式，如式(3-1)所示。将与输入有关的项放在等式右侧，与输出有关的项放在等式的左侧，且各阶导数项降次排列。

2. 用拉普拉斯变换方法求解微分方程

用拉普拉斯变换方法求在给定条件下微分方程解的步骤如下：

(1) 对微分方程两端进行拉氏变换，将微分方程变为以象函数为变量的代数方程，方程中初始条件是 $t=0$ 时的值。

(2) 解代数方程，求出象函数的表达式。

(3) 用部分分式法进行拉氏反变换，求得微分方程的解。

例 3-3　用拉普拉斯变换方法求解下列微分方程

$$\ddot{x}(t)+x(t)=\sin t$$

$$x(0)=x'(0)=0$$

解：对微分方程两端进行拉氏变换，并代入初始条件

$$s^2X(s)+X(s)=\frac{1}{s^2+1}$$

求出 $X(s)$ 的表达式，并展成部分分式

$$X(s)=\frac{1}{(s^2+1)^2}$$

利用拉氏变换表，求出 $x(t)$

$$x(t)=\frac{1}{2}(\sin t-t\cos t)$$

3. 微分方程的线性化

严格地讲，几乎所有实际物理系统都是非线性的。叠加原理不适用于非线性系统，解非线性系统相对比较复杂。故往往只能在一定的条件下将描述非线性系统的非线性微分方程线性化，使其成为线性微分方程，再用线性系统理论进行分析和综合。

值得注意的是：在非线性特性中，有些具有间断点、折断点或非单值关系，这些非线性特性称为严重非线性特性或本质非线性特性。具有本质非线性特性的系统，只能用非线性理论去处理。

在工作中，控制系统中各个变量偏离其平衡工作点一般都比较小。因此，对于具有非本

质非线性特性的系统，可以采用小偏差线性化的方法求取近似的线性微分方程，以代替原来的非线性微分方程。

非线性微分方程的小偏差线性化是通过将非线性函数在平衡工作点邻域展开成泰勒级数并略去增量的高次项而实现的。

设非线性函数 $y=f(x)$ 的平衡工作点是 $y_0=f(x_0)$，将函数在平衡工作点邻域展开成泰勒级数，得

$$y=f(x)=f(x_0)+\frac{\mathrm{d}f}{\mathrm{d}x}\bigg|_{x=x_0}(x-x_0)+\frac{1}{2!}\frac{\mathrm{d}^2f}{\mathrm{d}x^2}\bigg|_{x=x_0}(x-x_0)^2+\cdots$$

省略增量高次项得

$$y=f(x)=f(x_0)+\frac{\mathrm{d}f}{\mathrm{d}x}\bigg|_{x=x_0}(x-x_0) \tag{3-2}$$

写成增量形式

$$\Delta y=k\cdot\Delta x \tag{3-3}$$

式中 $\Delta y=y-y_0=f(x)-f(x_0)$，$\Delta x=x-x_0$，$k=\frac{\mathrm{d}f}{\mathrm{d}x}\big|_{x=x_0}(x-x_0)$

式(3-2)和式(3-3)就是非线性函数 $y=f(x)$ 在平衡工作点处的近似线性表达式。

具有两个自变量 x、y 的非线性函数 $z=f(x,\ y)$ 小偏差线性化的方法如下：

将 $z=f(x,\ y)$ 在平衡工作点的邻域展开成泰勒级数并略去高次项得

$$z=f(x_0,\ y_0)+\frac{\partial f}{\partial x}\bigg|_{x=x_0,y=y_0}(x-x_0)+\frac{\partial f}{\partial y}\bigg|_{x=x_0,y=y_0}(y-y_0) \tag{3-4}$$

或

$$\Delta z=k_1\Delta x+k_2\Delta y \tag{3-5}$$

式中

$$\Delta z=z-z_0=f(x,\ y)-f(x_0,\ y_0)$$

$$\Delta x=x-x_0,\quad \Delta y=y-y_0$$

$$k_1=\frac{\partial f}{\partial x}\bigg|_{x=x_0,y=y_0},k_2=\frac{\partial f}{\partial y}\bigg|_{x=x_0,y=y_0}$$

式(3-4)和式(3-5)就是非线性函数 $z=f(x,\ y)$ 在平衡工作点 $(x_0,\ y_0)$ 处的近似线性表达式。

在线性化处理中应注意以下几点：

(1) 系统的平衡工作点并不是唯一的。根据某一个平衡工作点所得到的增量化线性方程并不能直接应用到另一个平衡工作点上，应根据式(3-2)或式(3-3)重新计算斜率。

(2) 应用线性化方程时要注意“小偏差”的概念，如果系统工作范围偏离平衡工作点过大，会产生较大的误差。这是因为线性化实际上是用经过平衡工作点的直线来代替曲线，离平衡工作点越远则直线距曲线越远。

(3) 机电系统中常见的本质非线性曲线有饱和非线性曲线、死区非线性曲线、间隙非线性曲线、继电器非线性曲线等，它们不能进行线性化。这不仅是因为在数学上这些曲线的非线性点不光滑从而无法泰勒展开，而且还因为无法找到某条直线对曲线上这些点进行近似替换(其误差不可以被忽略)。

二、传递函数

传递函数是经典控制理论中对线性系统进行分析与综合的基本数学模型。传递函数的概念主要适用于线性定常系统。

1. 传递函数的定义

线性定常系统

$$a_n\frac{d^n c(t)}{dt^n}+a_{n-1}\frac{d^{n-1}c(t)}{dt^{n-1}}+\cdots+a_1\frac{dc(t)}{dt}+a_0c(t)$$
$$=b_m\frac{d^m r(t)}{dt^m}+b_{m-1}\frac{d^{m-1}r(t)}{dt^{m-1}}+\cdots+b_1\frac{dr(t)}{dt}+b_0r(t) \tag{3-6}$$

式中 $c(t)$——系统的输出量；

$r(t)$——系统的输入量；

n——系统的阶次，$n\geqslant m$。

当初始条件为零时，对式(3-6)两端进行拉氏变换可得该系统的传递函数为

$$G(s)=\frac{C(s)}{R(s)}=\frac{b_ms^m+b_{m-1}s^{m-1}+\cdots+b_1s+b_0}{a_ns^n+a_{n-1}s^{n-1}+\cdots+a_1s+a_0}\quad (n\geqslant m) \tag{3-7}$$

即线性定常系统的传递函数定义是初始条件为零时，输出量的象函数与输入量的象函数之比。

在例 3-1 中已求出某弹簧-质量-阻尼器机械平移系统的微分方程为

$$m\frac{d^2y(t)}{dt^2}+\mu\frac{dy(t)}{dt}+ky(t)=f(t)$$

本例中 $f(t)$ 表示输入量，$y(t)$ 表示输出量，系统的阶次 $n=2$，利用式(3-7)传递函数的定义，可以直接写出系统的传递函数为

$$G(s)=\frac{Y(s)}{F(s)}=\frac{1}{ms^2+\mu s+k}$$

传递函数有如下特点：

(1) 传递函数是一种以系统参数表示的线性定常系统输出量与输入量之间关系的代数表达式。它表达了系统本身的运动特征，与输入信号无关。

(2) 初始条件为零的假设可以满足实际系统的需要。

(3) 若系统的输入给定，则系统的输出完全取决于传递函数。

(4) 传递函数分母中 s 的阶数 n 一定大于或等于分子中 s 的阶数 m，即 $n\geqslant m$。这是因为实际系统总具有惯性，系统能量也总是有限的。

(5) 传递函数的量纲取决于系统的输入与输出。

(6) 传递函数不能描述系统的物理结构。不同的物理系统可以有形式相同的传递函数，这样的不同的物理系统称为相似系统；同一个物理系统，由于研究的目的不同，可以有不同形式的传递函数。

(7) 传递函数可表示为

$$G(s)=\frac{b_m(s+z_1)(s+z_2)\cdots(s+z_m)}{a_n(s+p_1)(s+p_2)\cdots(s+p_n)} \tag{3-8}$$

式中 a_n，b_m——常数。

$-z_1$，$-z_2$，…，$-z_m$——分子多项式方程的根，称为传递函数的零点；

$-p_1$，$-p_2$，…，$-p_n$——分母多项式方程的根，称为传递函数的极点或传递函数的特征根。零、极点若是复数，则必然共轭。零、极点是自动控制理论的重要概念，是分析、设计系统的重要工具。

2. 典型环节的传递函数

不同的控制系统的组成及所用的元部件及其功能不同。但从控制理论的角度出发，只要数学模型相同，其动态性能必然相同。因此，不论控制系统的物理功能有何不同，都认为它们由几种典型环节组成。线性系统的传递函数的典型环节有比例(放大)环节、积分环节、惯性环节、振荡环节、微分环节、延迟环节等。

(1) 比例(放大)环节

比例环节的微分方程式为

$$c(t)=Kr(t) \tag{3-9}$$

传递函数为

$$G(s)=\frac{C(s)}{R(s)}=K \tag{3-10}$$

式中 K——比例系数或传递系数或放大系数。比例环节方块图如图 3-18 所示。

几乎每一个控制系统中都有放大环节。机械系统中的齿轮减速器，以输入轴和输出轴的角位移(或角速度)作为输入量和输出量，是典型的放大环节。由电子线路组成的放大器是最常见的放大环节。

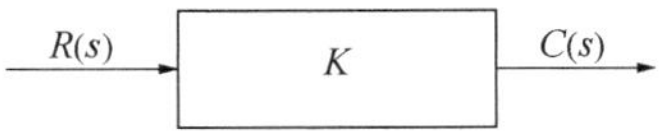

图 3-18 比例环节

(2) 积分环节

积分环节的微分方程式为

$$c(t)=\int r(t)\mathrm{d}t \tag{3-11}$$

传递函数为

$$G(s)=\frac{C(s)}{R(s)}=\frac{1}{s} \tag{3-12}$$

积分环节方块图如图 3-19 所示。

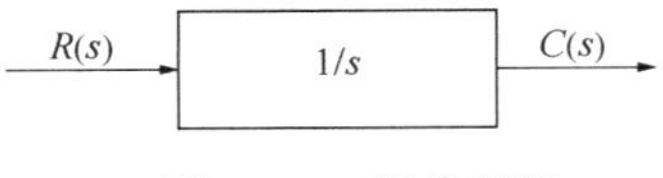

图 3-19 积分环节

机械系统中的齿轮减速器，若以主动轮角速度为输入，以动轮转角为输出，则此环节即为积分环节。

(3) 惯性环节

惯性环节的微分方程式为

$$T\frac{\mathrm{d}c(t)}{\mathrm{d}t}+c(t)=r(t) \tag{3-13}$$

传递函数为

$$G(s)=\frac{C(s)}{R(s)}=\frac{1}{Ts+1} \tag{3-14}$$

式中 T——惯性环节的时间常数，量纲是时间单位。

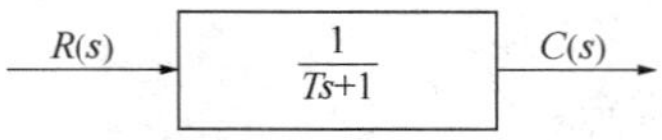

图 3-20 惯性环节

惯性环节方块图如图 3-20 所示。

例 3-2 中的 RC 无源网络就是一个惯性环节，其中 $T=RC$。

(4) 振荡环节

振荡环节的微分方程式为

$$\frac{d^2c(t)}{dt^2}+2\xi\omega_n\frac{dc(t)}{dt}+\omega_n^2c(t)=\omega_n^2r(t) \tag{3-15}$$

传递函数为

$$G(s)=\frac{C(s)}{R(s)}=\frac{\omega_n^2}{s^2+2\xi\omega_n s+\omega_n^2} \tag{3-16}$$

式中 $\xi(0<\xi<1)$——阻尼比；

ω_n——无阻尼自然频率。

振荡环节方块图如图 3-21 所示。

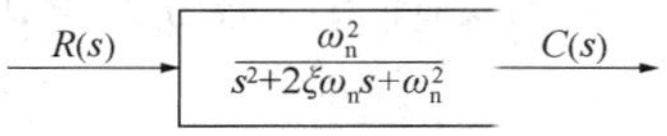

图 3-21 振荡环节

(5) 微分环节

微分环节在传递函数中有三种类型：理想微分环节、一阶微分环节、二阶微分环节。它们的微分方程式分别为

$$c(t)=\tau\frac{dr(t)}{dt} \tag{3-17}$$

$$c(t)=\tau\frac{dr(t)}{dt}+r(t) \tag{3-18}$$

$$c(t)=\tau^2\frac{d^2r(t)}{dt^2}+2\xi\tau\frac{dr(t)}{dt}+r(t) \tag{3-19}$$

相应的传递函数为

$$G(s)=\frac{C(s)}{R(s)}=\tau s \tag{3-20}$$

$$G(s)=\frac{C(s)}{R(s)}=\tau s+1 \tag{3-21}$$

$$G(s)=\frac{C(s)}{R(s)}=\tau^2s^2+2\xi\tau s+1 \tag{3-22}$$

理想微分环节的方块图如图 3-22 所示。微分环节反应灵敏，可用作提高系统的动态响应能力。

(6) 延迟环节

延迟环节又称滞后环节。延迟环节的输出经一个延迟时间后，完全复现输入信号。其输入输出关系是

$$c(t)=r(t-\tau) \tag{3-23}$$

传递函数为

$$G(s)=\frac{C(s)}{R(s)}=e^{-\tau s} \tag{3-24}$$

延迟环节的方块图如图 3-23 所示。

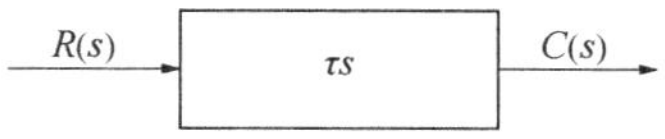

图 3-22 微分环节

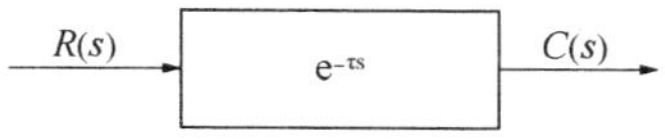

图 3-23 延迟环节

在实际系统中，通常都存在延迟环节。为便于查阅，将常用到的典型环节编成如表 3-1 所示。

表 3-1 典型环节表

名称	微分方程	传递函数	要点
比例环节	$c(t)=Kr(t)$	$G(s)=\frac{C(s)}{R(s)}=K$	K：比例系数
积分环节	$c(t)=\int r(t)\mathrm{d}t$	$G(s)=\frac{C(s)}{R(s)}=\frac{1}{s}$	
惯性环节	$T\frac{\mathrm{d}c(t)}{\mathrm{d}t}+c(t)=r(t)$	$G(s)=\frac{C(s)}{R(s)}=\frac{1}{Ts+1}$	T：时间常数
振荡环节	$\frac{\mathrm{d}^2c(t)}{\mathrm{d}t^2}+2\xi\omega_n\frac{\mathrm{d}c(t)}{\mathrm{d}t}+\omega_n^2c(t)=\omega_n^2r(t)$	$G(s)=\frac{C(s)}{R(s)}=\frac{\omega_n^2}{s^2+2\xi\omega_n s+\omega_n^2}$	$\xi(0<\xi<1)$：阻尼比； ω_n：无阻尼自然频率
理想微分环节	$c(t)=\tau\frac{\mathrm{d}r(t)}{\mathrm{d}t}$	$G(s)=\frac{C(s)}{R(s)}=\tau s$	
一阶微分环节	$c(t)=\tau\frac{\mathrm{d}r(t)}{\mathrm{d}t}+r(t)$	$G(s)=\frac{C(s)}{R(s)}=\tau s+1$	
二阶微分环节	$c(t)=\tau^2\frac{\mathrm{d}^2r(t)}{\mathrm{d}t^2}+2\xi\tau\frac{\mathrm{d}r(t)}{\mathrm{d}t}+r(t)$	$G(s)=\frac{C(s)}{R(s)}=\tau^2s^2+2\xi\tau s+1$	
延迟环节	$c(t)=r(t-\tau)$	$G(s)=\frac{C(s)}{R(s)}=e^{-\tau s}$	

3. 系统方块图

在控制系统中，人们习惯于用方块图(方框图或结构图)说明和讨论问题，方块图是系统中各个元件功能和信号流向的图解表示，它清楚地表明系统中各个环节间的相互关系，便于对系统进行分析和研究。方块图也是一种常用的建模方法。

(1) 方块图的组成

控制系统的方块图一般由以下四种基本单元组成：

① 信号线。带箭头的直线，箭头表示信号传递方向，信号线上标注信号的原函数或象函数，如图 3-24(a)所示。

② 方块。方块中为元部件的传递函数。它对信号进行运算和转换，如图 3-24(b)所示。

③ 引出点(分支点)。表示信号引出或分支位置，从同一点引出的信号完全相同，如图 3-24(c)所示。

④ 相加点(比较点)。对两个以上信号进行加减运算，“+”号表示相加(加号允许省略)，“-”表示相减(减号不允许省略)，如图 3-24(d)所示。

(2) 方块图的建立

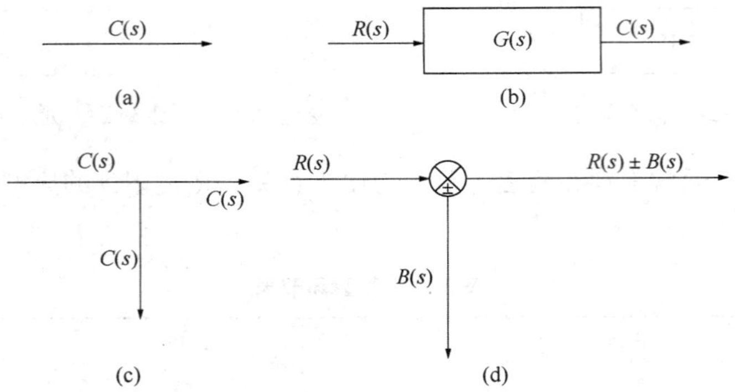

图 3-24　组成方块图的基本单元

绘制控制系统的方块图时，首先应写出每个单元或环节的运动微分方程，然后假设初始条件为零，对这些方程进行拉氏变换，分别用方块图的形式表示出来，最后把这些方块连接在一起，构成控制系统完整的方块图。

对于复杂系统，列写系统方程组可按下述顺序整理方程组：

① 从输出量开始写，以系统输出量作为第一个方程左边的量。

② 每个方程左边只有一个量。从第二个方程开始，每个方程左边的量是前面方程右边的中间变量。

③ 列写方程时尽量使用已出现的量。

④ 输入量至少要在一个方程的右边出现。除输入量外，在方程右边出现过的中间变量一定要在某个方程的左边出现。

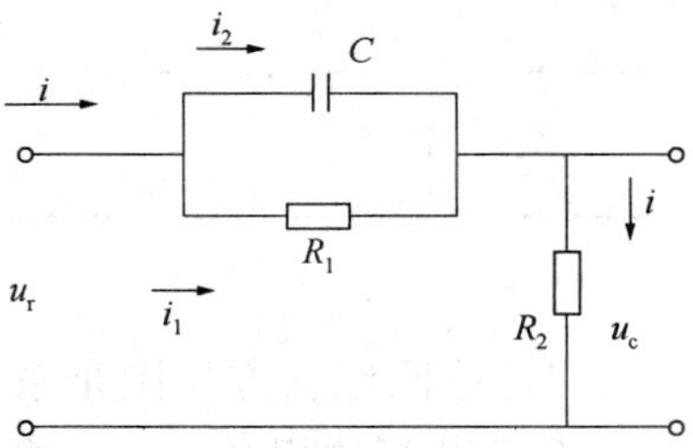

图 3-25　*RC* 无源网络

例 3-4　绘制图 3-25 所示某 *RC* 无源网络的传递函数方块图。

解：首先求出各个元件的方块图，列写各元件微分方程如下

对于电阻 R_1

$$u_r - u_c = R_1 i_1$$

对于电容 *C*

$$R_1 i_1 = \frac{1}{C}\int i_2 \mathrm{d}t$$

对于电阻 R_2

$$R_2 i = R_2(i_1 + i_2) = u_c$$

对以上各式进行拉氏变换，如下所示

$$\frac{1}{R_1}[U_r(s) - U_c(s)] = I_1(s)$$

$$R_1 Cs\, I_1(s) = I_2(s)$$

$$R_2[I_1(s) + I_2(s)] = U_c(s)$$

并画出各元件的方块图，如图 3-26(a)、(b)、(c)所示。按各信号传递关系，可用信号线将各元件方块图连接起来，则画出了该网络系统的方块图，如图 3-26(d)所示。

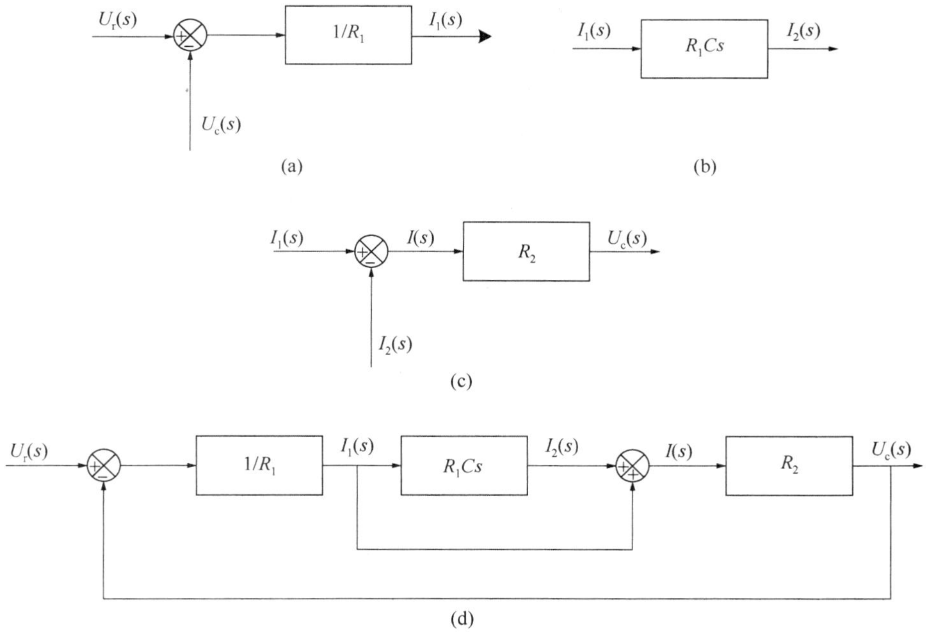

图 3-26 无源 RC 网络方块图

(3) 方块图的等效变换

方块图表示了系统中各信号之间的传递关系。但是，有时系统的方块图是很复杂的，需要简化后才能求出传递函数。下面介绍具体的简化方法。

① 环节的合并方式

系统是由有关环节通过串联连接、并联连接或反馈连接这三种基本形式连接而成的。

a. 串联连接

前一环节的输出为后一环节的输入的连接方式称为串联连接。如图 3-27 所示，为一个具有传递函数 $G_1(s)$、$G_2(s)$ 的环节串联而成的系统，则有

$$G(s)=\frac{C(s)}{R(s)}=G_1(s)G_2(s) \tag{3-25}$$

一般地，若 n 个环节串联而成一个系统，则有

$$G(s)=\prod_{i=1}^{n} G_i(s) \tag{3-26}$$

即系统的传递函数是各串联环节传递函数之积。

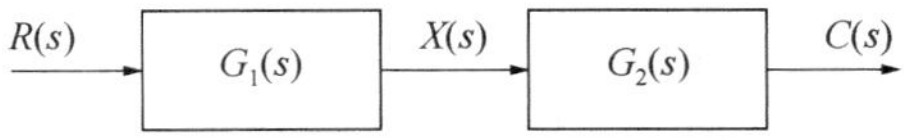

图 3-27 串联连接

b. 并联连接

各环节的输入信号相同，系统输出为各环节的代数相加，这样的连接方式称为并联连接。如图 3-28 所示，设具有传递函数 $G_1(s)$、$G_2(s)$ 的环节并联而成一系统，则有

$$G(s)=\frac{C(s)}{R(s)}=\frac{X_1(s)+X_2(s)}{R(s)}=\frac{X_1(s)}{R(s)}+\frac{X_2(s)}{R(s)}=G_1(s)+G_1(s) \tag{3-27}$$

一般地，若 n 个环节并联而成一个系统，则有

$$G(s)=\sum_{i=1}^{n}G_i(s) \tag{3-28}$$

即系统的传递函数是各并联环节传递函数之和。

c. 反馈连接

一个方块的输出，输入到另一个方块，得到的输出再返回作用于前一个方块的输入端，这种结构称为反馈连接，如图 3-29 所示(以负反馈连接为例)。

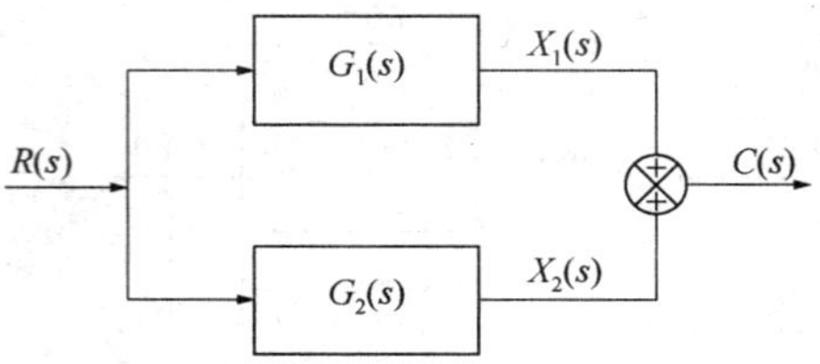

图 3-28　并联连接

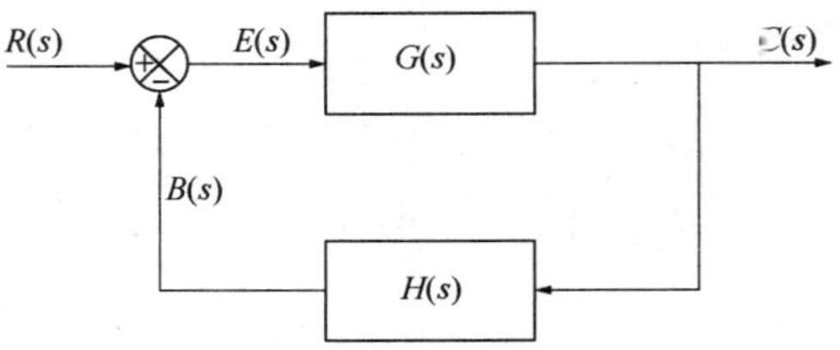

图 3-29　负反馈连接

由图 3-29 可写出

$$C(s)=G(s)E(s)$$
$$E(s)=R(s)-B(s)$$
$$B(s)=H(s)C(s)$$

消去 $E(s)$、$B(s)$ 等中间量，整理得负反馈闭环传递函数

$$\Phi(s)=\frac{C(s)}{R(s)}=\frac{G(s)}{1+G(s)H(s)} \tag{3-29}$$

式中，分母上的加号对应于负反馈。若是正反馈，为减号。下式为正反馈闭环传递函数

$$\Phi(s)=\frac{C(s)}{R(s)}=\frac{G(s)}{1-G(s)H(s)} \tag{3-30}$$

当反馈环节 $H(s)=1$ 时，称为单位反馈。

方块反馈连接后，其闭环传递函数等于前向通道传递函数除以 1 加(或减)开环传递函数。其中开环传递函数为前向通道与反馈通道传递函数的乘积。即

$$\Phi(s)=\frac{C(s)}{R(s)}=\frac{\text{前向通道传递函数}}{1\pm\text{开环传递函数}} \tag{3-31}$$

② 信号引出点和相加点的互换和移动

在复杂的方块图中，回路之间存在着交叉连接关系。为了消除这种关系，进行简化时需要对引出点和相加点进行互换和移动，以便变换为前述的三种基本连接形式：串联、并联和反馈，从而可以进一步简化。

a. 点的互换

(a) 引出点之间的互换

若干个引出点相邻，表明是同一个信号送到多处。因此，相邻引出点互换位置完全不改变信号原性质，是允许的。示意图见图 3-30(a)。

（b）相加点之间的互换根据交换律，两个或多个相邻相加点位置互换时，互换前后的结果不变。因此，这种互换也是允许的。示意图见图 3-30(b)。

（c）据前面两点所述，引出点和相加点同类相邻点的互换是允许的。但非同类相邻点的互换极易出错，一般是不允许的。示意图见图 3-30(c)。

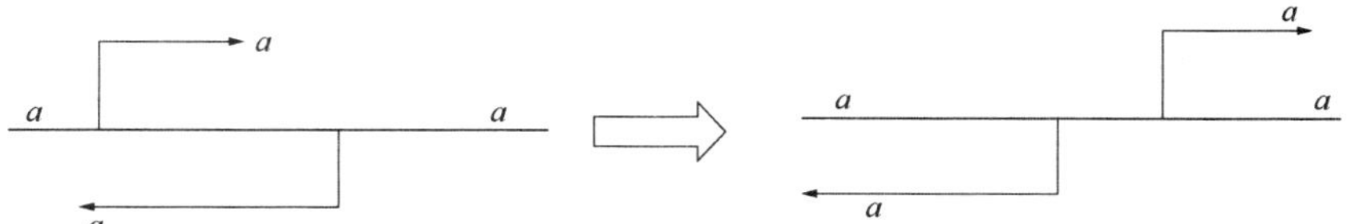

(a) 允许引出点之间的互换

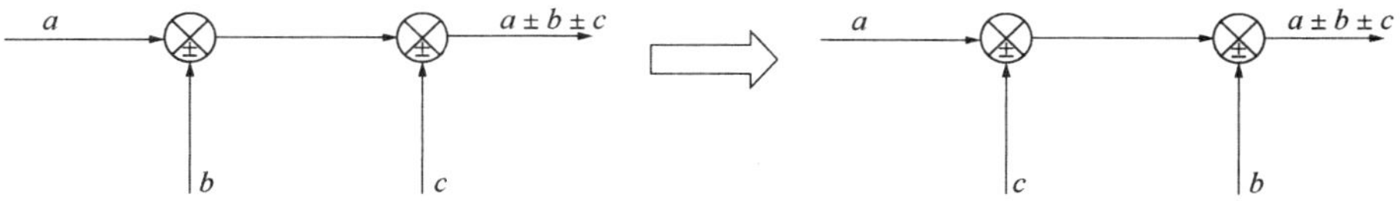

(b) 允许相加点之间的互换

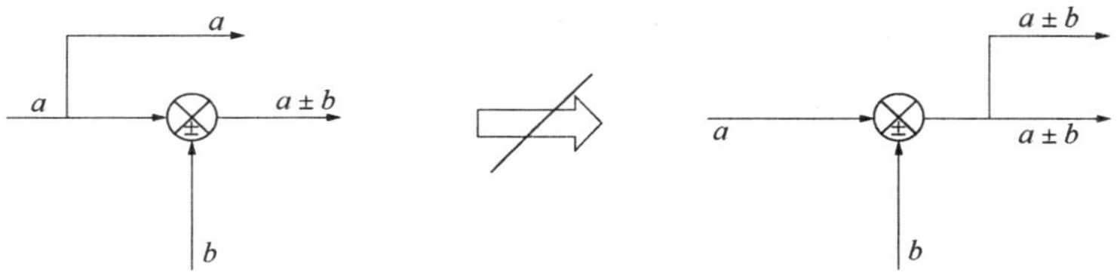

(c) 不允许引出点和相加点的互换

图 3-30 引出点和相加点的互换

b. 信号引出点的移动

信号引出点移动原则是，如原信号不变，移动后要保证该分支信号不变。引出点移动规则如图 3-31 所示，其中图 3-31(a)表示引出点前移，图 3-31(b)表示引出点后移。

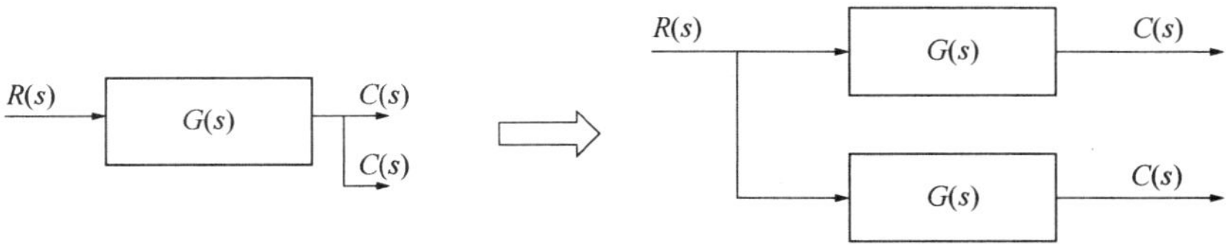

(a) 引出点前移规则

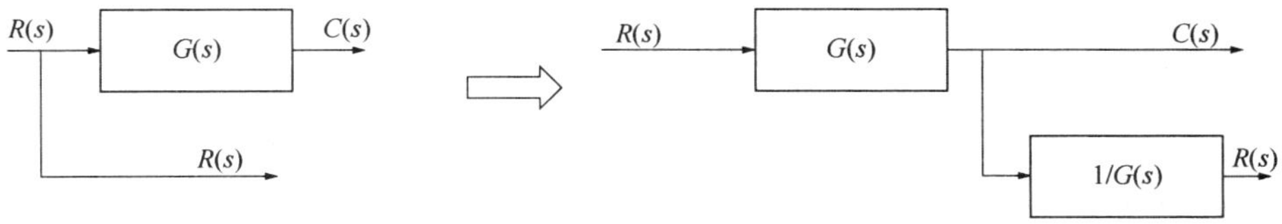

(b) 引出点后移规则

图 3-31 引出点的移动

c. 信号相加点的移动

信号相加点移动的原则是，如原信号不变，移动后在原相加点要保证结果不变。相加点移动规则如图 3-32 所示，其中图 3-32(a)表示相加点往前移，图 3-32(b)表示相加点往后移。

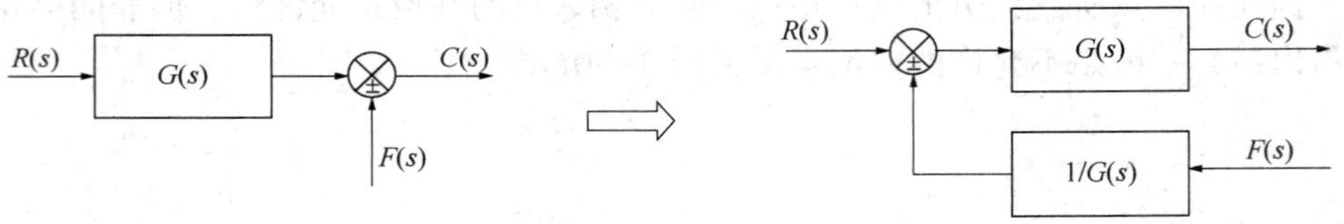

(a) 相加点前移规则

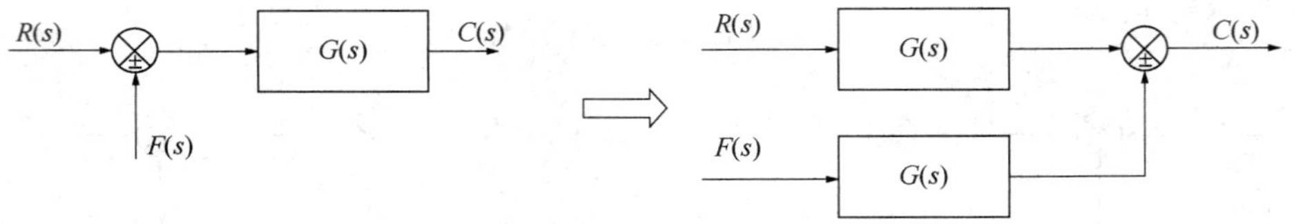

(b) 相加点后移规则

图 3-32　相加点的移动

为便于应用方块图简化规则，表 3-2 列举了一些重要的方块图代数法则。

表 3-2　方块图代数法则

序号	规则名称	原方块图	等效方块图
1	串联连接	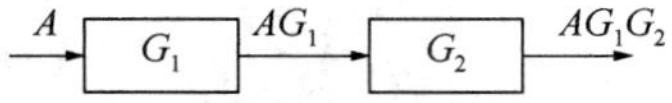	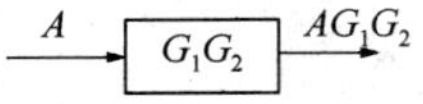
2	并联连接	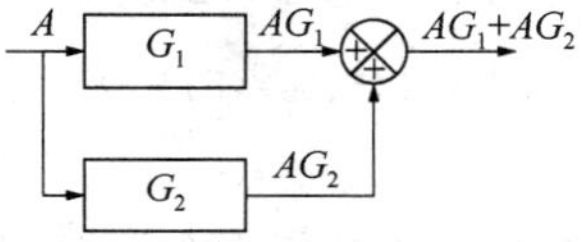	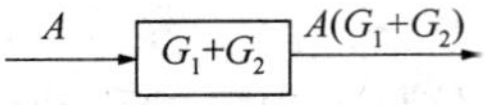
3	反馈连接	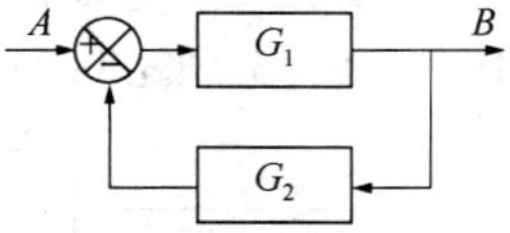	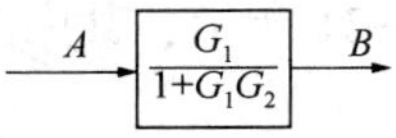
4	引出点互换	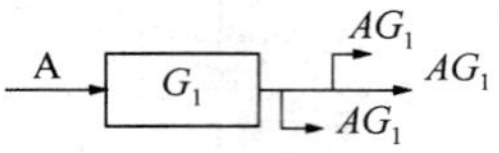	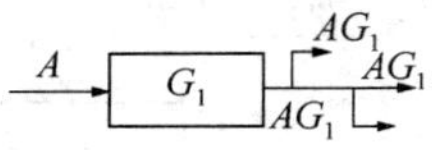
5	引出点分离	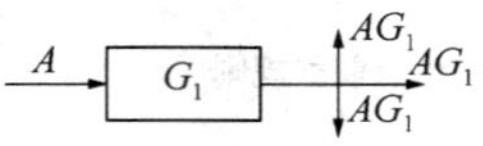	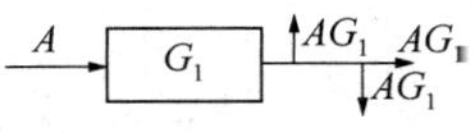
6	相加点互换	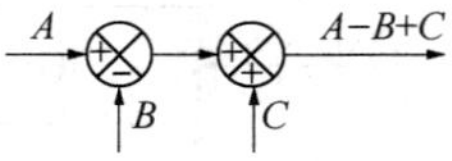	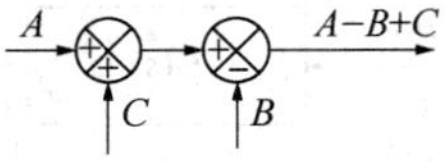
7	相加点重合	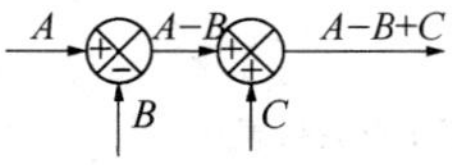	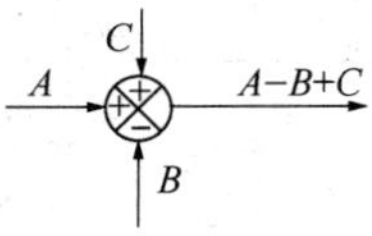
8	引出点前移	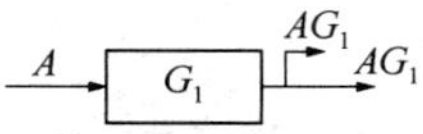	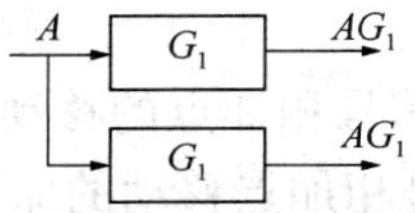

续表

序号	规则名称	原方块图	等效方块图
9	引出点后移	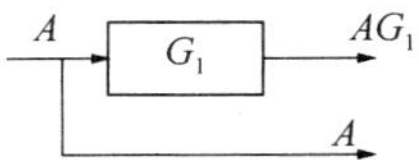	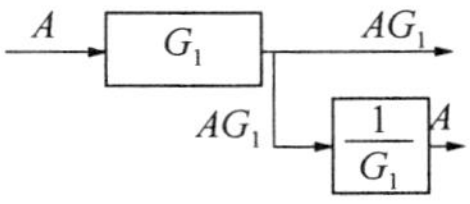
10	相加点前移	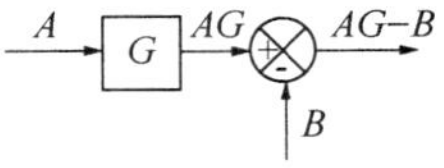	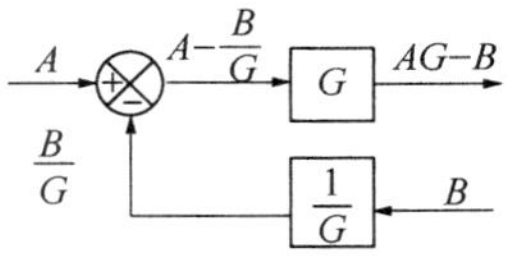
11	相加点后移	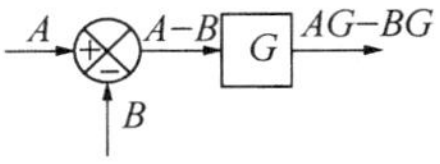	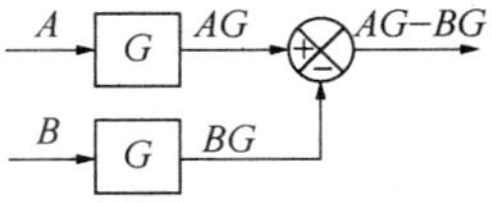
12	等效单位反馈	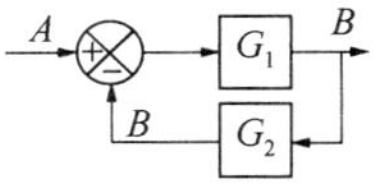	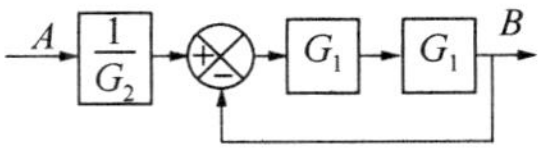
13	等效单位前馈	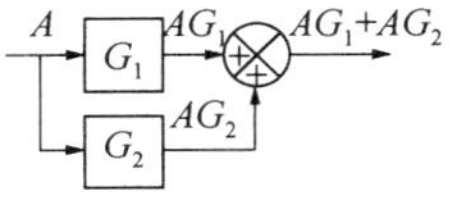	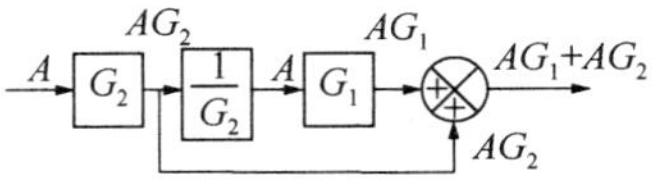

根据方块图等效变换的基本规则以及表 3-2，可将复杂的方块图简化，求出系统的传递函数。在方块图简化过程中，应记住以下两条原则：

① 前向通道中传递函数的乘积必须保持不变；

② 反馈回路中传递函数的乘积必须保持不变。

例 3-5 控制系统如图 3-33 所示，简化方块图并求出系统的传递函数。

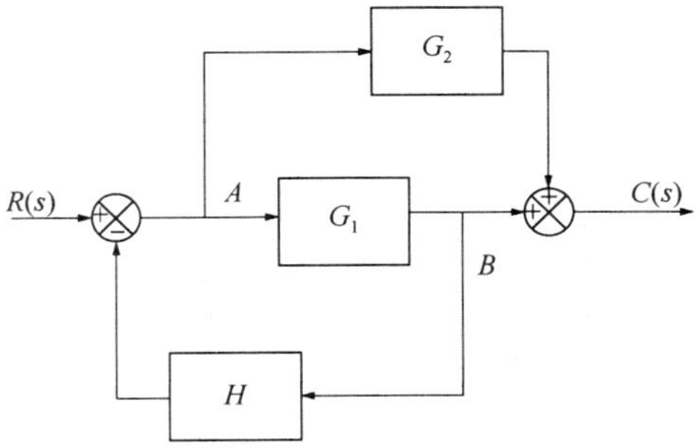

图 3-33 例 3-5 的控制系统

解：方法一，A 点移动到 B 点。

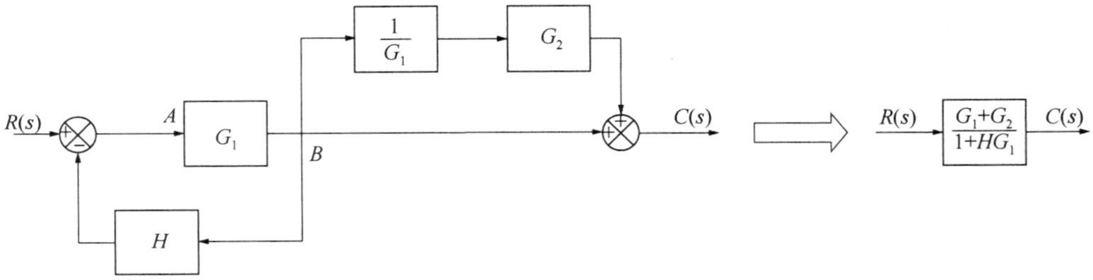

方法二，B 点移动到 A 点。

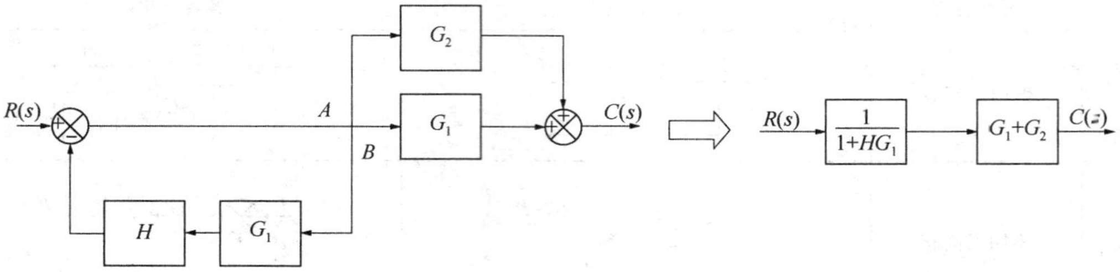

控制系统在工作过程中受到两类信号的作用。一类是有用信号，称为输入信号 $R(s)$；另一类是扰动信号，称为干扰信号 $N(s)$。输入信号 $R(s)$ 通常加在系统输入端。而干扰信号 $N(s)$ 一般是作用在受控对象上或其他元部件上。闭环控制系统典型结构图可用图 3-34 表示。

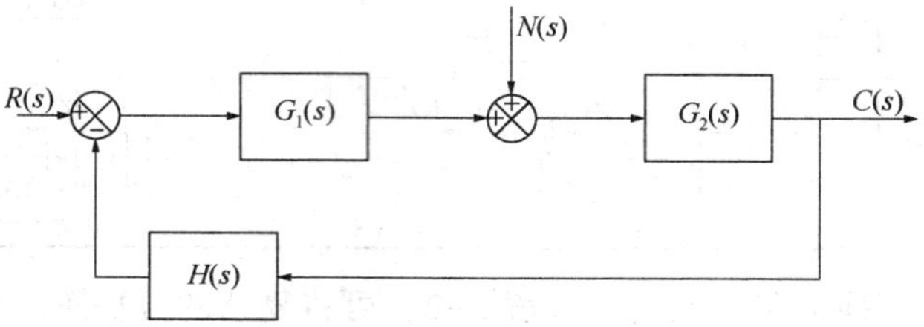

图 3-34　典型闭环控制系统方块图

开环传递函数：图 3-34 中，前向通路传递函数 $G_1(s)G_2(s)$ 与反馈通路传递函数 $H(s)$ 构成一个回路，将该回路在 $H(s)$ 的输出端断开，这时回路的乘积 $G_1(s)G_2(s)H(s)$ 为该系统的开环传递函数，即

$$G_k(s)=G_1(s)G_2(s)H(s)=G(s)H(s) \tag{3-32}$$

其中 $G(s)=G_1(s)G_2(s)$

闭环传递函数：如无特殊说明，闭环传递函数是指在输入信号作用下[设 $N(s)=0$]的闭环传递函数，根据式(3-29)、图 3-34 表示的系统，其闭环传递函数为

$$\Phi(s)=\frac{C(s)}{R(s)}=\frac{G_1(s)G_2(s)}{1+G_1(s)G_2(s)H(s)}=\frac{G(s)}{1+G(s)H(s)} \tag{3-33}$$

在 $R(s)$ 作用下，系统输出的拉氏变换为

$$C(s)=\Phi(s)R(s)=\frac{G(s)}{1+G(s)H(s)}R(s) \tag{3-34}$$

$N(s)$ 作用下的闭环传递函数中 $N(s)\neq 0$。

为研究干扰对系统的影响，须求出干扰信号 $N(s)$ 作用下的闭环传递函数。设 $R(s)=0$，图 3-34 可等效为图 3-35。图 3-35 表示的系统，$N(s)$ 作用下的闭环传递函数为

$$\Phi_n(s)=\frac{C(s)}{N(s)}=\frac{G_2(s)}{1+G_1(s)G_2(s)H(s)}=\frac{G_2(s)}{1+G(s)H(s)} \tag{3-35}$$

$N(s)$ 作用下系统输出的拉氏变换为：

$$C(s)=\Phi_n(s)N(s)=\frac{G_2(s)}{1+G(s)H(s)}N(s) \tag{3-36}$$

在图 3-35 所示系统中，若 $R(s)$ 和 $N(s)$ 同时作用，那么根据线性系统的叠加原理，综合式(3-34)和式(3-36)，系统的总输出量为

$$C(s)=\frac{G(s)}{1+G(s)H(s)}R(s)+\frac{G_2(s)}{1+G(s)H(s)}N(s) \tag{3-37}$$

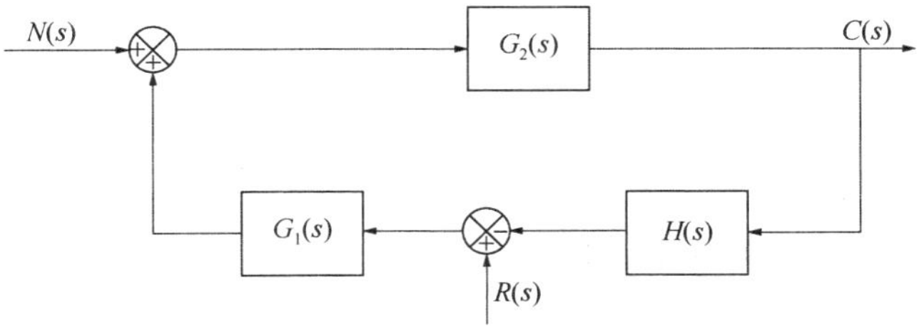

图 3-35　$N(s)$ 和 $R(s)$ 同时作用下的系统方块图

第三节　时域分析

时域分析是对系统施加给定输入信号，通过研究系统对输入信号的时间信号的响应来评价系统的性能。即根据描述系统的微分方程或传递函数，直接求解出在某种典型输入信号作用下系统输出量随时间变化的表达式，然后根据此表达式或其相应的描述曲线来分析系统的稳定性、动态特性和稳态特性。

时域分析法表达直观、物理概念清晰、结果比较准确以及能提供系统时间响应的全部信息。

一、典型输入信号和时域性能指标

设描述线性定常系统的闭环传递函数为 $\Phi(s)$，给定输入的象函数为 $R(s)$，输出的象函数为 $C(s)$。在零初始条件下，由传递函数的定义可知：

$$C(s)=\Phi(s)R(s) \tag{3-38}$$

对上式两边取拉氏反变换，得到系统输出的时域解

$$c(t)=L^{-1}[C(s)]=L^{-1}[\Phi(s)R(s)] \tag{3-39}$$

式(3-39)表明，系统的输出取决于两个因素：系统的结构及参数，即闭环传递函数和输入信号的形式。

1. 典型输入信号

所谓典型输入信号是指很接近实际控制系统经常遇到的输入信号。在数学上加以理想化后能用的较为典型且简单的函数形式表达出来的信号。适当规定一些具有代表性的典型输入信号，不仅使问题的数学处理系统化，而且还可以由此去推知系统在别的更复杂的输入信号下的性能。

典型的输入信号一般应具备以下三个特点：①这些信号具有一定的代表性，且数学表达式简单，以便于数学分析与处理；②这些信号易于在实验室获得，实用性较强；③这些信号信息量丰富，能反映系统在工作过程中所响应的实际输入。

在控制工程中，常用的典型输入信号有以下几种：

（1）阶跃函数

阶跃函数信号的数学描述为

$$r(t)=\begin{cases}0, & t<0\\ A_1, & t>0\end{cases} \tag{3-40}$$

其拉氏变换为

$$R(s)=\frac{A_1}{s} \tag{3-41}$$

式中 A_1——阶跃函数的幅值。

当$A_1=1$时，称为单位阶跃函数，记作$r(t)=1(t)$，如图3-36所示。

（2）斜坡函数

斜坡函数又称为速度函数，其数学描述为

$$r(t)=\begin{cases}0, & t<0\\ A_t, & t>0\end{cases} \tag{3-42}$$

其拉氏变换为

$$R(s)=\frac{A_t}{s^2} \tag{3-43}$$

式中 A_t——恒速幅值。

当$A_t=1$时，称为单位斜坡函数。记作$r(t)=t$，如图3-37所示。

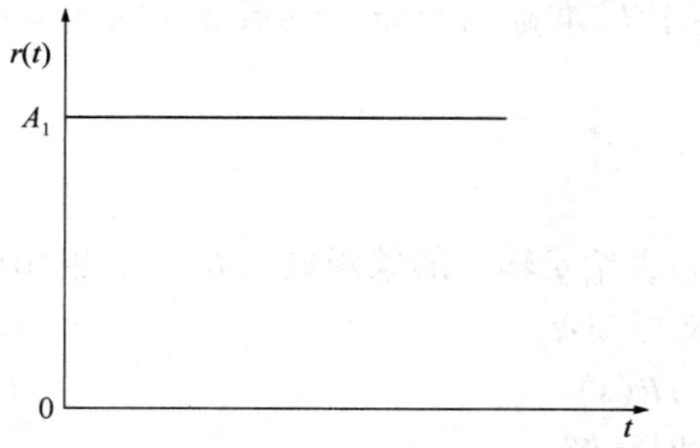

图3-36　阶跃信号

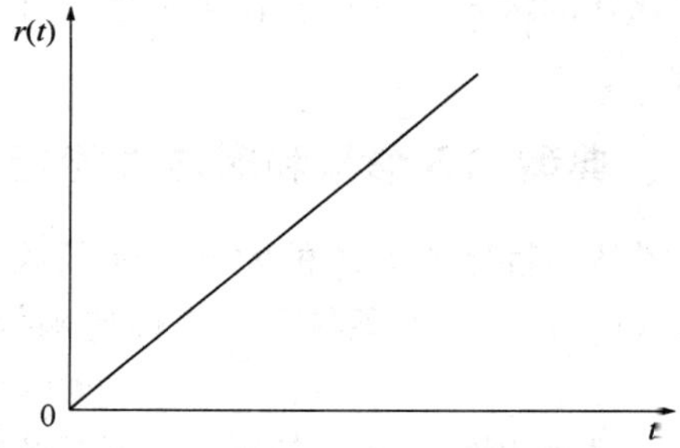

图3-37　斜坡信号

（3）抛物线函数

抛物线函数又称为加速度函数，其数学描述为

$$r(t)=\begin{cases}0, & t<0\\ \frac{1}{2}A_a t^2, & t>0\end{cases} \tag{3-44}$$

其拉氏变换为

$$R(s)=\frac{A_a}{s^3} \tag{3-45}$$

式中 A_a——恒加速幅值。

当$A_a=1$时，称为单位抛物线函数，记作$r(t)=\frac{1}{2}t^2$，如图3-38所示。

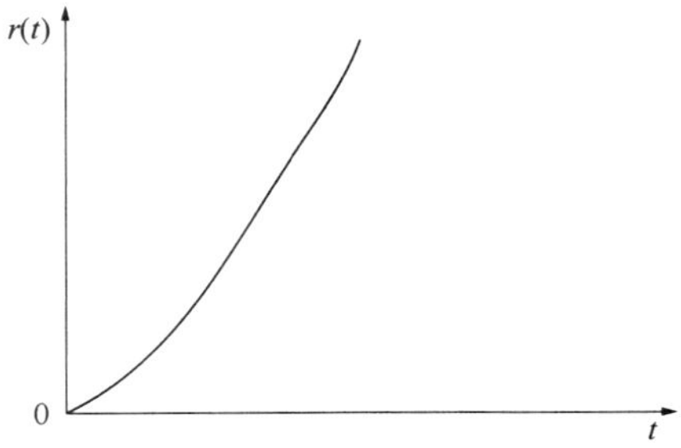

图 3-38 抛物线信号

(4) 脉冲函数

脉冲函数的数学表达式为

$$r(t)=\begin{cases}0, & t<0, \quad t>\varepsilon(\varepsilon\to 0)\\ \dfrac{A_P}{\varepsilon}, & 0<t<\varepsilon(\varepsilon\to 0)\end{cases} \tag{3-46}$$

其拉氏变换为

$$R(s)=A_p \tag{3-47}$$

当$A_p=1$，$\varepsilon\to 0$ 时，称为单位脉冲函数，记作 $\delta(t)$，如图 3-39 所示。单位脉冲函数的面积等于 1，即

$$\int_{\infty}^{0}\delta(t)\,dt = 1 \tag{3-48}$$

单位脉冲函数 $\delta(t)$ 在现实中是不存在的，只有数学上的意义。但它却是一种重要的输入信号。

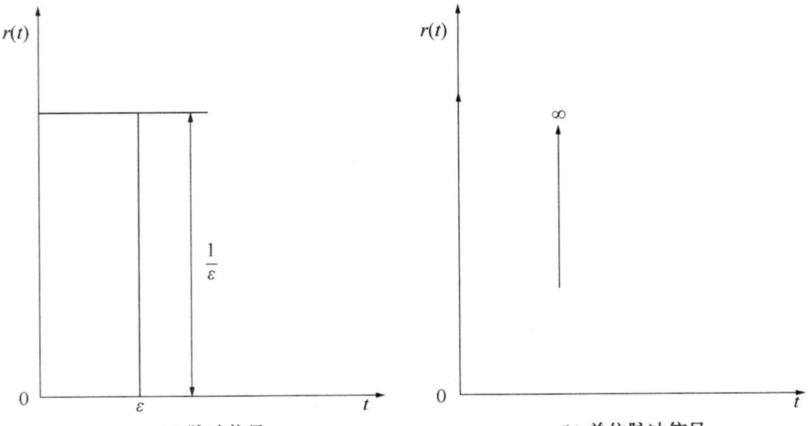

图 3-39 脉冲信号

(5) 正弦函数

正弦函数的数学表达式为

$$r(t)=A\sin\omega t \tag{3-49}$$

其拉氏变换为

$$R(s)=\frac{A\omega}{s^2+\omega^2} \tag{3-50}$$

式中 A——振幅；

ω——角频率(rad/s)。

2. 时域性能指标

初始状态为零的控制系统，在典型输入信号作用下的输出，称为典型时间响应。通常把响应过程划分为动态(又称暂态、过渡)过程和稳态(又称静态)过程。动态过程是指系统从初始状态到接近稳定状态的响应过程。动态过程提供有关系统快速性及稳定性的信息，用动态性能指标描述。稳态过程是指时间 t 趋于无穷时的系统输出状态，它表征系统的输出量最终复现输入量的程度，用稳态性能指标(稳态误差)来描述。控制系统的动态性能通常都是以系统对单位阶跃输入的响应为依据控制系统的典型单位阶跃响应曲线，如图 3-40 所示。

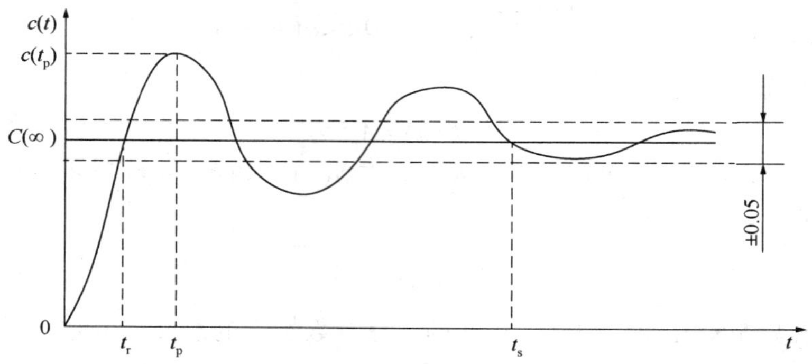

图 3-40 控制系统的典型单位阶跃响应

为了评价控制系统性能的优劣，通常根据系统的单位阶跃响应曲线，采用一些数值型的特征参量。这些特征参量又称为时域性能指标。

(1) 动态性能指标

① 上升时间t_r。响应曲线从零至第一次到达稳态值所需要的时间。

② 峰值时间t_p。响应曲线从零至第一个峰值所需要的时间。

③ 调节时间t_s。响应曲线从零到达并停留在稳态值的 5%或 2%误差范围内(允许误差带 $\Delta=5\%$或 2%)所需要的最小时间。调节时间又被称为调整时间、过渡过程时间。

④ 超调量 $\sigma\%$。在系统响应过程中，输出量的最大值超过稳态值的百分数，即

$$\sigma\%=\frac{c(t_p)-c(\infty)}{c(\infty)}\times 100\% \tag{3-51}$$

式中 $c(\infty)$——$t\to\infty$时的输出值。

一个稳定的系统，在单位阶跃函数输入时，$c(\infty)=$ 常数值。

⑤ 振荡次数 N。在 $0\leqslant t\leqslant t_s$时，阶跃响应曲线穿越其稳态值 $c(\infty)$ 次数的一半被称为振荡次数。

在上述动态性能指标中，t_r和t_p反映系统的响应速度，$\sigma\%$和 N 反映系统的运行平稳性或阻尼程度，一般认为t_s能同时反映响应速度和平稳程度。

（2）稳态性能指标

稳定的控制系统才会有稳态过程。稳态性能指标用稳态误差e_{ss}描述。稳态误差是系统控制精度或抗干扰能力的一种度量。

二、一阶系统性能分析

由一阶微分方程描述的系统，被称为一阶控制系统。在控制工程中，一阶系统的应用广泛。例如，带负载的小功率直流电动机调速系统、恒温箱、空气加热器和液面控制系统等，都可视为一阶系统。

1. 数学模型

一阶控制系统的微分方程可表示为

$$T\frac{\mathrm{d}c(t)}{\mathrm{d}t}+c(t)=r(t) \tag{3-52}$$

式中 T——时间常数，量纲为时间单位（如 s），代表系统的惯性；

$c(t)$——系统的输出量；

$r(t)$——系统的输入量。

其闭环传递函数，由式（3-52）在初始条件为零时两边取拉氏变换，可得

$$\Phi(s)=\frac{C(s)}{R(s)}=\frac{1}{Ts+1} \tag{3-53}$$

一阶控制系统的典型结构图如图 3-41 所示。根据方块图运算规则，其闭环传递函数即为式（3-53）。

通常，称式（3-52）或式（3-53）为一阶控制系统数学模型的典型表达式。

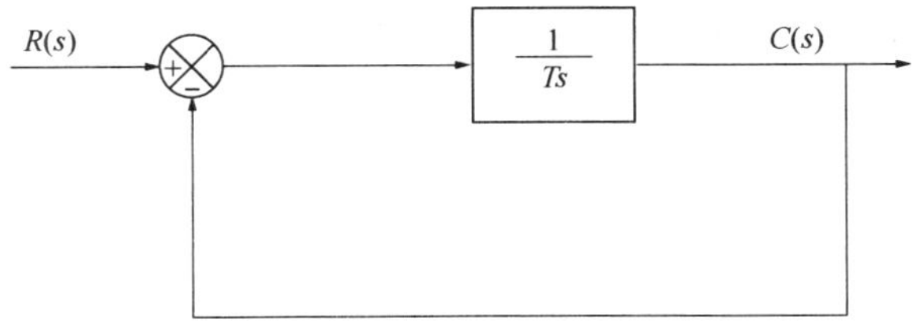

图 3-41 一阶系统方块图

2. 典型输入响应

（1）单位阶跃响应

当输入为单位阶跃信号 $r(t)=1(t)$，即 $R(s)=1/s$ 时，系统输出量的拉氏变换式为

$$C(s)=\Phi(s)R(s)=\frac{1}{Ts+1}\cdot\frac{1}{s}=\frac{1}{s}-\frac{1}{s+1/T} \tag{3-54}$$

对上式两边拉氏反变换，得输出量的时域表达式

$$c(t)=1-\mathrm{e}^{-\frac{t}{T}}(t\geqslant 0) \tag{3-55}$$

式（3-55）表明，一阶控制系统的单位阶跃响应由两部分组成：一是与时间 t 无关的定值“1”，被称为稳态分量；二是与时间 t 有关的指数项，被称为动态分量。当 $t\to\infty$时，动态分量衰减到零，输出量等于输入量，没有稳态误差。响应曲线如图 3-42 所示。

一阶控制系统的单位阶跃响应具有两个重要特征：

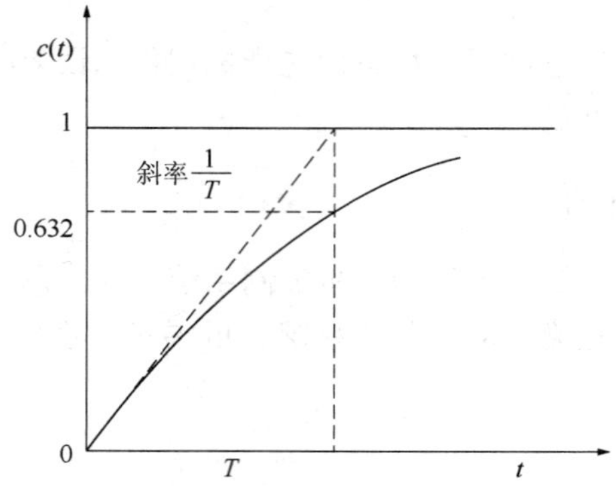

图 3-42　一阶系统单位阶跃响应

① 时间常数“T”是表征响应特性的唯一参数，且有

$$c(0)=1-e^{0}=0,\ c(T)=1-e^{-1}=0.632,\ c(2T)=1-e^{-2}=0.865$$

$$c(3T)=1-e^{-3}=0.950,\ c(4T)=1-e^{-4}=0.982,\ c(\infty)=1$$

显然，时间常数 T 反映了系统的响应速度，时间常数 T 愈小，系统的响应速度就愈快。

② 响应曲线的初始斜率为$\frac{1}{T}$

$$\left.\frac{\mathrm{d}c(t)}{\mathrm{d}t}\right|_{t=0}=\left.\frac{1}{T}e^{-\frac{t}{T}}\right|_{t=0}=\frac{1}{T} \tag{3-56}$$

式(3-56)表明，在 $t=0$ 时响应曲线的切线斜率为$\frac{1}{T}$。其物理意义是，如果输出 $c(t)$ 按初速增长，则在 $t=T$ 时刻输出到达稳态值 $c(\infty)=1$。这一特点为用实验方法求取系统的时间常数“T”提供了依据。工程上，也可根据第一个特征中单位阶跃响应到达终值的 63.2%所需要的时间，测得系统的时间常数“T”。

根据动态性能指标定义，可知：超调量 $\sigma\%$ 和峰值时间 t_p 都不存在，而调节时间为

$$t_s=3T(\Delta=5\%) \tag{3-57}$$

$$t_s=4T(\Delta=2\%) \tag{3-58}$$

在式(3-57)和式(3-58)中，Δ 为允许误差带。

当输入的阶跃信号幅值为A_1，即$r(t)=A_1\cdot 1(t)$时，可直接写出系统的输出为

$$c(t)=A_1(1-e^{-\frac{t}{T}})\ (t\geqslant 0) \tag{3-59}$$

(2) 单位斜坡响应

当输入为单位斜坡信号 $r(t)=t$，即 $R(s)=\frac{1}{s^2}$时，系统输出量的拉氏变换式为

$$C(s)=\Phi(s)R(s)=\frac{1}{Ts+1}\cdot\frac{1}{s^2}=\frac{1}{s^2}-\frac{T}{s}+\frac{1}{s+1/T} \tag{3-60}$$

对上式进行拉氏变换，得

$$c(t)=(t-T)+Te^{-\frac{t}{T}}=t-T(1-e^{-\frac{t}{T}})\ (t\geqslant 0) \tag{3-61}$$

式中　$(t-T)$——响应的稳态分量；

　　$Te^{-\frac{t}{T}}$——响应的动态分量。

由式(3-61)可知，当时间 $t\to\infty$时，动态分量为零，则系统稳态输入量与输出量之差为

$$e_{ss}=\lim_{t\to\infty}[r(t)-c(t)]=\lim_{t\to\infty}[t-(t-T+Te^{-\frac{t}{T}})]=T \tag{3-62}$$

式中 e_{ss}——稳态误差。

由此可知，一阶系统在跟踪单位斜坡函数信号时，输出量与输入量存在跟踪误差，且稳态误差值与系统的时间常数"T"的值相等。

当输入的斜坡信号幅值为A_t，即 $r(t)=A_t$时可直接写出系统的输出为

$$c(t)=A_t(t-T)+A_tTe^{-\frac{t}{T}}=A_tt-A_tT(1-e^{-\frac{t}{T}}) \quad (t\geqslant 0) \tag{3-63}$$

系统的稳态误差为

$$e_{ss}=A_tT \tag{3-64}$$

(3) 单位脉冲响应

当输入为单位脉冲信号 $r(t)=\delta(t)$，即 $R(s)=1$ 时，系统输出量的拉氏变换式为

$$C(s)=\Phi(s)R(s)=\frac{t}{Ts+1} \tag{3-65}$$

对上式取拉氏反变换，则单位脉冲响应为

$$c(t)=\frac{1}{T}e^{-\frac{t}{T}} \quad (t\geqslant 0) \tag{3-66}$$

由上可知，一阶系统的单位脉冲响应只包含动态分量$\frac{1}{T}e^{-\frac{t}{T}}$。

(4) 单位抛物线响应

当输入为单位抛物线信号 $r(t)=\frac{1}{2}t^2$，即 $R(s)=\frac{1}{s^3}$时，系统输出量的拉氏变换式为

$$C(s)=\Phi(s)R(s)=\frac{1}{s^3(Ts+1)}=\frac{1}{s^3}-\frac{T}{s^2}-\frac{T^2}{s}-\frac{T^3}{Ts+1} \tag{3-67}$$

对上式进行反拉氏变换，得

$$c(t)=\frac{1}{2}t^2-Tt+T^2(1-e^{-\frac{t}{T}}) \quad (t\geqslant 0) \tag{3-68}$$

上式表明，当时间 t 趋于无穷大时系统输出信号与输入信号之差(稳态误差)将趋于无穷大。这意味着一阶系统不能跟踪单位抛物线函数的输入信号。

三、二阶系统性能分析

由二阶微分方程描述的系统，被称为二阶系统。在实际的控制工程中，二阶系统比一阶系统更具有代表性。许多高阶系统在一定条件下可以近似为二阶系统。因此，分析二阶系统的特性具有相当重要的实际意义。

1. 数学模型

二阶控制系统的微分方程可表示为

$$\frac{d^2c(t)}{dt^2}+2\xi\omega_n\frac{dc(t)}{dt}+\omega_n^2c(t)=\omega_n^2r(t) \tag{3-69}$$

式中 ω_n——固有频率或无阻尼振荡频率，量纲为弧度/秒(rad/s)；

ξ——阻尼比或相对阻尼系数，无量纲；

$c(t)$——系统的输出量；

$r(t)$——系统的输入量。

在零初始条件下对式(3-69)两边取拉氏变换，得

$$\Phi(s)=\frac{C(s)}{R(s)}=\frac{\omega_n^2}{s^2+2\xi\omega_n s+\omega_n^2} \tag{3-70}$$

这是二阶系统闭环传递函数的标准式。

二阶控制系统的典型结构图如图 3-43 所示。根据方块图运算规则，其闭环传递函数即为式(3-70)。

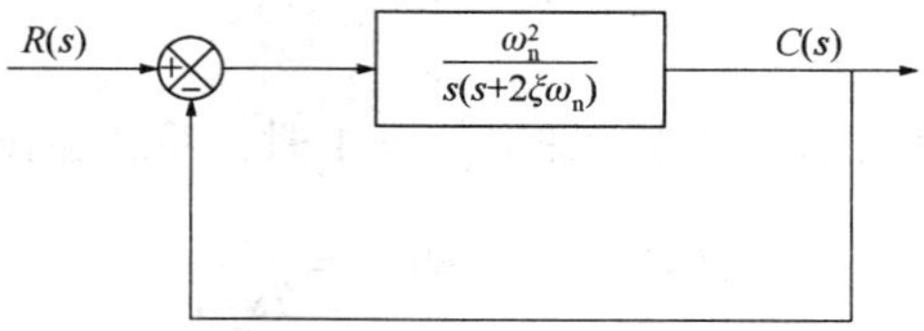

图 3-43　典型二阶系统结构图

由式(3-70)的分母可知二阶系统的特征方程为

$$s^2+2\xi\omega_n s+\omega_n^2=0 \tag{3-71}$$

由上式解得二阶系统的两个特征根(极点)为

$$s_{1,2}=-\xi\omega_n\pm\omega_n\sqrt{\xi^2-1} \tag{3-72}$$

随着阻尼比取值的不同，二阶系统的特征根(极点)也不相同，下面逐一加以说明。

(1) 无阻尼($\xi=0$)

当 $\xi=0$ 时，两个特征根为

$$s_{1,2}=\pm j\omega_n \tag{3-73}$$

是一对共轭纯虚根。

(2) 欠阻尼($0<\xi<1$)

当 $0<\xi<1$ 时，两个特征根为

$$s_{1,2}=-\xi\omega_n\pm j\omega_n\sqrt{1-\xi^2} \tag{3-74}$$

是一对共轭复数。

(3) 临界阻尼($\xi=1$)

当 $\xi=1$ 时，特征方程有两个相同的负实根

$$s_{1,2}=-\omega_n \tag{3-75}$$

(4) 过阻尼($\xi>1$)

当 $\xi>1$ 时，两个特征根为

$$s_{1,2}=-\xi\omega_n\pm\omega_n\sqrt{\xi^2-1} \tag{3-76}$$

是两个不相等的实根。

2. 典型二阶系统的单位阶跃响应

现对式(3-70)分析其单位阶跃响应。在零初始条件下，当输入量为单位阶跃函数时，输出量的拉氏变换式为

$$C(s)=\Phi(s)R(s)=\frac{\omega_n^2}{s^2+2\xi\omega_n s+\omega_n^2}\cdot\frac{1}{s} \tag{3-77}$$

当阻尼比 ξ 为不同值时，所对应的单位阶跃响应也有不同的形式。

(1) 欠阻尼情况($0<\xi<1$)

式(3-77)可以展开成如下形式

$$\begin{aligned}C(s)&=\frac{\omega_n^2}{s^2+2\xi\omega_n s+\omega_n^2}\cdot\frac{1}{s}\\&=\frac{1}{s}-\frac{s+2\xi\omega_n}{s^2+2\xi\omega_n s+\omega_n^2}\\&=\frac{1}{s}-\frac{s+\xi\omega_n}{(s+\xi\omega)^2+(\omega_n\sqrt{1-\xi^2})^2}-\frac{\xi\omega_s}{(s+\xi\omega_n)^2+(\omega_n\sqrt{1-\xi^2})^2}\end{aligned}$$

对上式两边取拉氏反变换，得

$$\begin{aligned}c(t)&=1-e^{-\xi\omega_n t}\left(\cos\sqrt{1-\xi^2}\,\omega_n t+\frac{\xi}{\sqrt{1-\xi^2}}\sin\sqrt{1-\xi^2}\,\omega_n t\right)\\&=1-\frac{e^{-\xi\omega_n t}}{\sqrt{1-\xi^2}}\sin\left(\sqrt{1-\xi^2}\,\omega_n t+\arctan\frac{\sqrt{1-\xi^2}}{\xi}\right)\\&=1-\frac{e^{-\xi\omega_n t}}{\sqrt{1-\xi^2}}\sin(\omega_d t+\theta)\ (t\geqslant 0)\end{aligned} \tag{3-78}$$

式中　$\omega_d=\omega_n\sqrt{1-\xi^2}$——阻尼振荡频率；$\theta=\arctan\dfrac{\sqrt{1-\xi^2}}{\xi}$，为相位角。

由式(3-78)可知，欠阻尼时二阶系统的单位阶跃响应呈衰减正弦振荡。其衰减速度取决于特征根实部绝对值的 $\xi\omega_n$ 大小。振荡周期为 $T_d=\dfrac{2\pi}{\omega_d}=\dfrac{2\pi}{\omega_n\sqrt{1-\xi^2}}$。当 $t\to\infty$ 时，动态分量衰减到零，输出量等于输入量。

(2) 无阻尼情况($\xi=0$)

式(3-77)可以展开成如下形式

$$C(s)=\frac{\omega_n^2}{s^2+\omega_n^2}\cdot\frac{1}{s}=\frac{1}{s}-\frac{s}{s^2+\omega_n^2}$$

两边取拉氏反变换，得

$$c(t)=1-\cos\omega_n t\quad(t\geqslant 0) \tag{3-79}$$

上式表明，当 $\xi=0$ 即无阻尼时，二阶系统的单位阶跃响应为无衰减的等幅正(余)弦振荡曲线，振荡角频率为 ω_n。

(3) 临界阻尼情况($\xi=1$)

式(3-77)可以展开成如下形式

$$C(s)=\frac{\omega_n^2}{s(s+\omega_n)^2}=\frac{1}{s}-\frac{\omega_n}{(s+\omega_n)^2}-\frac{1}{s+\omega_n}$$

两边取拉氏反变换，得

$$c(t)=1-e^{-\omega_n t}(1+\omega_n t)\quad (t\geqslant 0) \tag{3-80}$$

上式表明，当$\xi=1$，即临界阻尼时，二阶系统的单位阶跃响应没有振荡，是一条无超调的单调上升曲线。

(4) 过阻尼情况($\xi>1$)

系统特征根为

$$s_1=-(\xi+\sqrt{\xi^2-1})\omega_n$$
$$s_2=-(\xi-\sqrt{\xi^2-1})\omega_n$$

将式(3-77)展开

$$\begin{aligned}C(s)&=\frac{s_1 s_2}{(s-s_1)(s-s_2)}\cdot\frac{1}{s}\\&=\frac{1}{s}+\frac{1}{2\sqrt{\xi^2-1}(\xi+\sqrt{\xi^2-1})}\cdot\frac{1}{s+\xi\omega_n+\omega_n\sqrt{\xi^2-1}}-\\&\quad\frac{1}{2\sqrt{\xi^2-1}(\xi-\sqrt{\xi^2-1})}\cdot\frac{1}{s+\xi\omega_n-\omega_n\sqrt{\xi^2-1}}\end{aligned}$$

两边取拉氏反变换，得

$$\begin{aligned}c(t)&=1+\frac{1}{2\sqrt{\xi^2-1}(\xi+\sqrt{\xi^2-1})}e^{-(\xi+\sqrt{\xi^2-1})\omega_n \xi}-\\&\quad\frac{1}{2\sqrt{\xi^2-1}(\xi-\sqrt{\xi^2-1})}e^{-(\xi-\sqrt{\xi^2-1})\omega_n t}\\&=1+\frac{\omega_n}{2\sqrt{\xi^2-1}}\left(\frac{e^{s_1 t}}{-s_1}-\frac{e^{s_2 t}}{-s_2}\right)(t\geqslant 0)\end{aligned} \tag{3-81}$$

上式表明，二阶过阻尼系统的单位阶跃响应特性包含两个单调衰减的指数项，非振荡二阶系统就是两个一阶环节串联。且当$\xi>2$时，s_2所对应的一阶环节，单调衰减的指数项衰减快，其对特性的影响小，可以忽略。这时，二阶系统的输出响应就类似于一阶系统的响应，二阶系统可视为一阶系统。

3. 二阶欠阻尼系统的动态性能指标

由上面分析可知，不同的阻尼比，二阶系统单位阶跃响应有很大的区别。当$\xi=0$时，系统持续振荡，不能正常工作；而$\xi\geqslant 1$时，系统输出的过渡过程虽没有超调，但响应过程往往显得缓慢，快速性较差；欠阻尼情况($0<\xi<1$)在实际控制工程中是最有实际意义和代表性的。

下面分析欠阻尼情况下系统动态性能指标的计算。前已求出，二阶系统在欠阻尼情况下的单位阶跃响应为式(3-78)，即

$$c(t)=1-\frac{e^{-\xi\omega_n t}}{\sqrt{1-\xi^2}}\sin(\omega_d t+\theta)\quad (t\geqslant 0) \tag{3-82}$$

(1) 上升时间t_r

根据上升时间的定义，当$t=t_r$时，$c(t)=1$。由式(3-82)可得

$$c(t)=1-\frac{e^{-\xi\omega_n t_r}}{\sqrt{1-\xi^2}}\sin(\omega_d t+\theta)=1$$

则

$$\frac{e^{-\xi\omega_n t_r}}{\sqrt{1-\xi^2}}\sin\ (\omega_d t_r+\theta)=0$$

由于在 $t<\infty$时，$\frac{e^{-\xi\omega_n t_r}}{\sqrt{1-\xi^2}}>0$，则 $\sin(\omega_d t_r+\theta)=0$。由此得

$$\omega_d t_r+\theta=\pi$$

$$t_r=\frac{\pi-\theta}{\omega_d}=\frac{\pi-\theta}{\omega_n\sqrt{1-\xi^2}} \tag{3-83}$$

式中 $\theta=\arctan\frac{\sqrt{1-\xi^2}}{\xi}$。

(2) 峰值时间t_p

对式(3-82)两边取导数并令其等于零，可求得峰值时间

$$\tan(\omega_d t_p+\theta)=\frac{\sqrt{1-\xi^2}}{\xi}$$

由于 $$\frac{\sqrt{1-\xi^2}}{\xi}=\tan\theta$$

所以 $$\omega_d t_p=0,\ \pi,\ 2\pi,\ \cdots$$

因为峰值时间是对应于出现第一个峰值的时间，所以

$$t_p=\frac{\pi}{\omega_d}=\frac{\pi}{\omega_n\sqrt{1-\xi^2}} \tag{3-84}$$

(3) 超调量 $\sigma\%$

将峰值时间表达式(3-84)代入式(3-82)，可得输出量的最大值

$$c(t_p)=1-\frac{e^{-\xi\pi/\sqrt{1-\xi^2}}}{\sqrt{1-\xi^2}}\sin(\pi+\theta)$$

因为 $$\sin(\pi+\theta)=-\sin\theta=-\sqrt{1-\xi^2}$$

所以 $$c(t_p)=1+e^{-\xi\pi/\sqrt{1-\xi^2}}$$

根据超调量的定义

$$\sigma\%=\frac{c(t_p)-c(\infty)}{c(\infty)}\times100\%$$

在单位阶跃输入下，稳态值 $c(\infty)=1$，因此得到最大超调量为

$$\sigma\%=e^{-\xi\pi/\sqrt{1-\xi^2}}\times100\% \tag{3-85}$$

由式(3-85)可知，二阶欠阻尼系统的阶跃响应的最大超调量只与阻尼比有关，并随阻尼比的增大而减小。阻尼比可根据系统允许的最大超调来确定。控制系统的百分比超调一般取为 25%~1.5%，而相应的限尼比为 0.4~0.8。

(4) 调节时间t_s

调节时间t_s是 $c(t)$与稳态值 $c(\infty)$之间的差达到允许范围(一般取 $\Delta=5\%$或 2%)，且不再超过的过渡过程时间。即

$$\Delta c=c(\infty)-c(t)=\frac{e^{-\frac{\xi\omega_n t}{\sqrt{1-\xi^2}}}}{\sqrt{1-\xi^2}}\sin(\omega_d t+\theta)\leqslant\Delta \qquad (\Delta=5\%或2\%)$$

从上式可以看出，调整时间表达式比较难确定。但是，由式(3-82)可知，二阶欠阻尼系统的单位阶跃响应曲线 $c(t)$ 位于一对曲线 $1\pm\frac{e^{-\xi\omega_n t}}{\sqrt{1-\xi^2}}$ 之间，这对曲线为响应曲线的包络线。由包络线可以得到调节时间 t_s 的一个近似表达式。若允许误差带是 Δ，t_s 是包络线衰减到 Δ 区域所需要的时间，则有

$$\frac{e^{-\xi\omega_n t}}{\sqrt{1-\xi^2}}=\Delta$$

$$t_s=\frac{1}{\xi\omega_n}\left(\ln\frac{1}{\Delta}+\ln\frac{1}{\sqrt{1-\xi^2}}\right) \tag{3-86}$$

当 ω_n 不变时，t_s 是阻尼比 ξ 的函数，利用式(3-82)可以得到当 Δ=5%和 Δ=2%时，t_s 与 ξ 的关系曲线。采用近似公式，在式(3-86)中，当 $0<\xi<0.9$，忽略 $\ln\frac{1}{\sqrt{1-\xi^2}}$，则

$$t_s=\frac{3}{\xi\omega_n} \quad (\Delta=5\%) \tag{3-87}$$

$$t_s=\frac{4}{\xi\omega_n} \quad (\Delta=2\%) \tag{3-88}$$

(5) 振荡次数 N

根据定义，在 $0\leqslant t\leqslant t_s$ 时，阶跃响应曲线穿越其稳态值 $c(\infty)$ 次数的一半称为振荡次数。即

$$N=\frac{t_s}{T_d}=\frac{t_s}{2t_p} \tag{3-89}$$

式中 T_d——振荡周期，$T_d=\frac{2\pi}{\omega_d}=2t_p$。

当 Δ=5%时，t_s 由式(3-87)求取，代入式(3-89)有

$$N=\frac{1.5\sqrt{1-\xi^2}}{\pi\xi} \tag{3-90}$$

当 Δ=2%时，t_s 由式(3-88)求取，代入式(3-89)有

$$N=\frac{2\sqrt{1-\xi^2}}{\pi\xi} \tag{3-91}$$

二阶欠阻尼系统的阶跃响应的振荡次数只与阻尼比有关。

4. 二阶系统的单位脉冲响应

已知二阶系统的闭环传递函数为

$$\Phi(s)=\frac{C(s)}{R(s)}=\frac{\omega_n^2}{s^2+2\xi\omega_n s+\omega_n^2}$$

当输入信号为单位脉冲函数时

$$r(t)=\delta(t),\ R(s)=1$$

则输出信号的拉氏变换式为

$$C(s)=\Phi(s)R(s)=\frac{\omega_n^2}{s^2+2\xi\omega_n s+\omega_n^2} \tag{3-92}$$

取上式的反拉氏变换，或者将式(3-78)～式(3-81)对时间求导，就可得到当 ξ 不同时的二阶系统的单位脉冲响应。

欠阻尼($0<\xi<1$)时

$$g(t)=c(t)=\frac{\omega_n}{\sqrt{1-\xi^2}}e^{-\xi\omega_n t}\sin\omega_n\sqrt{1-\xi^2}t \quad (t\geqslant 0) \tag{3-93}$$

无阻尼($\xi=0$)时

$$g(t)=c(t)=\omega_n\sin\omega_n t \quad (t\geqslant 0) \tag{3-94}$$

临界阻尼($\xi=1$)时

$$g(t)=c(t)=\omega_n^2 t e^{-\omega_n t} \quad (t\geqslant 0) \tag{3-95}$$

过阻尼($\xi>1$)时

$$g(t)=c(t)=\frac{\omega_n}{2\sqrt{\xi^2-1}}\left[e^{-(\xi-\sqrt{\xi^2-1})\omega_n t}-e^{-(\xi+\sqrt{\xi^2-1})\omega_n t}\right] \quad (t\geqslant 0) \tag{3-96}$$

四、高阶系统的时间响应

控制工程中，把三阶以上的系统称为高阶系统。严格地说，大多数系统都是高阶系统。对高阶系统进行理论上的定量分析较复杂且困难，在此只对高阶系统时间响应进行简要的分析说明。

高阶系统的闭环传递函数为

$$\Phi(s)=\frac{C(s)}{R(s)}=\frac{b_m s^m+b_{m-1}s^{m-1}+\cdots+b_1 s+b_0}{a_n s^n+a_{n-1}s^{n-1}+\cdots+a_1 s+a_0}$$
$$=\frac{K(s+z_1)(s+z_2)\cdots(s+z_m)}{(s+p_1)(s+p_2)\cdots(s+p_n)}$$

式中　$n\geqslant 3$，$n\geqslant m$；系统参数 $a_i(i=0,\ 1,\ 2,\ \cdots,\ n)$，$b_j(j=0,\ 1,\ 2,\ \cdots,\ m)$，$K=\frac{b_m}{a_n}$为定常值；$-z_i(i=0,\ 1,\ 2,\ \cdots,\ m)$为闭环系统零点，$-p_j(j=0,\ 1,\ 2,\ \cdots,\ n)$为闭环系统极点。

设在高阶系统的 n 个闭环极点中，有 n_1 个实数极点，n_2 对共复数极点，而且闭环极点与零点互不相等。当输入为单位阶跃函数时，输出量的拉氏变换为

$$C(s)=\Phi(s)\cdot\frac{1}{s}=\frac{K\prod_{i=1}^{n}(s+z_i)}{\prod_{j=1}^{n}(s+p_j)\prod_{i=1}^{n}(s^2+2\xi_i\omega_i s+\omega_i^2)}\cdot\frac{1}{s}$$

式中　$n=n_1+2n_2$。

对上式两边取拉氏反变换，可得高阶系统的单位阶跃响应为

$$c(t)=1+\sum_{j=1}^{n_1}A_j e^{-p_j t}+\sum_{k=1}^{n_2}B_k e^{-\xi_k\omega_k t}\cos(\omega_k\sqrt{1-\xi_k^2})t+$$

$$\sum_{k=1}^{n_2} C_k e^{-\xi_k\omega_k t}\sin\left(\omega_k\sqrt{1-\xi_k^2}\right)t(t \geqslant 0) \tag{3-97}$$

式中　$A_j(j=1, 2, \cdots, n_1)$，B_k和$C_k(k=1, 2, \cdots, n_2)$均为待定常数。

由上式看出，高阶系统的单位阶跃响应与一、二阶系统的形式相同，均由两大部分组成。一是与时间t无关的稳态分量“1”；二是与时间t有关的动态分量。动态分量含指数项和正弦项、余弦项。

分析式(3-97)，有如下结论：

① 高阶系统的单位阶跃响应是由一阶和二阶系统的单位阶跃响应组成。

② 若所有实数极点为负值，那么所有共复数极点都具有负实部。换句话说，若所有闭环极点都分布在s平面的左半边，那么当时间t趋于无穷大时，动态分量都趋于零，系统的稳态输出量为“1”，为单位阶跃信号的输入幅值。这时，高阶系统稳定。但只要有一个正极点或正实部的复数极点存在，那么当t趋于无穷大时，该极点对应的动态分量就趋于无穷大，系统输出也就为无穷大，系统不稳定。

③ 动态响应各分量衰减的快慢取决于式(3-97)中e的指数大小。闭环极点的负值或负实部的绝对值越大，其对应的响应分量衰减得越迅速；反之，则衰减缓慢。这可以用闭环极点在s平面的位置来表示，距虚轴越近的闭环极点，其对应的响应分量衰减得越慢。动态响应各分量的幅值则与式(3-97)中三个系数A_j、B_k、C_k有关。

在高阶系统的分析中，试图按性能指标定义，依式(3-97)求出高阶系统的性能指标解析式是十分困难的事情。在控制工程中，常常采用主导极点的概念对高阶系统进行近似分析。实践表明，这种近似分析方法是行之有效的。因此，如果能找到一对共轭复数主导极点，那么，高阶系统就可以被近似地当作二阶系统来分析，并用二阶系统的性能指标公式来估计系统的性能。如果主导极点是一个实数极点，高阶系统就近似为一阶系统了。

基于闭环主导极点的概念分析、设计控制系统时，抓住了矛盾的主要方面，使工作得到简化且易于进行。在实际工作中采用这种分析方法时，要注意是否满足先决条件，即闭环主导极点是否存在。

五、稳定性分析及判据

稳定性是控制系统能否正常工作的前提条件。不能稳定运行的系统，根本谈不上有什么样的性能指标。分析并找出保证系统稳定工作的条件，是设计、综合系统的重要任务之一。

1. 系统稳定的充分必要条件

控制系统稳定的物理概念是当系统受到有界的内部或外部扰动作用时，系统的输出发生变化，而扰动消除后，经过足够长的时间，若系统输出能回到原来的平衡状态，则认为该系统稳定。反之，若随着时间的推移，系统不能回到原平衡状态或输出发散，则该系统不稳定。

根据高阶系统单位阶跃响应的分析，影响系统输出量随时间变化的是动态分量。而动态分量是否衰减只取决于系统闭环极点的符号。若所有闭环极点为负实数和具有负实部的共轭复数，则其对应的动态分量随时间t的增长而衰减；若有一个以上的正极点或正实部的复极点，则其对应的动态分量随时间的增长会越来越大，系统输出发散。

由此可得出线性定常系统稳定的充分必要条件是：系统所有闭环极点全部为负实数或具

有负实部的共轭复数。换句话说，所有闭环极点必须分布在 S 平面虚轴的左半边。

2. 劳斯判据

工程上希望能有一种不必解出闭环极点就能知道它们是否全在 S 左半平面上的代替方法。劳斯、古尔维茨、林纳德奇帕特等人分别提出了不必求解方程就可判断系统稳定性的方法，称为代数判据。

劳斯稳定判据：系统闭环传递函数如下所示。

$$\Phi(s)=\frac{B(s)}{A(s)}=\frac{b_m s^n-b_{m-1}s^{m-1}+\cdots+b_1 s+b_0}{a_n s^n+a_{n-1}s^{n-1}+\cdots+a_1 s+a_0} \tag{3-98}$$

将 $A(s)$ 写成如下特征方程式，各项必须为降幂排列。

$$A(s)=a_n s^n+a_{n-1}s^{n-1}+\cdots+a_1 s+a_0=0 \tag{3-99}$$

将特征方程式(3-99)的各项系数排成如表 3-3 所示的劳斯表。

表 3-3　劳斯表

s^n	a_n	a_{n-2}	a_{n-4}	a_{n-6}	…
s^{n-1}	a_{n-1}	a_{n-3}	a_{n-5}	a_{n-7}	…
s^{n-2}	b_1	b_2	b_3	b_4	
s^{n-3}	c_1	c_2	c_3		
⋮	⋮	⋮	⋮		
s^0	d_1				

表中，$b_1=\dfrac{a_{n-1}a_{n-2}-a_n a_{n-3}}{a_{n-1}}$，$b_2=\dfrac{a_{n-1}a_{n-4}-a_n a_{n-5}}{a_{n-1}}$，$b_3=\dfrac{a_{n-1}a_{n-6}-a_n a_{n-7}}{a_{n-1}}$，…，直至其余 b_i 值等于零为止。

$c_1=\dfrac{b_1 a_{n-3}-a_{n-1}b_2}{b_1}$，$c_2=\dfrac{b_1 a_{n-5}-a_{n-1}b_3}{b_1}$，$c_3=\dfrac{b_1 a_{n-7}-a_{n-1}b_4}{b_1}$，…，直至其余 c_i 值等于零为止。

这一过程一直延续到第 $n+1$ 行。

由表 3-3 可以看出，劳斯表前两行由间隔取特征方程式的系数形成。第一行是奇数项系数，第二行是偶数项系数。其余行按公式计算。表中共有“$n+1$”行，n 为特征方程最高次幂，即系统阶数。同时，为了简化运算，可以用一个正整数去除或乘某一行的各项，并不改变稳定性的结论。

根据劳斯稳定判据，系统稳定的充分必要条件是：①特征方程中的幂次不能缺项；②各项系数均为正值；③劳斯表的第一列系数均为正值。

第四节　频域分析

频域分析法是以输入信号的频率作为变量，对系统的特性在频域范围内进行分析的一种方法。它能借助作图法分析系统的稳定性、响应的快速性和准确性等重要特性，能间接地揭示系统的时域本质，使得系统的物理特性能够清晰地展示出来，能比较方便地判断某些环节或参数对系统性能的影响，并能指出系统究竟应该如何改进。对一些难以用传递函数等数学模型来描述的系统或环节，可以用实验方法来测定或分析，具有很强的实用性。

频域分析法主要适用于线性定常系统，是一种应用十分广泛的工程分析方法。用图解法来表示系统的频率特性，并能从频率特性图，尤其是波德图中判读系统的稳定性、快速性和准确性。

一、频率响应和频率特性

1. 频率响应

频率响应是指系统在正弦变化不同频率的输入情况下的稳态输出响应。它有三点属性，即同频、变幅、相移。下面通过例题进行说明。

例 3-6 如图 3-44 所示 *RC* 网络，在例 3-2 中已推导出其微分方程，其传递函数为一阶惯性系统：$G(s)=\dfrac{C(s)}{R(s)}=\dfrac{1}{RCs+1}=\dfrac{1}{Ts+1}$（$T=RC$，电路的时间常数）。

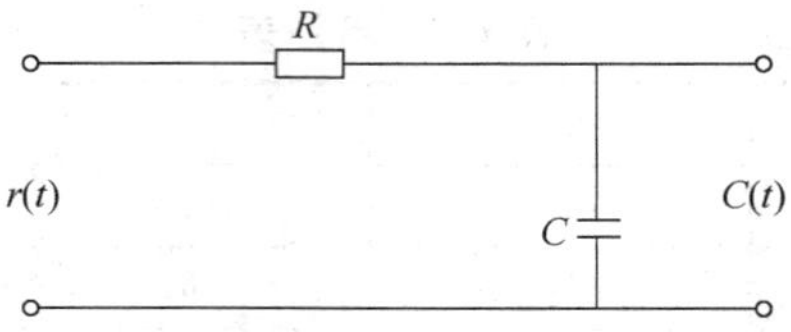

图 3-44 *RC* 低通滤波器

设输入信号为正弦电压函数：

$$r(t)=A\sin\omega t \tag{3-100}$$

式中 A——输入信号的幅值；

ω——输入信号的圆频率，量纲为弧度/秒(rad/s)。

输入信号的拉氏变换式为

$$R(s)=\frac{A\omega}{s^2+\omega^2} \tag{3-101}$$

输出为

$$C(s)=G(s)R(s)=\frac{1}{Ts+1}\cdot\frac{A\omega}{s^2+\omega^2} \tag{3-102}$$

对上式进行拉氏反变换，可得电容两端的输出电压为

$$c(t)=\frac{A\omega T}{1+\omega^2T^2}\mathrm{e}^{-\frac{t}{T}}+\frac{A}{\sqrt{1+\omega^2T^2}}\sin(\omega t-\arctan\omega T) \tag{3-103}$$

式中 第一项是输出的瞬态分量，随着 $t\to\infty$，这个分量趋于零；

第二项是稳态分量。所以系统的稳态响应为

$$\lim_{t\to\infty}(t)=\frac{A}{\sqrt{1+\omega^2T^2}}\sin(\omega t-\arctan\omega T) \tag{3-104}$$

由式(3-104)可知，系统的稳态输出也是正弦电压，与输入是同一频率。输出幅值与输入幅值相比，从 $A\Rightarrow\dfrac{A}{\sqrt{1+\omega^2T^2}}$，即输出输入幅值比为$\dfrac{1}{\sqrt{1+\omega^2T^2}}$。输出相角与输入相角相比滞后，从 $0\Rightarrow-\arctan\omega T$，即输出输入相位差为$-\arctan\omega T$。无论是幅值比还是相位差，都是频率 ω 的函数。当频率一定时，稳态输出与输入的幅值比和相位差是一定的；当频率改变时，

它们也随着频率的变化而变化。

2. 频率特性

频率特性是指系统在正弦输入时的稳态输出随频率的变化关系。在例 3-6 中得知，系统输出输入的幅值比和相位差都是频率 ω 的函数，频率特性研究的就是当频率从 $0\to\infty$变化时，幅值比和相位差的变化特性。例 3-6 所示的一阶系统，其幅值比随频率的变化规律是

$$A(\omega)=\frac{1}{\sqrt{1+\omega^2T^2}} \tag{3-105}$$

其相位差随频率的变化规律是

$$\varphi(\omega)=-\arctan\omega T \tag{3-106}$$

式(3-105)和式(3-106)就构成了一阶系统的频率特性，分别称为幅频特性和相频特性。例 3-6 所示一阶系统，其幅频特性和相频特性随频率的变化是当 ω 从 $0\to\infty$变化时，$A(\omega)$从 $1\to0$、$\varphi(\omega)$从$0°\to-90°$。

幅频特性和相频特性构成了系统的频率特性。频率特性还可以由其他形式构成，比如实频特性和虚频特性。

任意系统的频率特性的获得并非一定要按例 3-6 所示的步骤。在例 3-6 系统中传递函数 $G(s)$，令 $s=\mathrm{j}\omega$，得

$$G(\mathrm{j}\omega)=G(s)\big|_{s=\mathrm{j}\omega}=\frac{1}{\mathrm{j}\omega T+1} \tag{3-107}$$

$G(\mathrm{j}\omega)$是一个复变函数，将其分解为实部和虚部

$$G(\mathrm{j}\omega)=\frac{1}{\mathrm{j}\omega T+1}=\frac{1-\mathrm{j}\omega T}{(1+\mathrm{j}\omega T)(1-\mathrm{j}\omega T)}=\frac{1}{1+\omega^2T^2}+\mathrm{j}\,\frac{-\omega T}{1+\omega^2T^2} \tag{3-108}$$

由式(3-108)可得，$G(\mathrm{j}\omega)$的模和相角分别是

$$|G(\mathrm{j}\omega)|=\sqrt{\left[\frac{1}{1+\omega^2T^2}\right]^2+\left[\frac{-\omega T}{1+\omega^2T^2}\right]^2}=\frac{1}{\sqrt{1+\omega^2T^2}} \tag{3-109}$$

$$\angle G(\mathrm{j}\omega)=\arctan\frac{\dfrac{-\omega T}{1+\omega^2T^2}}{\dfrac{1}{1+\omega^2T^2}}=-\arctan\omega T \tag{3-110}$$

由式(3-109)和式(3-110)可得，$G(\mathrm{j}\omega)$的模和相角正好是式(3-105)和式(3-106)所表示的一阶系统的幅频特性和相频特性，即对于一阶系统，$G(\mathrm{j}\omega)$就是其频率特性。在传递函数 $G(s)$中，令 $s=\mathrm{j}\omega$ 即可。任何线性定常系统的频率特性都可以这样取得，即设 $G(\mathrm{j}\omega)$为频率特性

$$G(\mathrm{j}\omega)=G(s)\big|_{s=\mathrm{j}\omega} \tag{3-111}$$

已知，频率特性 $G(\mathrm{j}\omega)$可以由幅频特性 $A(\omega)$和相频特性 $\varphi(\omega)$构成

$$A(\omega)=|G(\mathrm{j}\omega)| \tag{3-112}$$

$$\varphi(\omega)=\angle G(\mathrm{j}\omega) \tag{3-113}$$

由式(3-108)，$G(\mathrm{j}\omega)$由实部和虚部构成

$$G(\mathrm{j}\omega)=P(\omega)+\mathrm{j}Q(\omega) \tag{3-114}$$

式(3-114)中，$P(\omega)$、$Q(\omega)$分别表示实频特性和虚频特性

$$P(\omega)=\mathrm{Re}[G(\mathrm{j}\omega)] \tag{3-115}$$

$$Q(\omega)=\mathrm{Im}[G(\mathrm{j}\omega)] \tag{3-116}$$

幅相频率特性$A(\omega)$、$\varphi(\omega)$和实虚频率特性$P(\omega)$、$Q(\omega)$之间的关系如下

$$A(\omega)=\sqrt{P^2(\omega)+Q^2(\omega)} \tag{3-117}$$

$$\varphi(\omega)=\arctan\frac{Q(\omega)}{P(\omega)} \tag{3-118}$$

$$P(\omega)=A(\omega)\cos[\varphi(\omega)] \tag{3-119}$$

$$Q(\omega)=A(\omega)\sin[\varphi(\omega)] \tag{3-120}$$

二、奈奎斯特图和波德图

常用奈奎斯特图和波德图对控制系统进行分析和设计，找出改善系统性能的方法和途径。

1. 奈奎斯特图

奈奎斯特(Nyquist)图又称幅相频率特性图或极坐标图。其特点是把频率作为参变量。当ω从$0\to\infty$变化时，将频率特性的幅频和相频特性或实频和虚频特性表示在复平面上。

对于给定的ω，可以在复平面上用一矢量来表示$G(\mathrm{j}\omega)$，矢量的长度为幅值$A(\omega)$，与正实轴的夹角为相位$\varphi(\omega)$(逆时针为正值，顺时针为负值)。当ω从$0\to\infty$变化时，$G(\mathrm{j}\omega)$端点的轨迹即为奈奎斯特图。

采用实例说明奈奎斯特图的绘制。

例 3-7 用幅相频率特性绘制例 3-6 中RC低通滤波器的奈奎斯特图。

解： 已知该RC回路的传递函数为

$$G(s)=\frac{1}{Ts+1}$$

则，频率特性为

$$G(\mathrm{j}\omega)=\frac{1}{\mathrm{j}\omega T+1}$$

幅频特性$A(\omega)$和相频特性$\varphi(\omega)$分别为

$$A(\omega)=|G(\mathrm{j}\omega)|=\frac{1}{\sqrt{1+\omega^2T^2}}$$

$$\varphi(\omega)=\angle G(\omega)=-\arctan\omega T$$

设时间常数$T=0.5$s，得到以下表格的计算结果。

表 3-4 幅频特性$A(\omega)$和相频特性$\varphi(\omega)$计算表

ω/(rad/s)	0	0.2	0.4	0.6	0.8	1	2	4	10	20	50	∞
$A(\omega)$	1.00	1.00	0.98	0.96	0.93	0.89	0.707	0.45	0.20	0.10	0.01	0.00
$\varphi(\omega)$/(°)	0.00	-5.71	-11.31	-16.70	-21.80	-26.57	-45	-63.43	-78.69	-84.29	-87.71	-90.00

注：$\omega=0.1/T$，∞为关键点，在$\omega=1/T$左右各取若干点，这里$T=0.5$。

在复平面坐标上逐一描点，从最小的ω值起，在上面表格中查得对应的$A(\omega)$和$\varphi(\omega)$，

借助圆规和量角器可确定一点，并标上该点的 ω 值。再取次小的 ω 值，再确定一点，同样标上该点的 ω 值。直到 $\omega\to\infty$，关键点不可遗漏。最后把这些点光滑连接起来，用箭头标明 ω 的增大方向，即形成奈奎斯特曲线。见图 3-45。

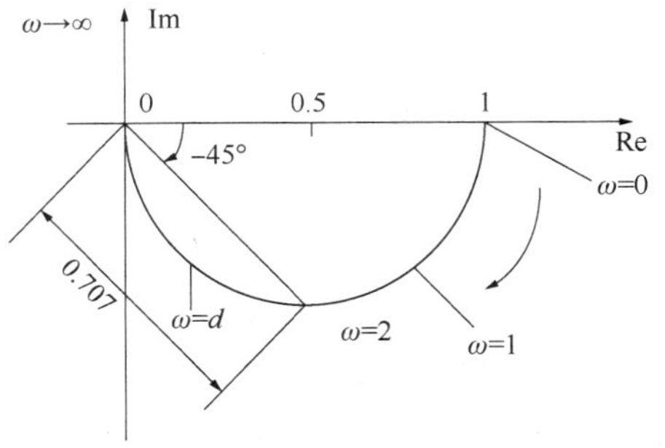

图 3-45　用幅频特性绘制的奈奎斯特图[$G(j\omega)=1/(j0.5\omega+1)$]

从绘制好的奈奎斯特曲线中可以了解该系统的频率特性。例如，在 $\omega=0$ 时，输出输入幅值比最大，达到 1∶1。随着 ω 的增大，输出幅值逐渐减小，在 $\omega\to\infty$变化时，奈奎斯特曲线上对应点为原点，即输出幅值衰减为零。而在相频特性上，在 $\omega=0$ 时，输出输入相位差为零，即没有滞后。随着输出的增大，相位逐渐滞后。在 $\omega\to\infty$变化时，极限滞后为-90°，也就是输出落后输入 1/4 个周期。

用幅相频率特性手工绘制奈氏曲线比较麻烦，一般可取 6~8 点粗略绘制。借助 MATLAB 工具，可方便地绘制出精确的奈氏曲线。

2. 波德图

波德(Bode)图又称对数频率特性曲线，由对数幅频曲线和对数相频曲线组成。

(1) 波德图横坐标

波德图的横坐标是频率 ω，量纲为(rad/s)。见图 3-46。

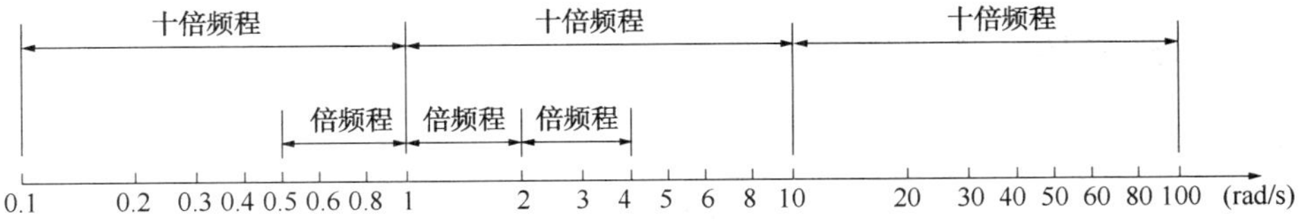

图 3-46　波德图横坐标为对数分度的频率 ω

波德图的横坐标有下列特点：

① 横坐标按对数分度 $\lg\omega$，但标注的是 ω 本身。

② 横坐标扩展了低频段，有益于详尽展现低频特性；压缩了高频段，有效地拓宽了频率展示范围。

③ 横坐标上频率每变化一倍范围称为倍频程，每个倍频程宽度相等。频率每变化十倍范围，称为十倍频程(记作 dec)，每个十倍频程宽度也相等。

④ 横坐标左右都可无限扩展频率范围，左端可趋于零，但永远不会等于零。右端可趋于无穷大。实际使用时，总是截取其中一段，通常是 2~4 个十倍频程即可表现一个系统的频率特性。

⑤ 实际绘制横坐标时，总是先根据要展现的频率特性，决定所需的十倍频程数量及起

始和终止频率值，然后在一个倍频程内部也要为对数分度。

（2）波德图纵坐标

波德图的纵坐标有上下两个，上面的纵坐标用于幅频曲线 $L(\omega)$，线性分度，单位是分贝（dB）。$L(\omega)$按下式求取

$$L(\omega)=20\lg A(\omega) \tag{3-121}$$

下面的纵坐标用于相频曲线 $\varphi(\omega)$，线性分度，单位是度（°）。通常以 45°、90°、180°等为增量。

把横、纵坐标合在一起，即构成完整的波德图。绘制波德图坐标时要注意：

① 幅频曲线和相频曲线属于同一张图，不能分开。

② 横坐标位于幅频曲线的 0dB 和相频曲线的 0°两条曲线所使用的横坐标必须相同。

③ 横坐标与纵坐标的交点不是原点，对数坐标中不可能出现 $\omega=0$。

图 3-47 为例 3-7 低通滤波器的波德图。由图得，该系统的幅频特性 $L(\omega)$（渐近线）存在一个转折频率 $\omega=1/T$。在转折频率之前，$L(\omega)=0$dB，表示系统的输出幅值与输入幅值相等。在转折频率之后，$L(\omega)<0$dB，且 ω 越大下降越多，表示系统的输出幅值随 ω 增大逐渐衰减，直至为零。该系统的相频特性 $\varphi(\omega)$ 也是随 ω 增大而下降，在低频处为 0°，以后均小于 0°，负值表示滞后。$\varphi(\omega)$ 在转折频率处为−45°，是最大滞后的一半，在 $\omega\to\infty$ 变化时，达到极限值−90°。这些分析结论都与奈奎斯特图一致。显然，波德图对于频率特性表达得更清晰直观，它还可以迅速地查到任一频率时的幅值和相位值。

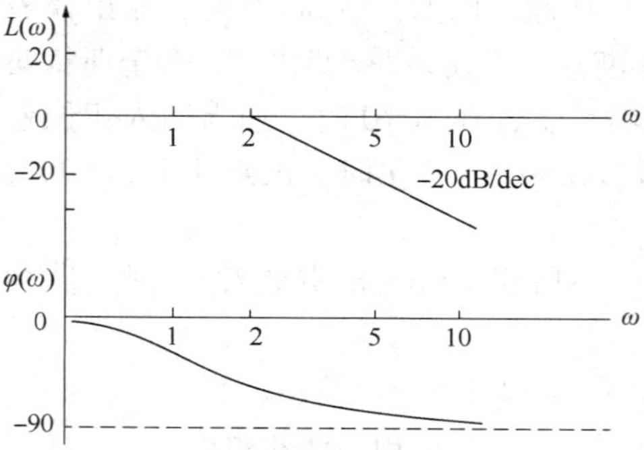

图 3-47 频率特性的 [$G(j\omega)=1/(j0.5\omega+1)$] 波德图

三、典型环节的频率特性

1. 比例环节

传递函数：$G(s)=K$

频率特性：$G(j\omega)=K$

幅频特性和相频特性：

$$\begin{cases}A(\omega)=K\\ \varphi(\omega)=0°\end{cases} \tag{3-122}$$

实频和虚频特性：

$$\begin{cases}P(\omega)=K\\ Q(\omega)=0\end{cases} \tag{3-123}$$

对数频率特性：

$$\begin{cases}L(\omega)=20\lg K\\ \varphi(\omega)=0°\end{cases} \tag{3-124}$$

（1）奈奎斯特图

比例环节的频率特性 $G(\mathrm{j}\omega)=K$ 是常数，不发生变化，故其奈奎斯特曲线是复平面实轴上的一定点，其坐标为$(K,\ \mathrm{j}0)$，如图 3-48 所示。

（2）波德图

从式(3-124)可知，波德图幅频曲线是一条高度为 $20\lg K$ 且平行于频率轴的直线，即输出输入幅值比在任何频率下都相等。改变 K 值，$L(\omega)$直线的位置上下移动。相频曲线恒为 $0°$，即输出输入完全同步。波德图如图 3-49 所示。

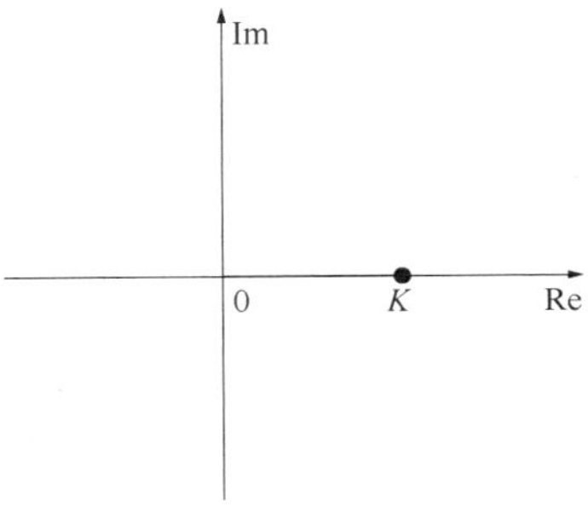

图 3-48　比例环节奈奎斯特曲线

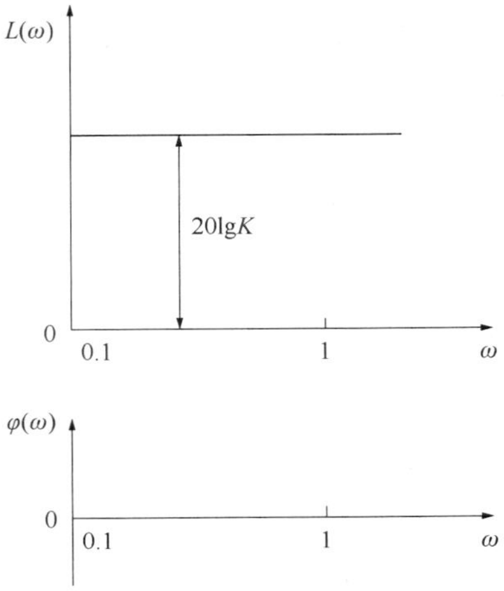

图 3-49　比例环节的波德图

2. 积分环节

传递函数：

$$G(s)=\frac{1}{s}$$

频率特性：

$$G(\mathrm{j}\omega)=\frac{1}{\mathrm{j}\omega}=-\mathrm{j}\frac{1}{\omega}$$

幅频特性和相频特性：

$$\begin{cases}A(\omega)=\dfrac{1}{\omega}\\ \varphi(\omega)=-\dfrac{\pi}{2}=-90°\end{cases}\tag{3-125}$$

实频特性和虚频特性：

$$\begin{cases}P(\omega)=0\\ Q(\omega)=-\omega\end{cases}\tag{3-126}$$

对数频率特性：

$$\begin{cases}L(\omega)=20\lg\dfrac{1}{\omega}=-20\lg\omega\\ \varphi(\omega)=-90°\end{cases}\tag{3-127}$$

（1）奈奎斯特图

从式(3-126)可知，当 ω 从 $0\to\infty$ 变化时，积分环节的奈奎斯特曲线是复平面上虚轴的下半轴，从无穷远点指向原点，如图 3-50 所示。

（2）波德图

由式(3-127)得：

当 $\omega=1$，$L(1)=-20\lg 1=0(\text{dB})$；

当 $\omega=\omega_1$，$L(\omega_1)=-20\lg\omega_1(\text{dB})$；

当 $\omega=\omega_2=10\,\omega_1$，$L(\omega_2)=-20\lg\omega_2=-20-20\lg\omega_1(\text{dB})$。

当频率增大一个十倍频程，幅值下降 20dB。由于 $\omega=\omega_1$ 可取为任意一点，所以积分环节的幅频特性是一条向下倾斜的直线，该直线在ω_1处过零分贝线，直线斜率为-20dB/dec。

由式(3-127)可知，积分环节的相频特性恒为-90°，在波德图上为一条水平直线。还可以推得，如果两个积分环节串联，传递函数为 $G(s)=1/s^2$时，其波德图幅频曲线是一条在 $\omega=1$ 处过零分贝线，斜率为-40dB/dec 的直线。相频曲线特性为一条-180°的水平直线。见图 3-51。

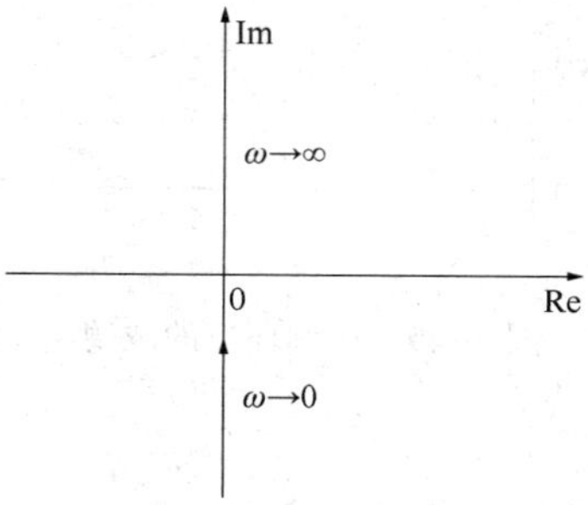

图 3-50　积分环节的奈奎斯特图

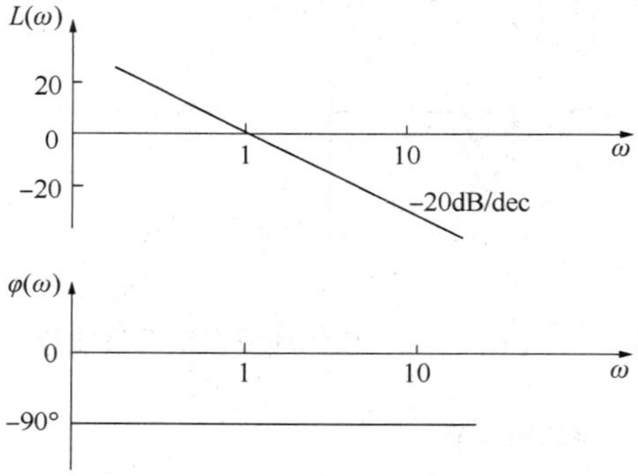

图 3-51　积分环节的波德图

3. 一阶惯性环节

传递函数：

$$G(s)=\frac{1}{Ts+1}$$

频率特性：

$$G(j\omega)=\frac{1}{j\omega T+1}=\frac{1}{1+\omega^2T^2}+j\frac{-\omega T}{1+\omega^2T^2}$$

幅频特性和相频特性：

$$\begin{cases}A(\omega)=\dfrac{1}{\sqrt{1+\omega^2T^2}}\\ \varphi(\omega)=-\arctan\omega T\end{cases}\tag{3-128}$$

实频特性和虚频特性：

$$\begin{cases}P(\omega)=\dfrac{1}{1+\omega^2T^2}\\ Q(\omega)=-\dfrac{\omega T}{1+\omega^2T^2}\end{cases}\tag{3-129}$$

对数特性：

$$\begin{cases} L(\omega)=20\lg\dfrac{1}{\sqrt{1+\omega^2T^2}}=-20\lg\sqrt{1+\omega^2T^2} \\ \varphi(\omega)=-\arctan\omega T \end{cases} \tag{3-130}$$

（1）奈奎斯特图

在例 3-7 中绘制过一阶惯性环节（时间常数 $T=0.5$）的奈奎斯特图。T 等于其他任意数值时可参照此种画法。具体方法是采用实频特性和虚频特性制作数值表，然后描点成曲线。

（2）波德图

从式(3-130)可知，当 ω 从 $0\to\infty$ 变化时，惯性环节的对数幅频特性曲线是一条曲线。工程上有更实用更简便的近似绘制方法。即先做出 $L(\omega)$ 的渐进线，然后进行误差修正。与手工绘制相比，其精度足够可以保证。

在低频时，$\omega\ll 1/T$，由式(3-130)得

$$L(\omega)=-20\lg\sqrt{1+\omega^2T^2}\approx-20\lg 1=0\text{dB}$$

这是一条零分贝的水平线。

在高频时，$\omega\gg 1/T$，由式(3-130)得

$$L(\omega)=-20\lg\sqrt{1+\omega^2T^2}\approx 20\lg\omega T=-20\lg T-20\lg\omega$$

与积分环节相同，是一条斜率为-20dB/dec 的斜直线。

两条渐进线的交点在 $\omega_T=1/T$，这个点是关键点，改点的频率 $\omega=\omega_T$ 被称为转折频率。波德图如图 3-52 所示。

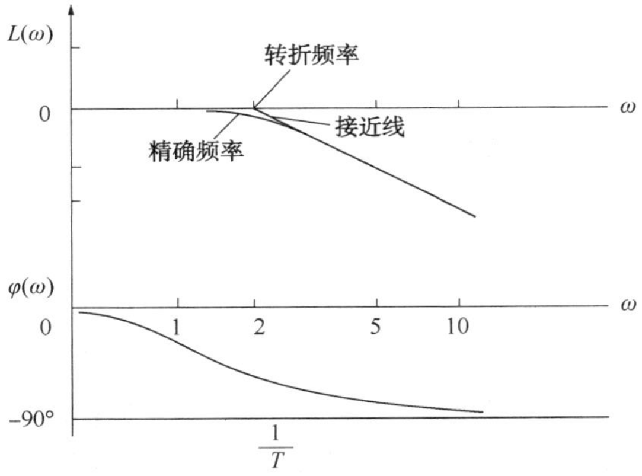

图 3-52 一阶惯性环节波德图

四、稳定性的频域判据

常用的两种稳定判据是奈奎斯特稳定判据和对数频率（波德图）稳定判据。由于波德图能够展现系统的稳、准、快多项性能指标，具有多功能性，因而更受工程技术人员的欢迎。

1. 奈奎斯特稳定判据

设系统开环传递函数为 $G(s)H(s)$，若系统是开环稳定的，则闭环系统稳定的充要条件是：当 ω 由 $0\to\infty$ 变化时，系统的开环奈奎斯特曲线 $G(j\omega)H(j\omega)$ 不包围点(-1，j0)，否则不稳定。

2. 对数频率（波德图）稳定判据

与奈奎斯特图的绘制相比，波德图的绘制更为简单、方便。波德图判据的理论基础来自奈奎斯特判据。

在奈奎斯特坐标上画一个半径为 1 的单位圆，点(-1，j0)就在单位圆上，如图 3-53 所示。该图描述的是一个稳定的奈氏曲线。奈奎斯特曲线先穿越单位圆，再穿越负实轴。图中 ω_c 是奈氏曲线与单位圆的交点频率，ω_g 是奈奎斯特曲线与负实轴的交点频率。

图 3-54 是一个不稳定的奈奎斯特曲线，该曲线先穿越负实轴，再穿越单位圆。

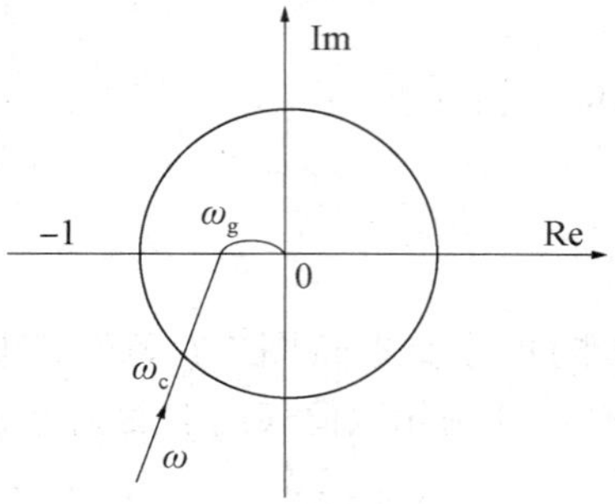

图 3-53　稳定的奈奎斯特曲线与单位圆

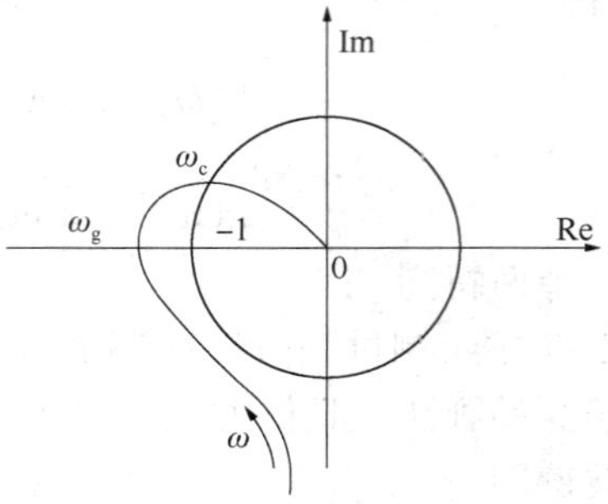

图 3-54　不稳定的奈奎斯特曲线与单位圆

图 3-55 是奈奎斯特图与波德图的对应关系，由图得知：

① 奈奎斯特图上的单位圆对应于波德图上的零分贝线。大于单位圆的幅值，即 $A(\omega)>1$，转换到波德图幅频曲线中是 $L(\omega)>0\text{dB}$。

② 奈奎斯特图上的负实轴对应于波德图相频坐标上的-180°线。因此称幅频曲线与 0dB 的交点频率 ω_c 为幅值穿越频率，相频曲线与-180°的交点频率 ω_g 为相位穿越频率。

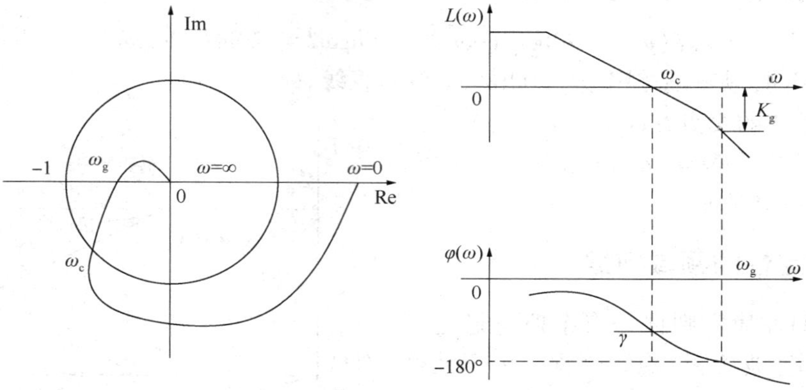

图 3-55　奈奎斯特图与波德图的对应关系

根据穿越的先后关系，推导出波德图判据。已知如图 3-55 所示的奈奎斯特曲线是稳定的，对应在波德图上即 $\omega_c<\omega_g$。由此导出波德图判据：

对于开环稳定的系统，在其开环波德图中，当 $\varphi(\omega_c)>-180°$、$r>0$ 时，系统闭环稳定，否则是闭环不稳定。

奈奎斯特判据奠定了稳定性频域判据的理论基础。上述波德图判据虽是根据奈奎斯特判据导出，但严格来说，奈奎斯特图与波德图的对应关系并非如此简单，因此该波德图判据在理论上并不严密。当遇到波德图幅频曲线多次上下穿越零分贝线时，应采用奈奎斯特判据。

3. 系统的相对稳定性及稳定裕量

在分析或设计一个实际生产过程的控制系统时，仅仅知道系统是否稳定是不够的，还需要知道系统的相对稳定性是否符合生产过程的要求。因为一个虽然稳定，但一经扰动就会不稳定的系统是不能投入实际使用的，同时由于数学建模的误差，分析过程的误差及系统工作过程中元件的参数可能发生变化等，要求设计的控制系统不仅稳定，而且应具有一定的稳定裕量。

用系统开环波德图来讨论稳定裕量。已知波德图稳定判据：当 $\varphi(\omega_c)>-180°$时，系统闭环稳定。显然，$\varphi(\omega_c)$高于$-180°$线越多，则系统的相对稳定性越好；反之，若$\varphi(\omega_c)$越靠近$-180°$线，则其相对稳定性就越差。如果$\varphi(\omega_c)=-180°$，则系统处于临界稳定状态。可以用相位裕量和幅值裕量两个性能指标来衡量系统的相对稳定性。

（1）相位裕量γ

相位裕量γ定义为

$$\gamma=\varphi(\omega_c)-(-180°)=\varphi(\omega_c)+180° \tag{3-131}$$

相位裕量γ是指在穿越频率ω_c处，使系统达到临界稳定状态尚可附加的相位滞后量。一般，γ值越大，系统的相对稳定性越好。在工程中，通常要求γ在30°~60°。

（2）幅值裕量K_g

幅值裕量K_g的定义为

$$K_g(\mathrm{dB})=-L(\omega_c) \tag{3-132}$$

幅值裕量（又称增益裕量）是指系统在变成不稳定之前，增益还能提升多少。若系统的开环增益增加到当前增益的K_g倍，则闭环系统处于临界稳定状态。一般地，K_g值越大，说明系统的相对稳定性越好；而当$K_g<0\mathrm{dB}$时，对应的闭环系统不稳定。工程中，一般要求幅值裕量大于6dB。

相位裕量γ和幅值裕量K_g可从波德图上直接量取。所以即使手工绘制波德图，也有一定的精度要求，否则γ和K_g的测量误差有可能较大。必要时，可通过计算式（3-131）和式（3-132）校验。

思考与练习

1. 建立下图所示各系统的微分方程［其中外力$f(t)$、位移$x(t)$和电压$u(t)$为输入量，位移$y(t)$和电压$U_c(t)$为输出，k（弹性系数）、R（电阻）、C（电容）和m（质）均为常数］。

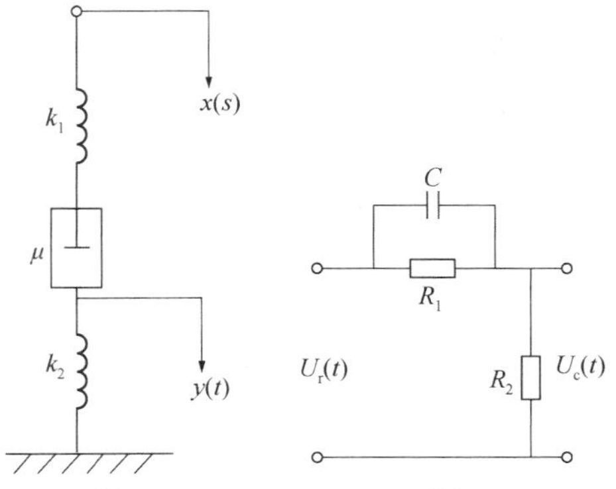

2. 求下列函数的拉氏变换。

（1）$f(t)=1+4t+t^2$

（2）$f(t)=\sin4t+\cos4t$

（3）$f(t)=t^3+e^{4t}$

（4）$f(t)=t^n e^{\omega t}$

(5) $f(t)=(t-1)^2e^{2t}$

3. 求下列格式拉氏变换的原函数。

(1) $F(s)=\dfrac{s+1}{(s+2)(s+3)}$

(2) $F(s)=\dfrac{2s^2-5s+1}{s(s^2+1)}$

(3) $F(s)=\dfrac{s+1}{s(s^2+2s+2)}$

(4) $F(s)=\dfrac{e^{-s}}{s-1}$

(5) $F(s)=\dfrac{1}{s(s+2)^3(s+3)}$

4. 求解下图的传递函数。

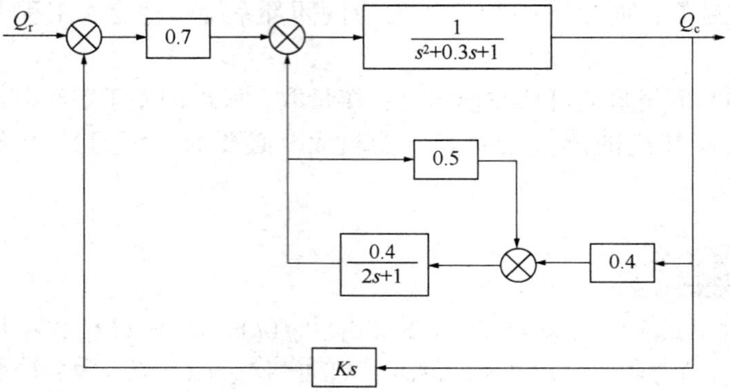

5. 用方块图等效变换求解下图各系统的传递函数$\dfrac{C(s)}{R(s)}$。

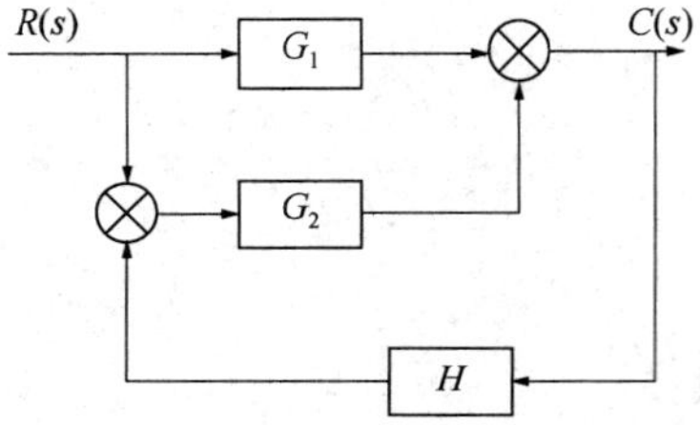

(a)

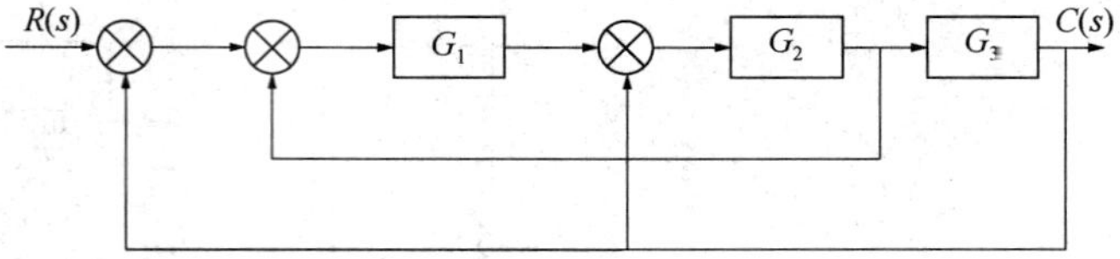

(b)

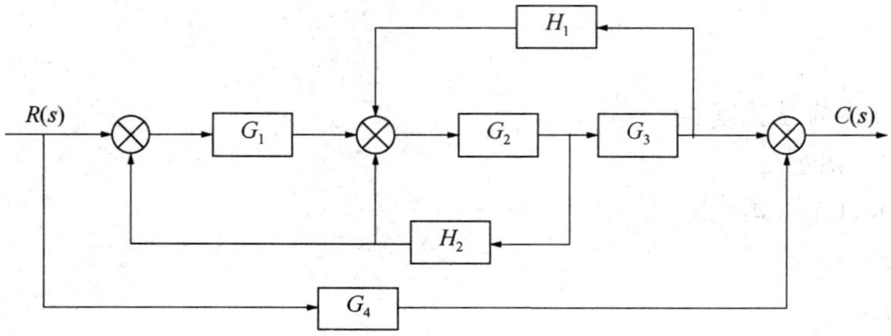

(c)

第四章　残余应力检测

各种材料成型工艺(如铸造、切削、焊接、热处理等)都会使工件内出现不同程度的残余应力。残余应力将会对材料的物理力学性能产生巨大影响，对结构的强度造成很大危害。研究和检测材料中的残余应力对生产和科学试验都有非常重要的意义。

第一节　残余应力

残余应力是当没有外力作用时，以平衡状态存在于物体内部的应力。随材料性能、产生条件等的不同而不同，分类方法也不一致。按作用范围，残余应力可分为宏观残余应力与微观残余应力。

一、宏观残余应力

宏观残余应力又称为第一类残余应力，是在宏观区域分布、跨越多个晶粒的平均应力。其大小、方向和性质等可用常规的物理或机械方法进行测量。按残余应力产生的原因可将其分为以下三种：

1. 不均匀塑性变形产生的残余应力

材料通常由于加工的原因而引起不均匀的塑性变形，即材料的不同部分，其塑性变形量不相同，这样必然会在不同部分之间出现相对的压缩或拉伸变形，从而产生残余应力。滚压、拉拔、挤压、切削、喷丸等加工工艺都会引起不均匀的塑性变形。

2. 热影响产生的残余应力

热影响产生的残余应力比较复杂。在加热或冷却的过程中，材料内部会存在温度梯度，由于这种不均匀加热或冷却造成不均匀的热胀冷缩，从而产生热应力。当组织转变引起材料内部产生不均匀的体积变化时，则产生相变应力。由于热影响而产生塑性变形时，材料本身的屈服强度及弹性模量等力学特征值也要受到影响，从而也会影响应力变化。

3. 化学作用产生的残余应力

这种残余应力是由于表面向内部传递的化学变化或物理变化而产生的。比如瓷器，它是在表面涂上釉子原料，然后加热形成釉子，由于釉子有较大的膨胀系数，冷却后在釉子上产生拉应力而发生龟裂。裂纹是有规律的，每条裂纹大都和另一裂纹互相连接起来，这种龟裂能使沿其垂直方向的拉应力消失。而泥土龟裂所形成的裂纹交角恰好为120°的星形裂纹。再如钢材在进行渗氮时，表面会产生比体积较大的化合物层，表面便产生了很大的残余压应力。渗碳时也会发生类似情况。这主要是因为化学变化导致密度变化所造成的。

二、微观残余应力

微观残余应力属于显微视野范围内的应力，根据其作用的范围，又可分为两类，即第二类、第三类残余应力。第二类残余应力作用于晶粒或亚晶粒之间（在 0.01～1mm 范围内）。第三类残余应力作用于晶粒内部（在 10^{-6}～10^{-2}mm 范围内）。残余应力的分类见表 4-1。

表 4-1　残余应力分类表

残余应力	领域的长度/mm							
	10	1	10^{-1}	10^{-2}	10^{-3}	10^{-4}	10^{-5}	0^{-6}
第一类	不均匀的外部载荷引起的应力							
第二类			结构的残余应力					
第三类					晶体内的残余应力			
							位错引起的残余应力	

按照残余应力产生的原因，微观残余应力可分为以下三种：

1. 由于晶粒的各向异性而产生的微观残余应力

这种残余应力包括晶体的热膨胀系数、弹性模量等的各向异性及因晶粒间的方位不同而产生的微观残余应力。以晶体弹性模量的各向异性为例，铅的单晶体的弹性模量随晶体方位不同有 1～3 倍的变化、锌的单晶体有 1～4 倍的变化。绝大多数金属的弹性模量都具有各向异性，其弹性模量一般以晶体的<111>方向为最大、<100>方向为最小。在多晶体中，由于各晶粒的方向不同，即使所施加的外力是均匀的，各晶粒的变形也可能不同，此时若有塑性变形发生，各晶粒的塑性变形也会不均匀，因此必然引起残余应力。

2. 由于晶粒内外的塑性变形而产生的残余应力

这种残余应力包括晶粒内的滑移、穿过晶粒间的滑移及双晶的形成等而产生的微观残余应力。例如，晶粒内有滑移变形，位错就会在晶界堆积，还可能穿过晶界在更广的范围内进行滑移，显示出折曲带等情况。由于位错穿过晶粒并不消失，因此这时也会在组织内不均匀地形成各种内部缺陷。这些就成为外力去除后产生微观残余应力的主要原因。

3. 由于夹杂物、沉淀相或相变出现不同相变而产生的微观残余应力

在金相组织内，当夹杂物、沉淀相或相变而出现不同相变时，由于体积变化及热应力的作用，可能产生相当大的微观残余应力。

三、残余应力检测技术概述

残余应力的检测技术始于 20 世纪 30 年代，自 20 世纪 50 年代末到 70 年代初，随着微电子技术的发展和计算机的普遍应用，残余应力的检测技术取得了突破性的进展。测试仪器不断改造，试验方法逐步规范，测量数据的可信度大大提高。发展至今共形成了数十种检测方法，目前传统残余应力的检测方法主要分为两大类。

1. 有损检测（机械法）

机械法有取条法、切槽法、剥层法、盲孔法等。机械法测量残余应力要释放应力，这就

需要对工件局部分离或者分割，从而会对工件造成一定的损伤或者破坏，但机械法理论完善、技术成熟，目前在现场测试中被广泛应用，其中尤以浅盲孔法的破坏性最小。

2. 无损检测(物理检测法)

物理检测法主要有X射线法、中子衍射法、超声法和磁测法。这些方法均属于无损检测法，对工件不会造成破坏。近年来，随着现代工业的发展，涌现了一批新的残余应力测量技术，如纳米压痕法、磁记忆应力检测法、扫描电子声显微镜、激光超声检测法等。

第二节 残余应力有损检测方法

机械法检测残余应力是采用机械加工的手段，对被测构件进行部分加工或完全剥离，使被测构件上的残余应力部分释放或完全释放，利用电阻应变计测出残余应力的方法。机械法检测残余应力常用的方法主要有盲孔法、剥层法、环芯法、剖分法、切槽法、切取法和逐层铣削法。

一、盲孔法

盲孔法是由 Mather. J 在 1932 年提出，后由 Soete 发展完善而形成系统理论。该方法的基本思想是：在有一定初应力的构件表面钻一个直径 $2R$(约 2mm)、深度 $h(h>2R)$的小盲孔，在盲孔附近表面由于释放部分应力而产生相应的位移和应变。

盲孔法是工程中最通用的一种残余应力测定方法，但其测量精度受许多因素的影响。这些因素主要包括：基本力学模型、孔边塑性变形、钻削附加应变、操作工艺及设备仪器而带来的误差。操作工艺方面的因素主要包括：孔位偏移、孔径和孔深误差、应变片粘贴质量及灵敏度误差等。

二、检测原理

假设一块各向同性的材料中存在残余应力，若钻一小孔，孔边的径向应力下降为零，孔边附近的应力则会重新分布，如图 4-1 所示。

阴影部分为钻孔后应力的变化，该应力变化称为释放应力。用应变计测出此释放应力。采用极坐标 r、θ，如图 4-2 所示，构件上 $P(r, \theta)$点的应力状态为

$$\begin{cases}\sigma_{r0}=\dfrac{1}{2}(\sigma_1+\sigma_2)+\dfrac{1}{2}(\sigma_1-\sigma_2)\cos2\theta \\ \sigma_{\theta0}=\dfrac{1}{2}(\sigma_1+\sigma_2)-\dfrac{1}{2}(\sigma_1-\sigma_2)\cos2\theta \\ \tau_{r\theta0}=\dfrac{1}{2}(\sigma_1-\sigma_2)\sin2\theta\end{cases} \tag{4-1}$$

式中 σ_1，σ_2——工件内的两个主应力；

θ——参考轴与主应力 σ_1 方向的夹角；

σ_{r0}——径向应力；

$\sigma_{\theta0}$——切向应力；

$\tau_{r\theta0}$——切应力。

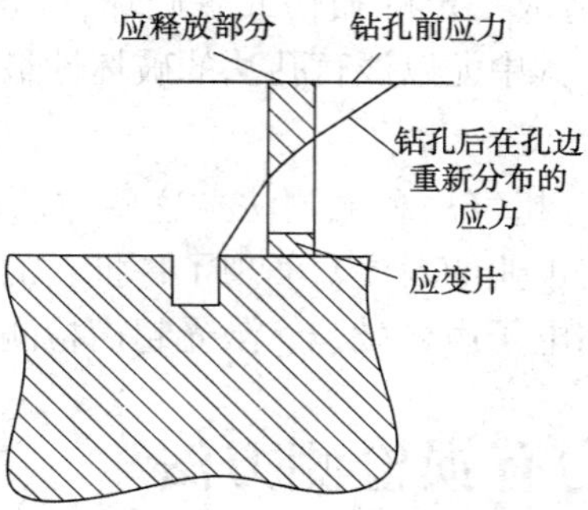

图 4-1　盲孔法应力释放原理图

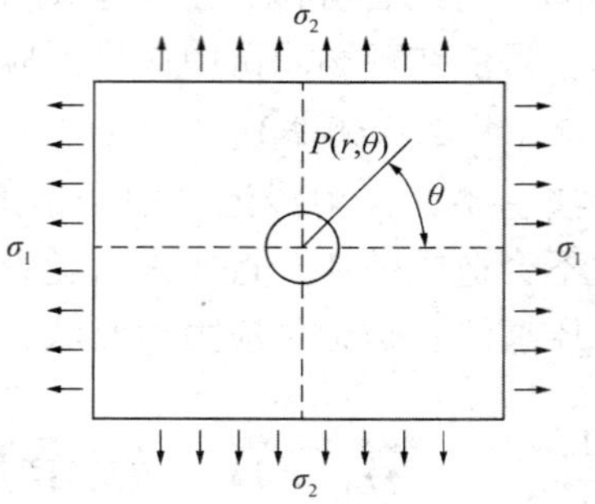

图 4-2　盲孔法

若钻一半径为 a 的小孔，则钻孔后 P 点的应力状态为

$$\begin{cases}\sigma_{r1}=\dfrac{\sigma_1+\sigma_2}{2}(1-\dfrac{a^2}{r^2})+\dfrac{\sigma_1-\sigma_2}{2}(1+\dfrac{3a^4}{r^4}-\dfrac{4a^2}{r^2})\cos 2\theta \\ \sigma_{\theta 1}=\dfrac{\sigma_1+\sigma_2}{2}\left(1+\dfrac{a^2}{r^2}\right)-\dfrac{\sigma_1-\sigma_2}{2}\left(1+\dfrac{3a^4}{r^4}\right)\cos 2\theta \\ \tau_{r\theta 1}==\dfrac{\sigma_1-\sigma_2}{2}\left(1-\dfrac{3a^4}{r^4}+\dfrac{2a^2}{r^2}\right)\sin 2\theta\end{cases} \tag{4-2}$$

钻孔前后应力发生变化，即释放应力为

$$\sigma_r=\begin{cases}\sigma_{r1}-\sigma_{r0}=-\dfrac{\sigma_1+\sigma_2}{2}\times\dfrac{a^2}{r^2}+\dfrac{\sigma_1-\sigma_1}{2}(\dfrac{3a^4}{r^4}-\dfrac{4a^2}{r^2})\cos 2\theta \\ \sigma_\theta=\sigma_{\theta 1}-\sigma_{\theta 0}=\dfrac{\sigma_1+\sigma_2}{2}\times\dfrac{a^2}{r^2}-\dfrac{\sigma_1-\sigma_2}{2}\times\dfrac{3a^4}{r^2}(\cos 2\theta) \\ \tau_{r\theta}=\tau_{r\theta 1}-\tau_{r\theta 0}=-\dfrac{\sigma_1-\sigma_2}{2}\left(-\dfrac{3a^4}{r^4}+\dfrac{2a^2}{r^2}\right)\sin 2\theta\end{cases} \tag{4-3}$$

根据胡克定律有

$$\varepsilon_r=\frac{1}{E}(\sigma_r-\nu\sigma_\theta) \tag{4-4}$$

则 P 点的径向释放应变为

$$\varepsilon_r=\frac{1}{E}\left\{\frac{\sigma_1+\sigma_2}{2}\left[-(1+\nu)\frac{a^2}{r^2}\right]+\frac{\sigma_1-\sigma_2}{2}\left[3(1+\nu)\frac{a^4}{r^4}-\frac{4a^2}{r^2}\right]\cos 2\theta\right\} \tag{4-5}$$

令

$$\begin{cases}A=-\dfrac{1+\nu}{2}\times\dfrac{a^2}{r^2} \\ B=\dfrac{1}{2}\left[3(1+\nu)\dfrac{a^4}{r^4}-\dfrac{4a^2}{r^2}\right]\end{cases} \tag{4-6}$$

则径向应变为

$$\varepsilon_r=\frac{A}{E}(\sigma_1+\sigma_2)+\frac{B}{E}(\sigma_1-\sigma_2)\cos 2\theta \tag{4-7}$$

表面残余应力通常呈现为平面应力状态，两个主应力和主应力方向角为三个未知量，要用三个应变敏感栅组成的应变计进行测量。一般采用径向排列的三轴应变计，如图 4-3 所示。

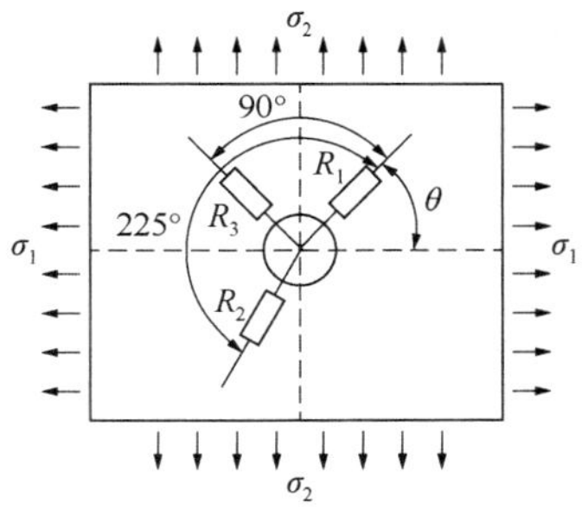

图 4-3　盲孔法应变计敏感栅布置图

由图 4-3 可知，$\theta_1=\theta$，$\theta_2=\theta+225°$，$\theta_3=\theta+90°$，若敏感栅 R_1、R_2 和 R_3 测出的释放应变分别为 e_1、e 和 E，代入式(4-7)得

$$\begin{cases}\varepsilon_1=\dfrac{A}{E}(\sigma_1+\sigma_z)+\dfrac{B}{E}(\sigma_1-\sigma_z)\cos 2\theta \\ \varepsilon_2=\dfrac{A}{E}(\sigma_1+\sigma_z)-\dfrac{B}{E}(\sigma_1-\sigma_z)\sin 2\theta \\ \varepsilon_3=\dfrac{A}{E}(\sigma_1+\sigma_z)-\dfrac{B}{E}(\sigma_1-\sigma_z)\cos 2\theta\end{cases} \tag{4-8}$$

则，主应力计算公式为

$$\begin{cases}\sigma_1=\dfrac{E}{4A}(\varepsilon_1+\varepsilon_3)-\dfrac{E}{4B}\sqrt{(\varepsilon_1-\varepsilon_3)^2+(2\varepsilon_2-\varepsilon_1-\varepsilon_3)^2} \\ \sigma_2=\dfrac{E}{4A}(\varepsilon_1+\varepsilon_3)+\dfrac{E}{4B}\sqrt{(\varepsilon_1-\varepsilon_3)^2+(2\varepsilon_2-\varepsilon_1-\varepsilon_3)^2} \\ \tan 2\theta=\dfrac{2\varepsilon_2-\varepsilon_1-\varepsilon_3}{\varepsilon_3-\varepsilon_1}\end{cases} \tag{4-9}$$

式中　θ——主应力 σ_1 与敏感栅 R_1 轴的夹角；

A、B——释放系数。

以上为通孔情况下得到的残余应力计算公式。实际上，一般构件的厚度尺寸比孔径大很多，因此常钻成盲孔。经三维有限元计算，盲孔孔边附近应力分布与通孔时的应力分布类似，只是在应力集中系数上有差别。因此，一般盲孔的应力与应变的关系式仍可采用式(4-9)的形式，只是释放系数 A 和 B 不能用式(4-6)求得，需要用试验方法标定或进行理论计算。

三、释放系数的标定

1. 标定试验

根据盲孔法基本原理和计算式，标定试验最好在平面应力场中进行，然而由于加载条件的限制，一般都采用均匀加载的方法进行标定。实践证明，这种方法简便易行，标定结果较为可靠。通常选择在与被测试件材料相同且无残余应力的矩形截面试件上进行标定。标定试验在拉伸试验机上进行，应变花贴在试件中央，其余应变花为监测片，用以确定载荷的平稳程度和加载时载荷与试件中心的同轴性。图 4-4 所示为测试用的拉伸标定梁。轴向施加一应力 σ，此时 $\sigma_2=0$，$\theta=0$，由式(4-9)可得释放系数 A、B 的值为

$$\begin{cases}A=\dfrac{E(\varepsilon_1+\varepsilon_3)}{2\sigma} \\ B=\dfrac{E(\varepsilon_1-\varepsilon_3)}{2\sigma}\end{cases} \tag{4-10}$$

式中 ε_1——与试件轴向重合的1号应变片钻孔后的释放应变；

ε_3——与试件轴向重合的3号应变片钻孔后的释放应变。

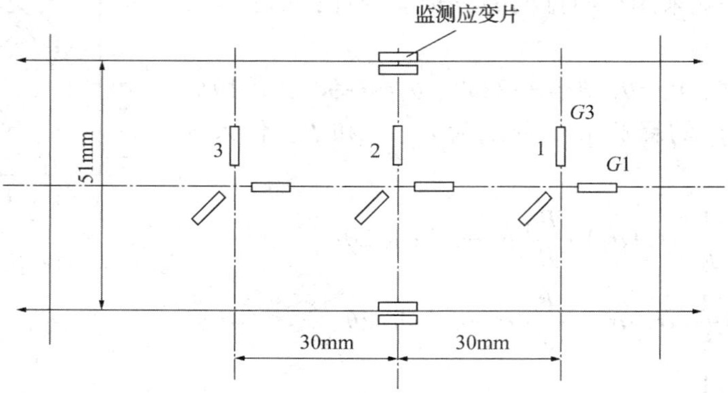

图 4-4　拉伸标定梁

在标定过程中应该注意以下要求：

(1) 试件中不存在初始应力；

(2) 试件横截面上为均匀拉应力；

(3) 施加的应力不能使孔边产生局部屈服，在单向拉伸条件下施加应力应小于1/3的材料屈服强度；

(4) 孔直径与试件尺寸相比必须很小，板厚至少应大于或等于4倍孔径；

(5) 应消除钻孔时引入的机械切削应力；

(6) 粘贴应变花时应尽量使应变片1、3沿主方向，避免与“零应变”方位重合。

2. 理论计算

释放系数 A、B 也可以用理论表达式计算，大致有四种方法，即点应变法、纵向积分平均应变法、面积分平均应变法和丝栅有效面积法。

由于通孔与盲孔的应力分布是有区别的，盲孔周围的应力场没有解析解，因此要得到钻盲孔时释放系数的理论精确解，可采用有限元法进行计算。

盲孔法测残余应力需要注意以下几个问题：

(1) 释放系数 A 和 B。由于钻孔后孔的周围会产生应力集中，当残余应力较大时，应变计敏感栅部位会进入屈服状态，释放系数 A 和 B 会增大。因此，要想得到准确的残余应力结果，应根据应力水平对 A 和 B 进行分级标定，在实测时根据测量情况分级使用系数 A 和 B。

(2) 附加应变。钻孔时由于刀具的切削作用，必然会引起孔边塑性挤压产生附加应变。为消除附加应变对测量结果的影响，应预先对附加应变进行标定，在测量时对附加应变进行去除。

(3) 钻孔偏心。由于钻孔偏心会严重影响测量精度，因此标准规定了钻孔偏心不得超过钻孔直径的1.5%，为此必须采用具有光学对中的设备。

(4) 孔间距。当测量多点时，关于两孔之间间距的问题，由式(4-3)可见，σ_r 和 σ_θ 随着 r 的增加而迅速衰减。一般认为，相邻孔间距应大于孔直径的5~8倍。

四、剥层法

1. 检测原理

剥层法的原理是利用机械加工或化学腐蚀的手段，将被测构件一层层剥离，使剥离层的残余应力得以释放，在剩余厚度构件中产生一定的应变；根据所测的应变值及剩余构件厚度，计算出释放应力值，此值即是剥离层中的残余应力。如此逐层剥去，得到残余应力在整个平板厚度方向的分布情况。

2. 检测方法

试件剥层法可采用腐蚀剥层法和研磨抛光法，两种方法都可以利用应变片来测量残余应力。其具体方法是：将应变片粘贴在薄板试件磨削平面的背面，对已磨削平面进行剥层，使表面残余应力释放引起试件产生应变。此应变通过应变片接收后由应变仪放大进行测量，再根据弹性理论求出残余应力。

（1）腐蚀剥层法

腐蚀剥层法属于连续测试法。用氟化氢作腐蚀液连续测量磨削表面残余应力。用这种腐蚀法测出的残余应力数值比 X 射线衍射法测试值初期偏高，随着距离表面深度的增加，偏差值减小。这是因为 X 射线具有一定透射深度。但腐蚀法测试时间较长，腐蚀液对设备和环境会造成一定的污染，故只适用于单件或小批量零件的测试。

（2）抛光剥层法

抛光剥层法属于间断测试法。与腐蚀法相比，抛光剥层法更简便实用。该方法测试残余应力具有一定的精度，测试周期短，是一种有效的测试方法。但是，抛光法必须要克服应变信号的零漂移和抖动问题。在去除微量研磨剥层时，要避免产生附加应力。应变信号灵敏度的稳定性受试件尺寸的限制，其中试件厚度和长度比的影响最大。

3. 计算方法

（1）厚板残余应力计算公式

厚板内部残余应力测量在工程中常用剥层法，其经典公式为

$$\sigma(z)=\frac{E}{2}\left[(h-a)\frac{\mathrm{d}\varepsilon}{\mathrm{d}a}-4\varepsilon+6(h-a)\times\int_{0}^{a}\frac{\varepsilon}{(h-z)^{2}}\mathrm{d}z\right] \tag{4-11}$$

式中　ε——测量得到的应变，是剥层深度 a 的函数 $\varepsilon(a)$。

（2）注塑件残余应力计算公式

当厚度均匀的薄层从试样表面剥下，试样上的应力平衡被破坏，试样翘曲成圆弧状，通过测量曲率可计算出剥层位置截面上的残余应力分布。计算公式如下：

$$\sigma_{x}(y_{1})=\frac{-E}{6(1-\nu^{2})}\left\{\begin{array}{l}(b+y_{1})^{2}\left[\dfrac{\mathrm{d}\rho_{x}(y_{1})}{dy_{1}}+\dfrac{\nu\mathrm{d}\rho_{x}(y_{1})}{dy_{1}}\right]+\\4(b+y_{1})[\rho_{x}(y_{1})+\nu\rho_{x}(y_{1})]\\-2\displaystyle\int_{y_{1}}^{b}[\rho_{x}(y)+\nu\rho_{z}(y)]\mathrm{d}y\end{array}\right\} \tag{4-12}$$

式中　σ_x——x 坐标方向的应力；

y_1——每次剥层后新表面的位置；

E——被测材料的弹性模量；

ν——泊松比；

$\pm b$——表示试样没有剥层时的上下表面位置；

ρ_x、ρ_z——x 坐标方向和 z 坐标方向的曲率。

对于各向同性材料，残余热应力引起的剥层 x 坐标方向和 z 坐标方向的曲率相等，考虑残余流动应力的影响，剥层在流动方向和垂直于流动方向上的曲率有所不同。因此，剥层法既能反映注塑制品内的残余热应力，又能反映残余流动应力。不同材料的注塑制品，对于剥层厚度、剥层方向、剥层面积大小都有不同的要求。由于剥层厚度很薄，一般只有几毫米，因此对剥层设备、剥层技术要求较高。

逐层剥层法适用于某些具有特定外形的构件(如平板、圆盘、圆筒、管件、球形构件，以及具有长方形截面的梁、柱构件等)，并且可以测出平面应力沿厚度方向的分布，而用其他方法难以实现。但是，该方法必须彻底破坏被测构件，因此不能用于实际的工程测量。而且，其费工费时，操作工艺复杂，机械加工和加固过程中都会产生附加应变，从而造成很大的测量误差。这些不足之处使该方法的实际应用受到很多限制。

五、剖分法

将被测部分完全剥离下来，剥离部分上的残余应力被全部释放。用应变计测出释放应变，利用力学公式算出残余应力。该方法要求被测构件处于平面应力状态。

如果工件的残余应力为单轴应力状态，只要在测量处沿着残余应力方向粘贴一个单轴应变计，剖分工件，测出 ε，然后用胡克定律计算出残余应力 $\sigma=-E\varepsilon$ 即可。

如果工件的残余应力为主应力方向已知的双轴应力状态，只要在测量处沿着两个主应力方向粘贴一个双轴应变计，剖分工件，测出释放应变 ε_1 和 ε_2，然后用下式计算残余应力：

$$\begin{cases}\sigma_1=-\dfrac{E}{1-\nu^2}(\varepsilon_1+\nu\varepsilon_2)\\ \sigma_2=-\dfrac{E}{1-\nu^2}(\varepsilon_2+\nu\varepsilon_1)\end{cases} \tag{4-13}$$

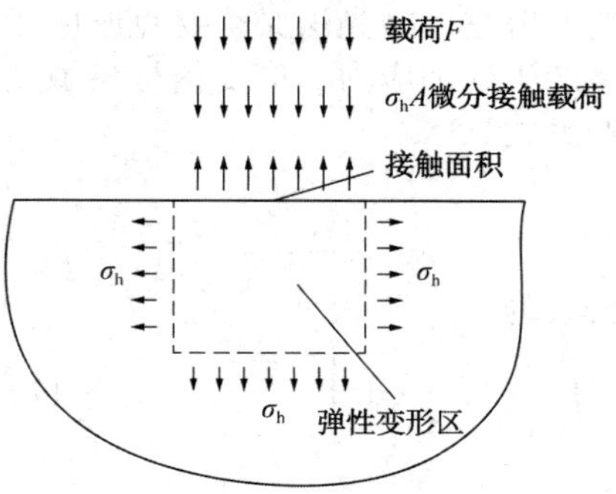

图 4-5　残余拉应力的等效模型

如果工件中的残余应力主方向未知，那么粘贴 45°应变计，如图 4-5 所示。剖分工件后，测出应变 ε_0、ε_{45} 和 ε_{90}，然后按下式计算残余主应力的大小和方向：

$$\begin{cases}\sigma_1=-\dfrac{E(\varepsilon_0+\varepsilon_{90})}{2(1-\nu)}-\dfrac{E}{2(1+\nu)}\sqrt{(\varepsilon_0-\varepsilon_{90})^2+2(\varepsilon_{45}-\varepsilon_0-\varepsilon_{90})^2}\\ \sigma_2=-\dfrac{E(\varepsilon_0+\varepsilon_{90})}{2(1-\nu)}+\dfrac{E}{2(1+\nu)}\sqrt{(\varepsilon_0-\varepsilon_{90})^2+2(\varepsilon_{45}-\varepsilon_0-\varepsilon_{90})^2}\\ \tan2\alpha=\dfrac{2\varepsilon_{45}-\varepsilon_0-\varepsilon_{90}}{\varepsilon_{90}-\varepsilon_0}\end{cases} \tag{4-14}$$

第三节　残余应力无损检测方法

一、纳米压痕法

1. 纳米压痕技术概述

纳米压痕技术又被称为深度敏感压痕技术，是近年发展起来的一种新技术。它可以在不用分离薄膜与基底材料的情况下直接得到薄膜材料的许多力学性能，如弹性模量、硬度、屈服强度、加工硬化指数等。该技术在微电子科学、表面喷涂、磁记录及薄膜等相关的材料科学领域得到越来越广泛的应用。纳米压痕技术是显微硬度的简单延伸，而且通过对加载卸载曲线的分析不仅可以得到硬度和弹性模量，还可以得到诸如蠕变、残余应力、相变等丰富的信息。

通过压头对材料表面加载，然后测出压痕区域，以此来评价材料力学性能的技术，称为压痕技术。由于超薄层(涂层及复合材料界面层等)的厚度会达到亚微米级甚至纳米级，传统的压痕方法已经不再适用，纳米压痕测量技术应运而生。传统压痕方法是先进行加载，然后再离线测量。这样，在压痕过程中，压痕深度是未知的，如果用来研究薄膜材料，必然会存在压透的可能。而纳米压痕法是用计算机来控制载荷的连续变化，并在线监测压痕的深度。由于施加的是超低载荷，加上监测传感器具有优于 1nm 的位移分辨率，因此可以获得小到 1~100nm 的纳米级压痕深度，适用于薄膜材料力学性能的测试。

2. 纳米压痕法测量残余应力的理论模型

Bolshakov 等人在 1996 年通过试验和有限元模拟发现，铝 8009 的硬度不受残余应力的影响，也就是说材料的硬度不随残余应力的改变而改变。基于硬度不变的前提，Suresh 在 1998 年提出了一种测量等双轴残余应力的理论模型；2002 年 Yun-Hee Lee 等人提出的 Lee 理论模型 I，用压痕法测量 DLC/Si 和 Au/Si 薄膜残余应力。它针对的是等双轴的残余应力。该方法的前提假设也是硬度不变，以及加载曲线斜率改变。当固定压痕深度时，为了满足硬度不变的前提，材料被压表面形貌必然会发生变化。在残余应力从拉应力释放到零再到转换为压应力的过程中，压痕逐渐由凹陷转为堆积。Yun-Hee Lee 等人于 2003 年和 2004 年先后提出了另外两种测量残余应力的模型，他们提出的三种理论模型中前两种模型讨论的是等双轴残余应力，后一种则是扩展到了非等双轴平面应力。

这里仅介绍 Suresh 理论模型。

Suresh 理论模型，是基于硬度不变的前提建立的，具体理论如下：

由于平均接触应力 σ_{ave}(等效于硬度 H)不受任何固有应力的影响，因而有：

$$\sigma_{ave}=\frac{F}{A}=\frac{F_0}{A_0} \tag{4-15}$$

式中　F、A——存在残余应力时的载荷和压痕面积；

F_0、A_0——无残余应力时的载荷和压痕面积。

根据 Kick 定律，载荷-位移曲线的加载曲线可以表示为：

$$F_0=C_0h_0^2,\ F=Ch^2 \tag{4-16}$$

式中　C_0和 C——无残余应力和有残余应力的载荷-位移曲线的加载曲率；

h_0和 h——无残余应力和有残余应力时的压入深度。

压痕面积 A_0和 A 可以表示为

$$A_0=D_0h_0^2 \tag{4-17}$$

$$A=Dh^2 \tag{4-18}$$

式中　D_0、D——压痕面积的度量，这两个参数与压痕接触周边的堆积和凹陷效应有关。

由式(4-15)~式(4-18)可得

$$\sigma_{ave}=\frac{C}{D}=\frac{C_0}{D_0} \tag{4-19}$$

同理

$$\frac{D}{D_0}=\frac{C}{C_0} \tag{4-20}$$

$$\frac{D}{C}=\frac{D_0}{C_0} \tag{4-21}$$

(1) 残余拉应力

上述模型针对的是等双轴残余应力，即 $\sigma_{x,0}^{R}=\sigma_{y,0}^{R}$，可以等效为静水应力 $\sigma_{x,0}^{R}=\sigma_{y,0}^{R}=\sigma_{z,0}^{R}=\sigma_{h}$ 加上一个单轴压应力 $-\sigma_{z,0}^{R}=-\sigma_{h}$，如图 4-5 所示。

图 4-6 为固定压痕深度，残余拉应力从 x 释放到 y 时，压入载荷增大，则

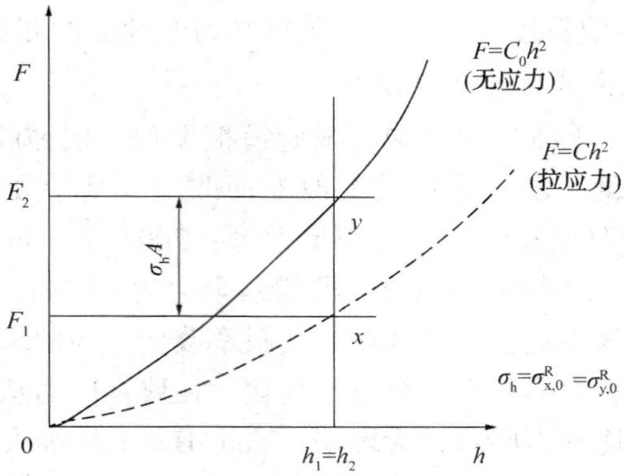

图 4-6　固定压痕深度

$$F_2=F_1+\sigma_h A \tag{4-22}$$

$$F_1=Ch_1^2 \tag{4-23}$$

$$F_2=C_0h_2^2 \tag{4-24}$$

$$A_1=Dh_1^2 \tag{4-25}$$

$$C_0h^2=Ch^2+\sigma_h Dh^2 \tag{4-26}$$

$$\frac{C_0h_2^2}{Ch_1^2}=\frac{A_2}{A_1}=\frac{A_0}{A}=1+\frac{\sigma_h D}{C}=1+\frac{\sigma_h}{\sigma_{ave}} \tag{4-27}$$

$$\frac{A}{A_0}=\left(1+\frac{\sigma_h}{\sigma_{ave}}\right)^{-1} \tag{4-28}$$

$$\sigma_h=H\left(\frac{A_0}{A}-1\right) \tag{4-29}$$

压入载荷的过程如图 4-7 所示。在有残余应力的材料上压入载荷 F_1，记为 x；压痕状态从 x 到 z 变化，要经过两个步骤：

① 载荷由 F_1 降为 F_2，$F_2=F_1-\sigma_h A_1$，载荷从 x 到 y；

② 固定载荷 F_2，压痕深度从 h_1 降到 h_2 由图 4-7 的拉应力载荷-位移曲线可知：

$$F_1=Ch_1^2 \tag{4-30}$$

$$F_2=Ch_2^2 \tag{4-31}$$

$$A_1 = Dh_1^2 \qquad (4-32)$$

$$Ch_1^2 - \sigma_h A_1 = Ch_2^2 \qquad (4-33)$$

则

$$\frac{h_0^2}{h^2} = \frac{h_2^2}{h_1^2} = 1 - \frac{\sigma_h D}{C} = 1 - \frac{\sigma_h}{\sigma_{ave}} \qquad (4-34)$$

$$\frac{h^2}{h_0^2} = \left(1 - \frac{\sigma_h}{\sigma_{ave}}\right)^{-1} \qquad (4-35)$$

$$\sigma_h = H\left(1 - \frac{h_0^2}{h^2}\right) \qquad (4-36)$$

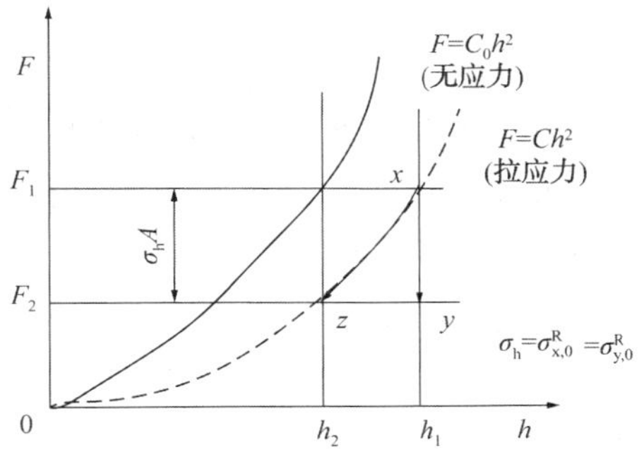

图 4-7　无应力和拉应力的位移从 x 经过 y 到 z 的变化

（2）残余压应力

与拉应力的情况相似，同理可得固定压痕深度时残余应力的计算公式为

$$\sigma_h = \frac{H}{\sin\alpha}\left(1 - \frac{A_0}{A}\right) \qquad (4-37)$$

固定载荷时残余应力的计算公式为

$$\sigma_h = \frac{H}{\sin\alpha}\left(\frac{h_0^2}{h^2} - 1\right) \qquad (4-38)$$

式中　α 为压头边界与材料表面的夹角。

在此情况下引入 $\sin\alpha$ 是因为：与拉应力不同，压应力的存在促使压头与样品相接触，因而不能直接改变拉应力公式中残余应力的符号来得到压应力的公式。

二、拉曼光谱法

拉曼光谱又称为拉曼效应，由 C. V. Raman 发现，并用其名字进行了命名。拉曼光谱最初用的光源是聚焦的日光，后来使用汞弧灯。由于它的强度不太高和单色性差，限制了拉曼光谱的发展。20 世纪 60 年代激光技术的兴起，以及光电信号转换器件的发展给拉曼光谱带来新的转机。20 世纪 70 年代中期，激光拉曼探针的出现，给微区分析注入了活力。20 世纪 80 年代以来，一些公司相继推出了拉曼探针共焦激光拉曼光谱仪，入射光的功率可以很低，灵敏度得到很大的提高。这些性质使拉曼光谱的应用无论在广度还是特异性等方面都得到了空前发展。

拉曼散射是光照射到物质上发生的非弹性散射所产生的。在非弹性碰撞过程中，光子与分子之间有能量交换，光子不仅改变运动方向，还将一部分能量传递给分子，或者分子的振动和转动能量传递给光子，从而改变了光子的频率。这种散射过程称为拉曼散射。拉曼散射分为斯托克斯散射和反斯托克斯散射，通常的拉曼试验检测到的是斯托克斯散射，拉曼散射光和瑞利光的频率差值称为拉曼位移。拉曼位移就是分子振动或转动频率，与入射线的频率无关，而与分子的结构有关。每一种物质都有自己的特征拉曼光谱，拉曼谱线的数目、位移值的大小和谱带的强度等都与物质分子振动和转动能级有关。

当单色光束照射固体时，光子与物质分子相互碰撞引起光的散射。其中发生非弹性散射的光束经分光后形成拉曼散射光谱。拉曼散射光谱与固体分子的振动有关，并且只有当分子的振动伴有极化率时才能与激发光发生相互作用，产生拉曼散射。拉曼峰的频率等于物质原子的振动频率。如果物体中存在应力，某些对应力敏感的谱带就会产生移动和变形，其中拉曼峰频移的改变与所受应力成正比。

拉曼峰频移的改变可简单地作如下说明：当固体受到压应力作用时，分子的键长通常要缩短。依据力常数和键长的关系，力常数就要增加，从而振动频率增加，谱带向高频方向移动；相反，当固体受拉应力作用时，谱带向低频方向移动。

三、磁测法

20 世纪 50 年代，人们发现了外力可以改变磁化曲线的现象，从而产生了一种新的无损检测方法——磁测法。它的最大特点是测量速度快，非接触测量并适合现场测试。但测试结果受很多因素的影响，它的可靠性和精度差、量值标定困难。此法对材质较敏感，仅能用于铁磁材料。由于磁性法都需要外部激励磁场来工作，因此带来了磁化不均匀、设备笨重、消耗能源、剩磁和磁污染等问题。

1. 磁记忆检测法

金属磁记忆检测技术是一种利用金属磁记忆效应来检测部件应力集中部位的快速无损检测方法。它克服了传统无损检测的缺点，能够对铁磁性金属构件内部的应力集中区，即微观缺陷、早期失效和损伤等进行诊断，防止突发性的疲劳损伤，是无损检测领域的一种新的检测手段。

（1）磁记忆检测法检测原理

金属磁记忆的物理基础是自发磁化现象、磁机械效应、磁致伸缩、磁弹性效应。

自发磁化现象是指原先不显磁性的某些铁磁性材料工件在经过切削加工以后，工件本身和刀具被强烈磁化，而某些本来并无磁性的机器零部件在运行一段时间之后却显现出了磁性，前者被称为加工磁化，后者为运行磁化，磁记忆效应即为运行磁化现象。

磁机械效应是铁磁材料在地磁场作用的条件下，其缺陷处的磁导率减小，工件表面的漏磁场增大的特性。

铁磁材料由于磁化状态的改变，其长度和体积都要发生微小的变化，这种现象称为磁致伸缩。铁磁性物质磁化时，其长度发生变化的效应称为线性磁致伸缩，体积发生变化时称为体积磁致伸缩。由于体积磁致伸缩比起线性磁致伸缩还要微弱得多，用途也少，所以一般只讨论长度变化的线性磁致伸缩，简称磁致伸缩。

铁磁体在载荷和地球磁场的共同作用下会产生磁记忆现象，这是磁弹性效应和磁机械效应共同作用的结果。产生磁记忆现象的内部原因取决于铁磁晶体的微观结构特点。通常，铁磁工件在经熔炼、锻造、热处理等加工时，温度大大超过居里点，构件内部的磁畴组织会被瓦解，磁性会消失。随后在金属冷却到居里点以下的过程中，一方面，铁磁晶体在重新结晶的同时重新形成磁构造；另一方面，由于材料内部的各种不均匀性(如形状、结构及含有夹杂物或缺陷等)而形成组织结构不均匀的遗传性。这些组织结构的不均匀部位往往是缺陷或内应力集中的部位，一般以位错的形式存在，并在地球磁场的环境中由于磁机械效应的作用会出现磁畴的固定节点，产生磁极，形成退磁场，以微弱的散射磁场的形式在工件表面出现，表现为金属的磁记忆性。

磁记忆检测原理可以被表述为：处于地磁环境下的铁磁工件在受到工作载荷的作用下，其内部会发生具有磁致伸缩性质的磁畴组织定向的和不可逆的重新取向，并在应力与变形集中区形成最大的漏磁场 H_p 的变化。这种磁状态的不可逆变化在工作载荷消除后会继续保留，从而通过测定漏磁场的法向分量 $H_{P(y)}$，便可以正确推断工件的应力集中区。

为了使磁构件内的总自由能趋于最小，在磁机械效应的作用下，必将引起构件内部的磁畴在地球磁场中做畴壁的位移，甚至产生不可逆的重新取向排列，主要以增加磁弹性能的形式来抵消应力能的增加，从而在磁构件内部产生极大的磁场强度。这种强度大大高于地球的磁场强度。对金属力学性能的研究表明，即使在金属材料的弹性变形区，也不存在完全没有能量耗损的完全弹性体。由于金属内部存在多种内耗效应(如黏弹性内耗、位错内耗等)，因此在动态载荷消除之后，加载时在金属内部形成的应力集中区必然会得以保留，特别是在动载荷、大变形和高温情况下尤为突出。保留下来的应力集中区同样具有较高的应力能。因此，为抵消应力能，在磁机械效应的作用下引发的磁畴组织的重新取向排列也会保留下来，并在应力集中区形成类似缺陷的漏磁场分布形式。

(2) 磁记忆检测法的特点

金属磁记忆检测技术主要优点表现在以下几个方面：

① 既可以检测出宏观缺陷，又可以检测出微观缺陷，并能对未来危险进行预报，这是该技术的最大优点。磁记忆方法还可以用于疲劳诊断，并可给出残余应力的分布状态。

② 不需要专门的磁化设备就能够对铁磁性构件进行可靠的检测。在工作载荷的作用下，铁磁性构件形成的稳定的位错滑移带能够产生自有磁场。由于自有磁场和地球磁场相互作用，在被检测对象表面的应力集中区生成漏磁场的梯度，该梯度由专用的磁测仪表记录下来。

③ 在检测过程中，可确定零件的应力集中线。

④ 不需要对被检测工件的表面进行清理、打磨或其他预处理，可以大大降低劳动强度，节省大量时间。

⑤ 提离效应对磁记忆法影响很小，几毫米甚至十几毫米的间隙变化对检测结果影响不大。在磁记忆法中，提离效应对检测效果的影响要比漏磁检测小得多。

⑥ 能评价工件运行状态下的应力分布。

⑦ 检测设备体积小，重量轻，携带方便，自动化程度高。

⑧ 检测效率高，成本低，结果可靠，尤其是能进行快速全面普查。

金属磁记忆检测技术的缺点也很明显：其信号容易受到干扰，包括材质、缺陷大小和种类、外激励或残余磁场的大小和方向，以及表面粗糙度等方面。检测时只能发现缺陷可能出现的危险部位，尚不能对缺陷的形状、大小及性质进行定性定量的具体分析。

2. *磁噪声法*

1919 年德国科学家 H. Barkhausen 发现了磁噪声法，现已成为无损检测技术的重要分支。磁噪声法的基本原理是基于铁磁性材料的磁致伸缩效应——磁致伸缩和弹性晶格应变之间的磁滞作用。铁磁性材料可以看成由许多单个磁畴组成，磁畴间被畴壁相互隔开，如图 4-8 所示。在外磁场的作用下，每个磁畴沿着晶体的某个容易磁化的方向磁化，同时

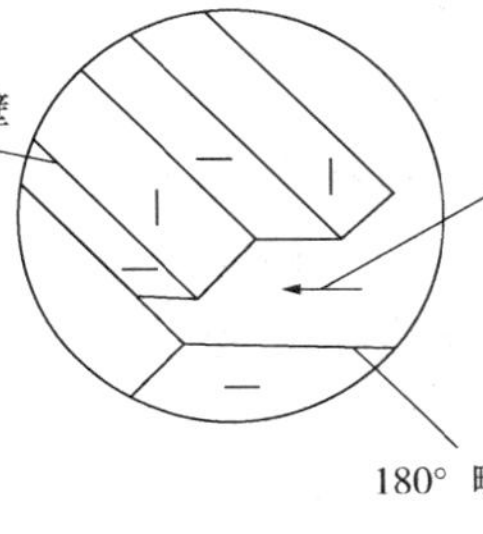

图 4-8　畴壁示意图

畴壁发生位移，畴内磁矩转向。

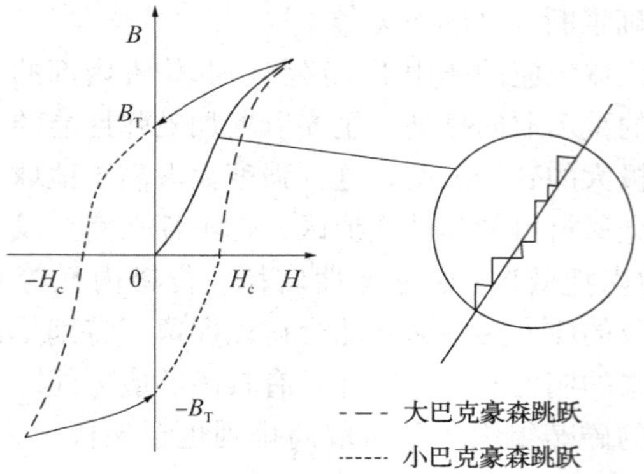

图 4-9　巴克豪森跳跃

当外磁场强度 H 连续不断地变化时，磁感应强度 B 呈现不连续的跳跃，即巴克豪森跳跃，如图 4-9 所示。一般来说，当 $H=H_c$(H_c为矫顽力)时，巴克豪森磁噪声的活性(跳跃次数、幅度及持续时间等)最大。作用在铁磁材料中的应力大小和方向不同，将会改变畴壁间距，从而影响巴克豪森磁噪声发射信号的强弱。因此，可以通过测量巴克豪森磁噪声的活性及各个参量(巴克豪森磁噪声脉冲计数 n、计数率 $\mathrm{d}n/\mathrm{d}h$ 与巴克豪森磁噪声脉冲高度)来评估材料的应力状态。

巴克豪森发射信号的强弱不仅与材料中的应力有关，还受到材料化学成分、金相组织、热处理及冷加工过程的影响。因此，在测试前，要使用与被测试件化学成分、金相组织和热处理状态均相同的标准试件，测出磁弹参量与应力之间的对应关系后，才能将实测值转换为应力值。

测磁弹参量与应力的关系曲线时，通常根据加载装置的要求，制作标定试件，保证其尺寸在加载装置载荷允许的范围内；然后根据电阻应变计粘贴工艺的要求，在标定试件的上、下表面的中心粘贴电阻应变计，并连接到应变仪；开启应变仪和磁性应力仪到工作状态，进行逐级加载；在用应变仪测量应力的同时，用磁性法测量应变计附近的磁弹参量，记录数据，形成曲线，即可得到磁弹参量与应力之间的对应关系。

3. *磁应变法*

磁应变法的原理是基于铁磁性材料的磁致伸缩效应，即铁磁性材料在磁化时会发生尺寸的变化；反过来，铁磁体在应力作用下其磁化状态(磁导率和磁感应强度等)也会发生变化，因此通过测量磁性变化可以测定铁磁材料中的应力。

当试样内存在残余应力时，也会使磁畴的移动和转向均受阻而使磁化率减小，这种现象称为磁弹性现象。铁磁性材料磁导率的相对变化量与应力之间存在下列线性关系：

$$\Delta\mu/\mu_0=\lambda_0\mu_0\sigma \tag{4-39}$$

式中　$\Delta\mu$——磁导率的变化量，$\Delta\mu=\mu_0-\mu_\sigma$($\mu_\sigma$ 为材料有应力时减小的磁导率)；

λ_0——初始磁致伸缩系数；

μ_0——材料无应力状态时的磁导率；

σ——应力。

4. *磁声发射法*

铁磁性材料在交变磁场作用下，由于磁畴的磁致伸缩效应，在变化了的体积内产生应变，从而产生的一种应力应变的弹性波。这种弹性波实际上就是能量的释放，经过声发射仪的传感器，把机械能变成电能成为发射的信号。由于这种信号是由磁场激发的，所以被称为磁声发射。与传统的无损检测技术相比，磁声发射法检测技术可实现动态无损检测，检测深度大(达十几毫米)且检测灵敏度高。

铁磁性材料内存在磁矩方向各异的磁畴，各磁畴之间由畴壁相互分开，在外部磁场的作用下，将产生磁畴的突然运动和磁化矢量的转动，从而以应力波的形式向周围传播，产生所谓的声发射现象。用声发射接收仪的探头可灵敏地接收到这种波动信号。

铁磁材料在外磁场作用下，由于晶格的弹性变形，其长度和体积都会发生变化，即产生磁致伸缩效应。当材料被磁化后，畴壁突然运动，随着磁场的增强，畴壁运动速度加快；当局部总能量达到最小值时，畴壁停止运动。在运动时，相邻两个畴壁内磁致伸缩不一致而出现位移便引起磁声发射脉冲信号。这种信号的大小和方向可以用一个放大的磁畴区域体积 Δv 内的非弹性应变张量 $\Delta\varepsilon$ 表示，当输出峰值电压信号为 V_p 时，有如下关系式：

$$V_p = \frac{C\Delta\varepsilon\Delta v}{\tau} \tag{4-40}$$

式中　C——材料常数；

τ——$\Delta\varepsilon$ 增长变化的时间。

磁声发射的信号强度与产生非弹性应变的体积成比例。当材料局部外磁场强度保持不变时，磁声发射的信号强度会随着所受应力的变化而变化，无论产生应力的原因是外加载荷还是本身的残余应力，利用磁声发射法的这一特性可对工件的应力状况进行评定。

四、超声波法

超声波穿透物体时，其声弹效应与材料内部的应变大小有密切关系，利用超声波的声弹常数与应力之间的特定关系可以进行残余应力的检测。

下面介绍超声波检测残余应力的基本原理。设两个固态媒质的分界面为 $x-z$ 平面（$y=0$）。一个在媒质 1 中的超声纵波以一定倾斜角度入射，通过两媒质的界面向媒质 2 内传递时，将其分解为两个纵波和两个横波，如图 4-10(a)所示。但当入射波是沿垂直于各向同性介质表面传播时，它将形成两个与入射波同类型的波，如图 4-10(b)所示。这个规律为利用超声波测定残余应力提供了理论根据和实验基础。一个各向同性的固态介质(通常假定所测试样品为各向同性的)，在应力的作用下具有声弹性。即在有应力的情况下，由于应力的方向和大小的不同，会使在固态介质中的超声波的传播速度发生变化，也就是说由于应力的存在引起了各向异性。当应力为平面应力状态且超声波又以垂直于应力平面方向传播时，超声波仅只分解成两个方向的超声波(反射波和折射波)。

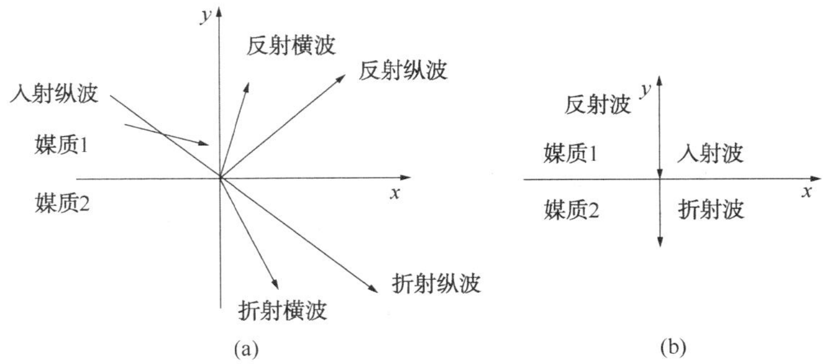

图 4-10　超声波检测残余应力的根据

超声残余应力检测的过程是从超声发射装置发出的电脉冲分为两路输出，一路经数据采集同步触发系统后触发高速数据采集卡，对两接收通道进行同步采集；另一路到超声波发射换能器用于激发纵波，产生的纵波随后以第一临界角从有机玻璃楔块中入射进被检测试样，在其近表面产生临界折射纵波。该波先后传播到两接收探头，接收探头将超声信号转化为电信号后传输到高速数据采集卡的两接收通道，然后将采集到的数据存入计算机，经数据处理后得出声时差、应力常数以及材料中应力的大小等信息。

五、X 射线法

X 射线法是残余应力测定技术中无损检测方法之一，是研究得最为广泛、深入、成熟的应力测定方法，被广泛应用于科学研究和工业生产的各个领域之中。

X 射线衍射法检测残余应力最早由苏联学者 AKceHOB 在 1929 年提出的。X 射线应力检测的基本原理是一定应力状态引起的晶格应变和按弹性理论求出的宏观应变一致，而晶格应变通过布拉格方程由 X 射线衍射技术测出，这样就可以从测得的晶格应变来推知残余应力。1961 年德国学者 E. Macherauch 提出 $\sin^2\psi$ 法，其逐渐成为 X 射线应力测定的标准方法。

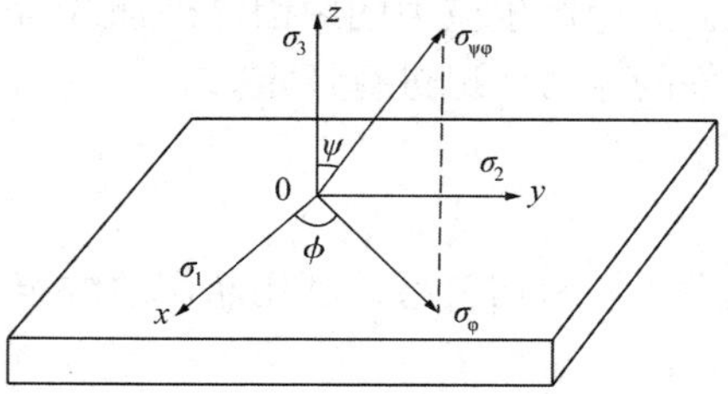

图 4-11　$\sigma_{\psi\varphi}$、σ_φ 与主应力 α_1、α_2、α_3 的关系

在一个确定的坐标系中，如图 4-11 所示，空间任意一个方向的正应力为

$$\sigma_{\psi\varphi}=\alpha_1^2\sigma_1+\alpha_2^2\sigma_2+\alpha_3^2\sigma_3 \tag{4-41}$$

式中　α_1、α_2、α_3 为 $\sigma_{\psi\varphi}$ 对应方向的余弦，即

$$\left.\begin{aligned}\alpha_1&=\sin\psi\cos\varphi\\ \alpha_2&=\sin\psi\sin\varphi\\ \alpha_3&=\cos\psi=\sqrt{1-\sin^2\psi}\end{aligned}\right\} \tag{4-42}$$

α_1、α_2、α_3 为主应力；φ 和 ψ 分别为衍射晶面法线对选定坐标的旋转角和倾斜角。

同理，空间任意一个方向的正应变为

$$\varepsilon_{\psi\varphi}=\alpha_1^2\varepsilon_1+\alpha_2^2\varepsilon_2+\alpha_3^2\varepsilon_3 \tag{4-43}$$

主应力与主应变两者关系的广义胡克定律为

$$\left.\begin{aligned}\varepsilon_1&=\frac{1}{E}[\sigma_1-\nu(\sigma_2+\sigma_3)]\\ \varepsilon_2&=\frac{1}{E}[\sigma_2-\nu(\sigma_1+\sigma_3)]\\ \varepsilon_3&=\frac{1}{E}[\sigma_3-\nu(\sigma_1+\sigma_2)]\end{aligned}\right\} \tag{4-44}$$

式中　E、ν 分别是材料的弹性模量和泊松比。

由于 $\sigma_3=0$，因而实际测得的应力是图 4-11 中的 σ_φ，即试样（各向同性材料）的表面应力。

由布拉格方程 $2d\sin\theta=\lambda$ 可以得出应变与衍射角位移的关系：

$$\varepsilon_{\psi\varphi}=\frac{\Delta d}{d}=\frac{d_{\psi\varphi}-d_0}{d_0}=-\cot\theta_0(\theta_{\psi\varphi}-\theta_0) \tag{4-45}$$

式中　d_0、θ_0 分别为无应力时的晶面（hkl）的面间距和掠射角；$d_{\psi\varphi}$、$\theta_{\psi\varphi}$ 分别为有应力时法向位于（ψ、φ）方向时的（hkl）晶面的面间距和掠射角；$\varepsilon_{\psi\varphi}$ 是（ψ、φ）方向的应变。

由式（4-41）~式（4-45）得

$$\sigma_{\varphi}=-\frac{E}{2(1+\nu)}\cot\theta_0\frac{\pi}{180^{\circ}}\times\frac{\partial(2\theta)}{\partial(\sin^2\psi)} \tag{4-46}$$

令 $K_1=-\frac{E}{2(1+\nu)}\cot\theta_0\frac{\pi}{180^{\circ}}$，$M=\frac{\partial(2\theta)}{\partial(\sin^2\psi)}$ 则

$$\sigma_{\varphi}=K_1M \tag{4-47}$$

式中　K_1为应力常数，M为斜率。

式(4-47)为X射线检测残余应力的基本原理公式表达。

思考与练习

1. 什么是残余应力？
2. 残余应力检测有哪些方法？无损检测方法包括什么？
3. 简述盲孔法检测的原理及操作步骤。
4. 简述超声波法检测的原理及操作步骤。
5. 简述X射线法检测的原理及操作步骤。

第五章 温度检测

温度是一个很重要的表征冷热状态的物理量，也是材料成型热加工生产中基本的和最常用的工艺参数之一。在材料热加工生产过程中，离不开温度检测和控制，因其对保证材料成型热加工工艺的正确实施和产品的质量具有十分重要的意义，所以温度检测和控制的准确性、可靠性，是保证产品质量的关键因素之一。

第一节 温度检测技术概述

一、温度与温标

温度概念的建立是以热平衡为基础。两个物体处于同一热平衡状态，就具有某一共同的物理性质，表征这个物理性质的量就是温度，也就是说此时两物体的温度相等。如果两物体的温度不同，它们之间就不会热平衡，就有热交换，热量将由高温物体传输给低温物体。温度虽然不能被直接测量，但是物体温度的变化会引起物质的某些物理量的变化，如体积、电阻、热电动势等等。因此，通过检测这些物理量可以达到检测温度的目的。为了保证温度量值的准确和统一，需要建立一个衡量温度的标准尺度，该标准尺度简称为温标。

1. 经验温标

以物质的某种特性作介质而制定的温标称为经验温标。例如，用水银作测温介质制定了摄氏和华氏温标。

（1）华氏温标。1706 年法丹尼尔·法勒海特(Daniel Fahrenheit)提出了以水和氯化氨溶体为“32”，正常人体温为“96”，后改为冰水溶体为“32”，水的沸点为“212”，中间等分为180 份，每份为 1 度，以℉表示。

（2）摄氏温标。1742 年安德斯·摄尔修斯(Anders Celsius)提出以水的冰点为“0”，水的沸点为“100”，等分 100 份，每份为 1 度，以℃表示。

华氏和摄氏经验温标之间相互换算的关系如下：

$$y℃=(\frac{9}{5}x+32)℉ \tag{5-1}$$

经验温标依赖于温度介质的特性，测温范围有限，无法满足宏观的需要，因此要建立一种与测温介质性质无关的统一温标，这就是由热力学第二定律直接引出的热力学温标。

2. 热力学温标

热力学温标就是取卡诺机换热量 Q 为测温参数的一种温标。若选定一个温度固定，则另一个温度就完全确定。具体来说，若取复现性最好的水的三相点（固、液、气相平衡）为参考点，且定义该点的温度为273.16K，相应的换热量为$Q_{参}$，当测得换热量Q以后，便可根据下式求得相应的温度，即

$$T=Q\frac{273.16}{Q_{参}} \tag{5-2}$$

由于不存在理想气体和理想卡诺热机，故这类温标无法实现。

3. 国际温标

国际温标(International Temperature Scale，ITS)是用来复现热力学温标，其指导思想是采用气体温度计测出一系列标准固定温度，以它们为依据在固定点中间规定传递的仪器及温度值的内插公式。

第一个国际温标制定于1927年，此后随着社会生产和科学技术的进步，温标的探索也在不断地进行，1989年7月国际计量委员会批准了新的国际温标，简称ITS-90。我国于1994年1月1日起全面推行新温标ITS-90的同时定义了国际开尔文温度(变量符号为T_{90})和国际摄氏温度(变量符号为t_{90})。水的三相点热力学温度为273.16K，摄氏度与开尔文度保留原有的简单的数值上的关系式

$$t_{90}=T_{90}-273.15(℃) \tag{5-3}$$

ITS-90对某些纯物质各相(固、液体)间可复现的平衡态温度赋予给定值，即给予了定义，定义的固定点共17个。ITS-90规定把整个温标分成四个温区，其相应的标准仪器如下：0.65~5.0K，T_{90}用^3He和^4He蒸气压与温度的关系式来定义；3.0~24.5561K(氖三相点)，用氦气温度计来定义；13.8033K(平衡氢三相点)~961.78℃(银凝固点)，用基准铂电阻温度计来定义；961.78℃以上，用单色辐射温度计或光电高温计来复现。

二、温度检测方法

温度检测方法一般分接触测量法与不接触测量法两大类。

接触法测温时感温元件(温度传感器)直接与被测介质接触，测量方法比较简单且直观，准确度和可靠性也较高，应用非常广泛。但由于直接接触被测介质，难免会影响介质的温度场而带来测量误差。另外，测量过程会受被测对象特性及传热方式的影响出现测量误差，当介质具有腐蚀性时会使感温元件使用寿命缩短。

不接触测温是根据光和热辐射原理，将被测对象的辐射能量，通过适当方式聚集并投射在光敏或热敏元件上，热能转换为电信号输出以测定温度。此时测，温度响应快、范围广，可远距离或对运动物体进行检测，此类测温仪器结构复杂，使用方法也较严格，结果具有一定的准确度。

常用的温度检测方法见表5-1。

三、温度传感器及控制系统概述

温度传感器种类繁多，伴随着半导体技术、集成电路技术、计算机技术的发展，温度传感器及控制器也飞速发展，不断有新的产品诞生，并被投入实际应用。温度传感器大致可分为以下三类：

表 5-1 常用的温度检测方法

方式	测温	原理	传感器及仪表
接触式	体积变化	固体热膨胀	片状、桶状双金属温度计
		液体热膨胀	水银与酒精温度计、充液压力式温度计
		气体热膨胀	气体温度计、充气压力式温度计
	电阻变化	金属热电阻	铂、铜、镍、铑、铁、钴热电阻
		半导体电阻	碳、金属氧化物热敏电阻
	噪声变化	热噪声	铂噪声温度计
	电压变化	PN 结变化	PN 结二极管与晶体管温度计
	热电势变化	普通金属热电阻	铜-锰白、铁-锰白、镍-镍硅热电偶
		贵金属热电阻	铂铑$_{10}$-铂、铂铑$_{30}$铂-铂铑$_{6}$铂热电偶
		难熔金属热电阻	各种钨-铼、钨-钼热电偶
		非金属热电阻	碳化物、硼化物、铬化物等热电偶
	频率变化	石英晶体	石英晶体温度计
	光学特性变化	光纤及液晶	光纤温度计、液晶温度计
	其他	其他	声学温度计、热量式温度计、测温锥
非接触式	热辐射变化	亮度法	光学高温计、光电亮度高温计
		全辐射法	全辐射高温计、辐射计
		部分辐射法	光谱高温计、部分辐射温度计
		比色法	双色高温计、三色高温计
		红外法	红外温度计、火焰辐射温度计
	气流变化	射流法	气动高温计、射流温度计

1. 经典的分立式温度传感器

根据某些特定的物理特征现象及规律而研制的温度传感器，因其被使用年代久远而为人们所熟知。如利用物体受热后体积发生膨胀的原理而制成的膨胀式温度计(水银或酒精、双金属、气体压力温度计等)；利用导体的电阻随温度而变化的原理制成的电阻温度计(铜、镍、铂电阻及半导体热敏电阻等)；利用两种不同导体组成回路，当两个接点的温度不同而产生热电势的原理制成的热电偶温度计(镍铬-镍硅、铂铑-铂、钨-钨热电偶等)均属此类。传感器本身就是一个完整的、独立的感温元件，通常要配温度变送器，以获得标准的模拟量(电压或电流)输出信号，然后接上二次仪表来完成温度测量及控制功能。虽然此类温度传感器外围电路较复杂，有时还需要进行温度校准(如非线性校准、温度补偿、输出标定等)，但其使用方便、可靠，在一定的场合具有相应的测量精度和分辨力，特别是在 630. 74℃ 以上的高温区域，目前只能采用热电偶高温计或辐射式高温计进行测量。

2. 模拟集成温度传感器/控制器

随着半导体集成工艺的发展，模拟集成温度传感器在 20 世纪 80 年代问世，它是将温度传感器集成在一个芯片上，是可完成温度测量及模拟信号输出功能的专用集成电路(IC)。其特点是功能单一(仅测量温度)、误差小、价格低、响应速度快、体积小、微功耗，适合远距离测温、控温，无须进行非线性校准且外围电路简单，是目前在国内外应用最为普遍的集成温度传感器。典型产品有 AD590、AD592、TMP17、LM135 等。模拟集成温度控制器主要包括温控开关、可编程控制器，典型的产品有 LM56、AD22105 和 MAX6509。

3. 数字温度传感器/控制器

诞生于 20 世纪 90 代中期，是微电子技术、计算机技术和自动测试技术的结晶。其内部都包含温度传感器、A/D 转换器、存储器和接口电路。有的产品还带有多种选择器、中央控制器（CPU）、随机存取存储器（RAM）和只读存储器（ROM）。其智能化的特点表现在：①能输出温度数据及相关的温度控制量，适配各种微控制器（MCU）；②可构成最简单方式的高性价比和多功能测控器；③在硬件的基础上可通过软件来实现测试功能。数字化的智能温度控制器，是由数字温度传感器适配各种微控制器构成的一个完整温控系统，被广泛用于温度测控系统、计算机及家用电器中。

第二节　接触式测温

一、热电偶测温

在很多场合高温检测的主要手段仍是采用热电偶温度计。热电偶产生的热电动势是由两种导体的接触电动势和单一导体的温差电动势组成的。而且，总的热电动势与温度之间存在着连续的对应关系，根据这种对应关系，可以测定各种热电偶的热电特性曲线，并可以制成各种型号热电偶的热电动势-温度对应表，即分度表。

1. 接触电动势

接触电动势又称帕尔帖电动势，它是由于相互接触的两种金属导体内自由电子的密度不同造成的。当两种不同的金属 A、B 接触在一起时，在金属 A、B 的接触处将会发生电子扩散。电子扩散的速率和自由电子的密度及金属所处的温度成正比。如图 5-1 所示，假设金属 A、B 中的自由电子密度分别为 N_A 和 N_B，且 $N_A>N_B$，则在单位时间内由金属 A 扩散到金属 B 的电子数要比从金属 B 扩散到金属 A 的电子数多。因此，金属 A 因失去电子而带正电，金属 B 因得到电子而带负电。于是在接触处形成了电位差，即接触电动势。这一电动势要阻碍电子由金属 A 进一步向金属 B 扩散，一直达到动态平衡为止。接触电动势可用下式来计算：

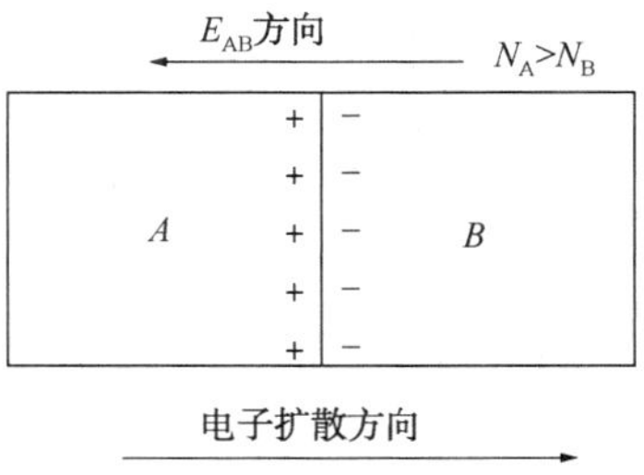

图 5-1　接触电动势示意图

$$E_{AB}^{\pi}(T)=\frac{kT}{e}\ln\frac{N_A}{N_B} \tag{5-4}$$

式中　$E_{AB}^{\pi}(T)$——接触电动势；

k——玻耳兹曼常数 $k=1.38\times10^{-16}$J/K；

T——热力学温度；

e——电子电荷量 $e=1.60\times10^{-19}C$；

N_A 和 N_B——金属 A 和 B 的自由电子密度。

2. 温差电动势

如图 5-2 所示，在一根均匀的金属导体中，如果导体两端的温度不同，则导体内部也

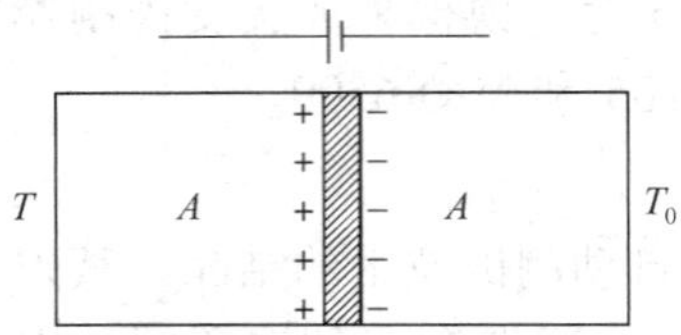

图 5-2　温差电动势示意图

会产生电动势，这种电动势被称为温差电动势。

温差电动势的形成是由于导体内高温端自由电子的动能比低温端自由电子的动能大，高温端自由电子的扩散速率比低温端大。因此，对于导体的某一薄层来说，温度较高的一端失去电子带正电，温度较低的一端得到电子而带负电，从而形成电位差。假设导体两端的温度分别为 T 和 T_0，则温差电动势可由下式表示：

$$E_A^e(T, T_0) = \int_{T_0}^{T} \sigma_A \mathrm{d}T \tag{5-5}$$

式中　σ_A——导体 A 的汤姆孙系数；

$E_A^e(T, T_0)$——温差电动势。

对于两种金属导体 A、B 组成的热电偶回路，温差电动势等于 A、B 两种金属导体的温差电动势的代数和，即

$$E_A^e(T, T_0) = \int_{T_0}^{T} (\sigma_A - \sigma_B) \mathrm{d}T \tag{5-6}$$

对于匀质导体 A、B 组成的热电偶，总电动势为接触电动势和温差电动势之和，即

$$E_{AB}(T, T_0) = E_{AB}^{\pi}(T) - E_{AB}^{\pi}(T_0) + \int_{T_0}^{T} (\sigma_A - \sigma_B) \mathrm{d}T \tag{5-7}$$

当两种材料相同时，由于电子密度相同，所以 $E_{AB}^{\pi}(T)=0$，$E_{AB}^{\pi}(T_0)=0$；而 $\int_{T_0}^{T} \sigma_A \mathrm{d}T = \int_{T_0}^{T} \sigma_B \mathrm{d}T$，即温差电动势大小相等，方向相反，故 $E_{AB}(T, T_0)=0$。

当两种材料不同，但 $T=T_0$ 时，$E_{AB}^{\pi}(T)=E_{AB}^{\pi}(T_0)$，$\int_{T_0}^{T} (\sigma_A - \sigma_B) \mathrm{d}T = 0$，故 $E_{AB}(T, T_0)=0$。

因此得出结论：①热电偶必须由两种不同材料的热电极组成；②热电偶的两个接触点必须具有不同的温度；③当热电极材料固定后，热电动势 $E_{AB}(T, T_0)$ 是温度 (T, T_0) 的函数。如果保持 T_0 不变，则 $E_{AB}(T, T_0)$ 是 T 的单值函数。

3. 热电偶测温的基本定律

热电偶测温必须在热电偶回路中引入连接导线和仪表，它们可能会对热电动势造成一定的影响，掌握热电偶应用基本定律，有利于获取正确的温度值。

(1) 匀质导体定律

在由相同导体或半导体组成的闭合回路中，不论几何尺寸大小以及各处温度分布如何，都不能产生热电动势。

应用这一定律可以来校验热电偶：如果由匀质材料组成热电偶回路，则没有测温作用；若热电偶的热电极是由非匀质材料组成的闭合回路，当存在温差时，则有热电动势输出，其值越大，说明热电极的成分和应力分布越不均匀，因此可以检查热电极的不均匀性。

(2) 中间导体定律

在热电偶回路中，只要中间导体两端温度相同，那么接入中间导体后，对热电偶总的热电动势没有影响。

如图 5-3 所示，用中间导体 C 接入热电偶回路，其总热电动势为

$$E_{ABC}(T, T_0)=E^{\pi}_{AB}(T)+E^{\pi}_{BC}(T_0)+E^{\pi}_{CA}(T_0)+\int_{T_0}^{T}\sigma_A \mathrm{d}T-\int_{T_0}^{T}\sigma_B \mathrm{d}T+\int_{T_0}^{T}\sigma_C \mathrm{d}T \quad (5-8)$$

因为

$$E^{\pi}_{BC}(T_0)+E^{\pi}_{CA}(T_0)=\frac{kT_0}{e}\ln\frac{N_B}{N_C}\cdot\frac{N_C}{N_A}=\frac{kT_0}{e}\ln\frac{N_B}{N_A}=E^{\pi}_{BA}(T_0)=-E^{\pi}_{AB}(T_0) \quad (5-9)$$

$$\int_{T_0}^{T}\sigma_C \mathrm{d}T=0 \quad (5-10)$$

则

$$E_{ABC}(T, T_0)=E^{\pi}_{AB}(T)-E^{\pi}_{AB}(T_0)+\int_{T_0}^{T}\sigma_A \mathrm{d}T-\int_{T_0}^{T}\sigma_B \mathrm{d}T=E_{AB}(T, T_0) \quad (5-11)$$

若在回路中接入多个导体，只要每个导体两端温度相同，也可得到同样的结论。应用这一定律，可在热电偶回路中串入显示仪表或连接导体，只要显示仪表或连接导体两端温度相同，那么对热电偶产生的热电动势没有影响，也就不会影响检测精度。

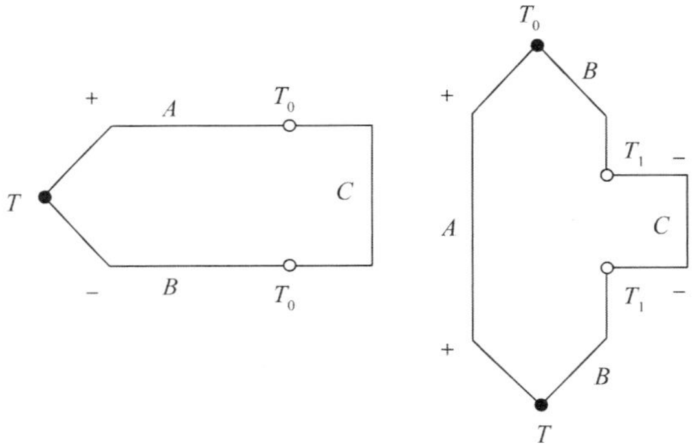

图 5-3　有中间导体的热电偶回路图

(3) 连接导体定律和中间温度定律

如图 5-4 所示，假设热电偶两极线两端温度为 T_1、T_2，连接导线两端温度为 T_2、T_3。如果测得 T_1 端 T_3 的热电动势为 $E_{ABB'A'}(T_1, T_2, T_3)$，则它必然为热电偶 A、B 的热电动势 $E_{AB}(T_1, T_2)$ 与连接导体 A'、B' 在温度 T_2 和 T_3 时的热电动势 $E_{A'B'}(T_2, T_3)$ 的代数和，即

$$E_{ABB'A'}(T_1, T_2, T_3)=E_{AB}(T_1, T_2)+E_{A'B'}(T_2, T_3) \quad (5-12)$$

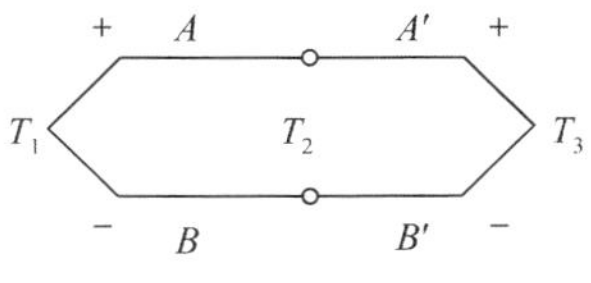

图 5-4　用导线连接的热电偶回路

上式为连接导体定律，它是热电偶测温应用补偿导线的理论基础。在实际中，A' 和 B' 采用补偿导线，或在两节点同温度条件下，是热电偶本身直接和配用仪表相接。

在式(5-12)中，如果 A 与 A' 材料相同、B 与 B' 材料相同，则回路的总电动势可表示为

$$E_{AB}(T_1, T_2, T_3)=E_{AB}(T_1, T_2)+E_{AB}(T_2, T_3) \quad (5-13)$$

式(5-13)表明：热电偶在节点温度为 T_1、T_3 的热电动势 $E_{AB}(T_1, T_3)$ 等于热电偶在 (T_1, T_2)、(T_2, T_3) 时相对应的热电动势 $E_{AB}(T_1, T_2)$ 和 $E_{AB}(T_2, T_3)$ 的代数和，这就是中间温度定律，它是制定热电偶分度表的理论基础。

(4) 参考电极定律

如图 5-5 所示，如果将热电极 C 作为参考电极与任意两个热电极 A、B 配对，那么在节点温度 (T, T_0) 相同的情况下，任意两个电极 A、B 配对后的热电动势为

$$E_{AB}(T, T_0)=E_{AC}(T, T_0)-E_{BC}(T, T_0) \tag{5-14}$$

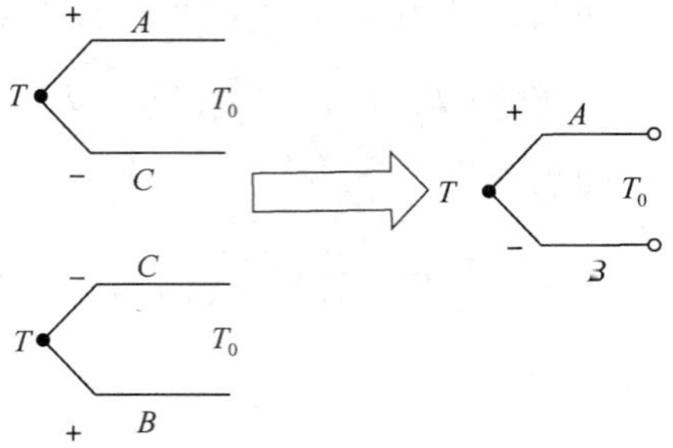

图 5-5　参考电极定律

式中　$E_{AB}(T, T_0)$——A、B 两个热电极配对后，在节点温度为 (T, T_0) 时的热电动势；

$E_{AC}(T, T_0)$——参考电极 C 与热电极 A 配对后，在节点温度为 (T, T_0) 时的热电动势；

$E_{BC}(T, T_0)$——参考电极 C 与热电极 B 配对后，在节点温度为 (T, T_0) 时的热电动势。

应用参考电极定律，可以通过计算预测某两种热电极配对后将可能产生的热电动势值，从而简化热电偶的选配工作。

4. 热电偶测温的线路连接方式

(1) 热电偶串联测量电路

图 5-6 为 N 支相同型号热电偶正负极依次相串联的线路图。若 N 支热电偶的各个热电动势分别为 E_1，E_2，E_3，…，E_N，则总热电动势为

$$E_{串}=E_1+E_2+E_3+\cdots+E_N=N\cdot E \tag{5-15}$$

式中　E——N 支热电偶的平均热电动势。

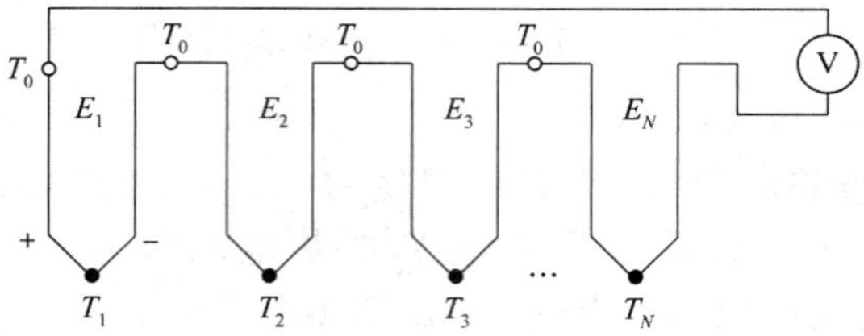

图 5-6　热电偶串联线路

这种串接线路的优点是热电动势大、精密度比单支热电偶高。缺点是只要线路中有支热电偶断开，整个线路就不能工作；或当个别热电偶短路后，也会引起指示值显著偏小。该电路主要应用于测量较低温度和产生热电动势比较小的地方。

(2) 热电偶并联测量电路

图 5-7 所示为 N 支相同型号热电偶正极与正极、负极与负极分别连接，构成的并联测量电路。若各热电偶阻值相等，热电动势分别为 E_1，E_2，E_3，…，E_N，则并联电路总的热电动势为

$$E_{并}=\frac{E_1+E_2+E_3+\cdots+E_N}{N} \tag{5-16}$$

式中 $E_{并}$——N 支热电偶的平均热电动势，可直接从分度表查得温度。

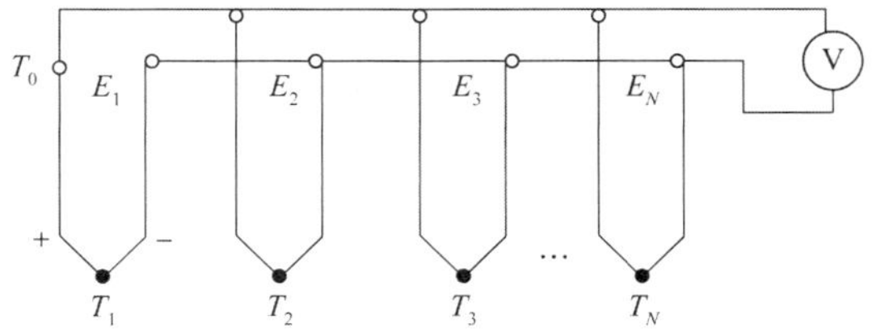

图 5-7 热电偶并联线路

并联线路只适用于具有相同热电特性的同一类热电偶。在所有热电偶测量端温度相等的情况下，温度检测电路输出所有热电偶的热电动势平均值。若其中一支热电偶的热电动势增加一个数值 ΔE，由于其余热电偶的分路作用，回路输出电动势增加 $\Delta E/N$。该回路的热电动势要比串联小得多，但当部分热电偶发生断路时，它不会影响整个并联线路的工作。

（3）温差测量电路

图 5-8 所示为热电偶温差测量电路。回路输出的总的热电动势取决于接点处的温度 t_1 和 t_2，当其相等时，热电动势为零；不相等时，才有热电信号输出。这种线路通常用来测量同一被加热物体所存在的温度差。在差热分析中，可显示试样对参考试样的温度差。如果要用温差热电偶作温度差的绝对测量，则必须保证在不同的温度范围内，相同的温度差对应相同的电动势，也就是要求两个热电偶具有完全相同的特性，而且具有良好的线性性能。

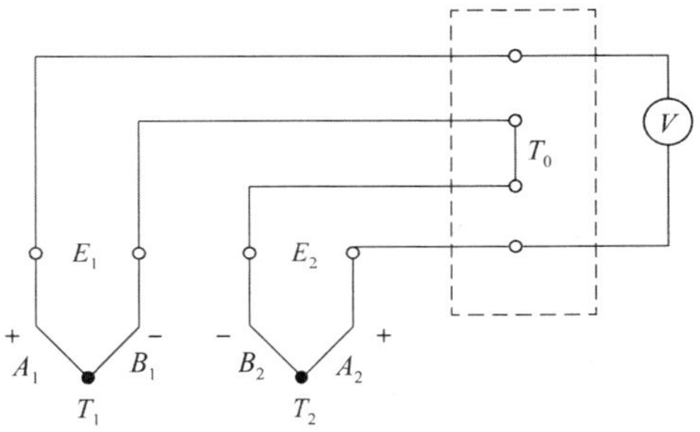

图 5-8 热电偶温差测量电路

5. 热电偶的类型和结构

（1）热电偶的类型

根据热电偶的工作原理，从理论上说，任何两种导体都可以配成热电偶，但是工程上要求测量温度具有一定的精度，所以对可以选作热电偶的材料有一定的要求。设计时，必须考虑以下几点：①配成的热电偶有较大的热电动势和热电动势率；②测量温度范围广，物理化学性质稳定，长期工作后，热电特性较稳定；③电阻温度系数和比热要小；④便于制作，材料资源丰富。

根据上述原则，常用热电偶材料有铜、铁、铂、铂铑合金及镍铬合金等，由于两种纯金属组成的热电偶的热电动势率很小，所以目前常用的热电偶大多数是合金与纯金属相配或者合金与合金相配。图 5-9 给出了几种常用热电偶材料配对后的热电特性曲线。

① 标准热电偶

国际上规定热电偶分为八个不同的分度号，分别为 S、R、B、K、N、E、J 和 T，其最低可测-270℃，最高可测 1800℃，其中 S、R、B 属于铂系列的热电偶，由于铂属于贵重金属，所以又称为贵金属热电偶，而剩下的几个则称为廉价金属热电偶。

a. 铂铑$_{10}$-铂热电偶：正极（SP）是合金，可测量 1600℃ 高温，长期工作温度为 0～1300℃。它属于贵重金属热电偶，具有较稳定的物理化学性质，抗氧化能力强，可在氧化性气体介质中工作，但不适宜在金属蒸气、金属氧化物和其他还原性介质中工作，在此环境中必须选用可靠保护管。这种热电偶的热电动势小，测量时要配用灵敏度高的仪表，由于其有

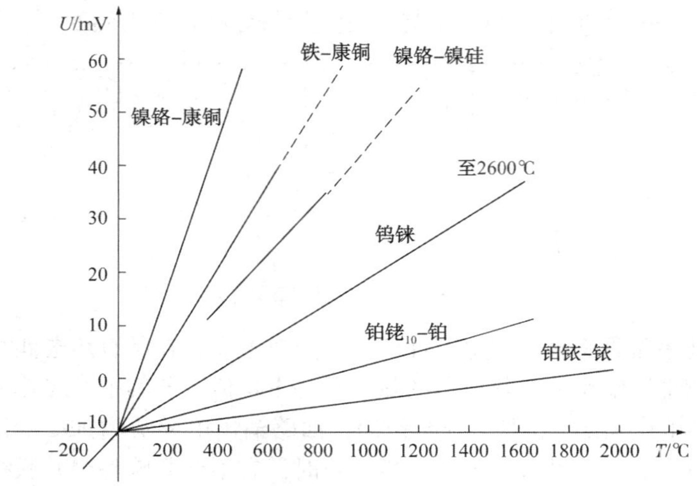

图 5-9 常用热电偶热电特性曲线

高的精度，因此国际温标规定，它是 630.71～1064.43℃范用内的基准热电偶，其分度号为 S。

b. 铂铑$_{13}$-铂热电偶：正极为含 13%的铂铑合金，负极为纯铂，也称为单铂铑热电偶。长期使用的最高温度为 1300℃，短期使用的最高温度为 1600℃，分度号为 R。该热电偶的物理、化学性能良好，热电势稳定性及在高温下抗氧化性能好，适用于氧化性和惰性气氛中。由于 R 型热电偶的综合性能与 S 型热电偶相当，在我国一直难于推广。

c. 铂铑$_{30}$-铂铑$_{6}$ 热电偶：该热电偶的两个热电极均采用铂铑合金，只是正极(EP)负极(BN)含铑量不同。其能长期在 1600℃的温度中被使用，短期最高使用温度为 1800℃，属于高温热电偶，也是目前应用最为广泛的一种热电偶。该热电偶性质稳定，因为在 0～50℃范围内热电动势小于 3μV，所以无须用补偿导线进行补偿；但其热电动势率小，测量时要配用灵敏度高的仪表，且价格较贵，分度号为 B。

d. 镍铬-镍硅热电偶：正极(KP)镍铬质量含量比为 90∶10，负极(KN)镍硅质量含量比为 97∶3，短期可测量的温度为 1300℃，长时间工作温度为 900℃。其物理化学性能稳定，抗氧化能力强，但不能直接在高温条件下被用于含硫、还原性或还原/氧化交替的气氛中以及真空中。热电动势比 S 型大得多，虽然测量精度偏低，但完全能满足工业测量要求，且因其价格便宜，所以在工业上被广泛应用。目前我国把这种热电偶作为三等标准热电偶，用来校正工业用镍铬-镍硅热电偶，分度号为 K。

e. 镍铬硅-镍硅镁热电偶：分度号为 N，正极(NP)为镍铬硅，质量含量比为 84.4∶142∶14；负极(NN)为镍硅镁，质量含量比为 95.5∶4.4∶0.1。它是一种最新国际标准化的热电偶 克服了 K 型热电偶的两个重要缺点，即在 300～500℃由于镍铬合金的晶格短程有序而引起的热电动势不稳定；在 800℃左右由于镍铬合金发生择优氧化引起的热电动势不稳定。其他特点与 K 型热电偶相同，但不受短程有序化的影响，综合性能优于 K 型热电偶。

f. 镍铬-康铜热电偶：又称镍铬-铜镍热电偶，正极(EP)镍铬的质量含量比为 90∶10 (与 KP 相同)，负极(EN)为铜镍合金。该热电偶的使用温度为-200～+900℃，在热处理车间低温炉中(600℃以下)得到广泛使用。其电动势之大、灵敏度之高属所有热电偶之最，宜制成热电堆，可测量微小的温度变化。因其对高湿度气氛的腐蚀不灵敏，所以宜用于湿度较高的环境，此外，它还具有稳定性好，抗氧化性能优于铜-康铜、铁-康铜热电偶，价格便宜等优点，其分度号为 E。

g. 铁-康铜热电偶：该热电偶的正极（JP）为纯铁，负极（JN）为康铜（铜镍合金，约占55%的铜和45%的镍以及少量却十分重要的锰、钴、铁等元素，尽管它被称为康铜，但不同于镍铬-康铜和铜-康铜中的康铜，故不能用 EN 和 TN 来表示）。其特点是热电动势大、价格便宜，适用于真空、氧化、还原和惰性气氛中，温度范围为-200～+800℃，但常用温度为500℃以下（因为超过这个温度后，铁热电极的氧化速率加快）。若采用粗线径的丝材尚可在高温中使用且有较长的寿命。该热电偶能耐氢气及一氧化碳等气体的腐蚀，但不能在高温（如500℃）含硫的气氛中使用，其分度号为 J。

h. 铜-康铜热电偶：又称铜-铜镍热电偶，正极（TP）为纯铜，负极（TN）为铜合金（又称康铜），与镍铬-康铜（EN）可通用，与铁-康铜（JN）不能通用。它的使用温度是-200～+350℃，一般不能超过300℃，在-200～+300℃范围内灵敏度比较高。因铜热电极易氧化，并且氧化膜易脱落，故应在氧化性气体中使用时。其主要特点是热电动势较大、准确度最高、稳定性和均匀性好，在-200～0℃温区内使用，稳定性更好，误差可小于±3μV。它是常用几种定型产品中最便宜的一种，其分度号为 T。

② 非标准热电偶

a. 钨-钼热电偶：钨-钼热电偶两极都具有较高的熔点，钨的熔点为3422℃，而钼的熔点为2623℃。钨、钼的化学稳定性差，不能在氧化性介质中工作。钨在空气中达400～500℃时即显著被氧化，在高于1000℃时即变成黄色的三氧化钨，同样在空气中达600℃时也要氧化成二氧化钨，虽然它们可以在还原性介质中工作，但高温下稳定性也较差，因此只能在真空或中性介质中工作。

实验表明，钨-钼热电偶的热电动势很低，而且热电动势与温度之间的关系有返回点，即在开始加热时，钨-钼热电偶的热电动势为负，到500～600℃时负值达到最低，然后又逐渐上升，大约在1300℃时返回零点，以后就又一直上升了，所以钨-钼热电偶只用在1300～2200℃，在这一温度范围内线性较好。

b. 钨-铼热电偶：钨-铼热电偶与钨-钼热电偶相比有很多优点，使用最多的是钨铼5/20，即正极含钨5%，负极含铼20%。钨铼热电偶测温范围大，0～2800℃均可；热电势与温度的关系近似直线，灵敏度高，在1000～2800℃范围内灵敏度较稳定，约为0.018mV/℃。但其抗氧化能力差，如直径为1mm的钨丝，在加热到2800℃后不到1min，电极就被氧化为直径只有0.5mm的钨丝，因此它只能在真空或惰性气体中工作。

c. 铱-铑热电偶：在真空和中性气体中，特别是在氧化性气体中，测量温度可以达到2000℃的热电偶。

d. 其他热电偶：上面介绍的热电偶均用的是金属或合金电极，由于受熔点的限制，能被用于高温范围的很少，而且性能受很大的局限，因此非金属高温热电偶的研究受到重视，并且取得了成果，比较成熟的有热解石墨热电偶、二硅化钨-二硅化钼热电偶、石墨、二硼化锆热电偶、石墨-碳化钛热电偶和石墨-碳化铌热电偶。这五种产品的精度为1%～1.5%，在氧化气氛中，可用于1700℃左右环境中，二硅化钨-二硅化钼热电偶在中性和还原气氛中可应用到2500℃环境中。

（2）热电偶的结构

由于热电偶被广泛地应用在各种条件下的温度测量中，所以热电偶的结构形式非常多。按热电偶本身结构可分为普通装配热电偶、铠装热电偶、薄膜热电偶等。根据不同用途又可分为表面热电偶、快速热电偶、多点热电偶、测量气体用的热电偶、测量光辐射强度的热电堆(由多根热电偶组成)及真空热电偶等。下面分别介绍几种主要的热电偶结构：

① 普通装配热电偶

普通装配热电偶主要用于测量气体、蒸气、液体等介质温度。由于应用范围广且大部分使用条件很相似，因此，它有通用标准型式供选择使用，例如有棒形、角形、锥形等，并且分别做成无专门固定装置、有螺纹固定装置及法兰固定等多种形式。普通装配热电偶是由热电极(偶丝)、绝缘材料(绝缘管)、保护管(壳体、外置)和接线盒等组成。为了防止灰尘和有害气体进入热电偶内部，接线盒的出线孔和盖子均用垫圈和垫片加以密封。常用的无机绝缘材料有石英、陶瓷、氧化铝等；而保护管材料为高温陶瓷、石英、金属(碳钢、黄铜、不锈钢等)。结构简图如图 5-10 所示。

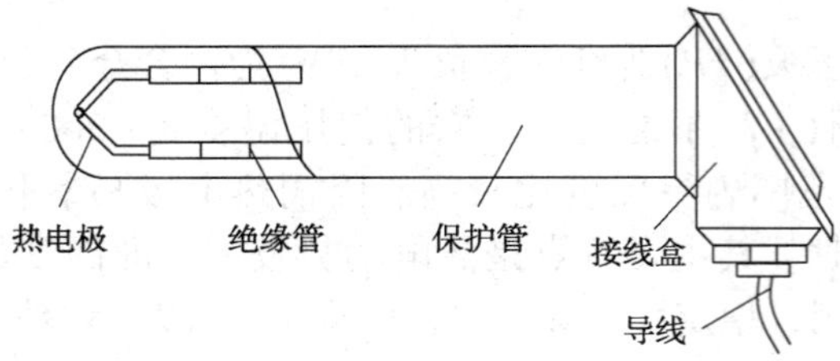

图 5-10　普通热电偶结构简图

② 铠装热电偶

铠装热电偶是由热电极、绝缘材料和金属保护套管组成的特殊结构的热电偶，在结构上有固定卡套式、无固定装置式、可动卡套式、固定法兰式、可动法兰式等型式。与装配热电偶相比，铠装热电偶通常是经多次一体拉制成型，而不是装配成型。在外形上，与普通装配热电偶没有明显的区别。

铠装热电偶具有能弯曲、耐高压、热响应时间快和坚固耐用等优点，与普通装配式热电偶一样，作为测量温度的传感器，通常铠装热电偶和显示仪表、记录仪和电子调节器配套使用。同时，铠装热电偶亦可以作为普通装配式热电偶的感温元件。铠装热电偶可以直接测量 0~1100℃范围内的液体、蒸气和气体介质以及固体表面温度。

③ 表面热电偶

表面热电偶是用来测量各种形态的固体表面温度的，如冲天炉外壳、金属型等。表面热电偶大多是根据被测对象自行设计、安装和使用的。但也有一些定型产品，如便携式表面温度计多数被制成探头形式，与显示仪表装在一起。

④ 快速微型热电偶

快速微型热电偶又称消耗式热电偶，它是专为测量钢水、铁水和其他熔融金属而设计的。快速微型热电偶的主要特点是热电偶元件很小，而且每次测量后要进行更换。热电极一般采用直径为 0. 05~0. 1mm 的铂铑$_{10}$-铂、铂铑$_{30}$-铂$_6$和钨铼$_5$-钨铼$_{20}$等材料，长度为 25~40mm，补偿导线固定在测温管内，并通过插件和接往显示仪表的补偿导线连接。

6. 热电偶的冷端温度补偿方法

热电偶的热电动势值与热电极材料和两节点的温度有关，而热电偶的分度表以及根据分度表制成的测温仪表都是以热电偶冷端温度为 0℃为基础。但实际上热电偶的冷端温度不可能一直自然保持在 0℃或某一固定温度，因此需要对热电偶进行冷端温度补偿。目前温度补偿的方法主要有以下几种：

(1) 冷端恒温法

主要包括以下方法：

① 将冷端放在冰水混合物中，维持冷端温度为 0℃。此方法精度高，用于在实验室中进

行热电偶校正；

② 将冷端放在盛油的容器中，利用油的惰性使冷端温度恒定；

③ 将冷端放在加热的恒温器中，恒温器用电加热，并用自动控制装置使其温度恒定。

（2）冷端温度校正法

当冷端温度 T_n 大于 0℃时，由

$$E_{AB}(T, T_n)=E_{AB}(T, T_0)-E_{AB}(T_n, T_0) \tag{5-17}$$

可知热电偶输出的热电动势将比 $E_{AB}(T, T_0)$ 小，这一热电动势输入仪表后，仪表的指示温度 $T_{指}$ 将比被测温度 T 低 ΔT，即此时 $T_{指}=T-\Delta T$，假设仪表指示值 $T_{指}$ 所对应的热电动势为 $E_{AB}(T_{指}, T_0)$，若 $(T_{指}, T_0)$ 的平均热电动势率为 $\left(\frac{dE}{dT}\right)_{指}$，则

$$\Delta T=\frac{E_{AB}(T, T_{指})}{\left(\frac{dE}{dT}\right)_{指}} \tag{5-18}$$

而

$$E_{AB}(T, T_{指})=E_{AB}(T_n, T_0)=T_n\left(\frac{dE}{dT}\right)_n \tag{5-19}$$

式中　$\frac{dE}{dT}$ 为 (T_0, T_n) 的平均热电动势率。

如果令

$$K=\frac{(dE/dT)_n}{(dE/dT)_{指}} \tag{5-20}$$

则

$$T=T_{指}+K\cdot T_n \tag{5-21}$$

式中　K 为补偿系数，常用几种热电偶的近似 K 值，见表 5-2。

表 5-2　常用热电偶的近似 *K* 值

类别	铜-康铜	镍铬-青铜	铁-康铜	镍铬-镍硅	铂铑$_{10}$-铂
常用温度/℃	300～600	500～600	0～600	0～1000	1000～1600
近似 K 值	0.7	0.8	1	1	0.5

实际上，为了方便，有时把热电偶冷端温度 T_n 测出，将仪表零点指针位置向前移一个距离，这个距离的指示值使它正好等于 T_n，如冷端温度为 20℃，就可把仪表的零位上移，使指针指在 20℃的位置。

（3）热电偶补偿法

在热电偶回路中串联一只同型号热电偶的补偿方法，称为热电偶补偿法，连接方法如图 5-11 所示。将热补偿电偶的工作端置于恒定温度 T_0 中，假设 $T_0=0$，则可完全补偿；如果 T_0 为非零的恒定温度，则可由分度表查得对应的热电势值加上仪表的读数而获得真实温度。这种补偿法可用于多点测温，用一只热电偶对多只工作热电偶进行温度补偿。

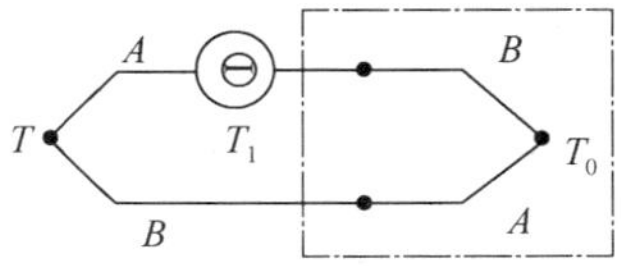

图 5-11　热电偶补偿电路

（4）补偿导线法

根据中间导体定律，当热电极 A、B 与 A'、B' 相连后，回路仍可被看作仅由 A、B 热电极组成。在低温范围 0~100℃，导线 A、B 的特性与热电极 A、B 的特性近似，这种导线被称为补偿导线，其作用在于把热电偶参考端移至远离热源并且温度恒定的地方，从而达到稳定冷端温度的目的。

使用补偿导线时应注意：①不同热电偶应配接不同的补偿导线，且必须在规定的温度范围内；②补偿导线与热电偶连接时，正极与正极相连，不能将极性接反，否则非但不能起到补偿作用，相反还会造成更大的测量误差。常见的补偿导线见表 5-3。

表 5-3　常用补偿导线色别及热电特性

补偿导线种类		*KC*	*SC*	*EX*	*WL*
配用热电偶		镍铬-镍铝（镍铬-镍硅）	铂铑$_{10}$-铂	镍铬-铸铜	钨铼$_5$-钨铼$_{20}$
导线线芯材料	正极	铜	铜	镍铬	铜
	负极	康铜	铜镍	铸铜	铜 1.7%~1.8%
绝缘颜色规定	正极	红	红	红	红
	负极	蓝	绿	黄	蓝
热电动势（热端 100℃，冷端 0℃）/mV		4.10±0.15	0.643±0.023	6.95±0.30	1.337±0.045
热电动势（热端 150℃，冷端 0℃）/mV		6.13±0.020	1.025±0.024	10.59±0.020	—
20℃时的热电阻率/$10^{-6}\Omega\cdot m$		0.634	0.0484	1.25	0.0434

（5）电桥补偿法

当热电偶工作端温度为 T、冷端温度为 T_n 时，如果能够在热电偶回路中串接一个电动势 $U=E_{AB}(T_n,\ T_0)$ 就可使测量仪的输出电动势为

$$E_{AB}(T,\ T_n)+U=E_{AB}(T,\ T_0) \tag{5-22}$$

则可获得正确的测量值，此为电桥补偿法的基本依据。

所谓的冷端温度补偿器实际上是一个能够产生直流信号为 $E_{AB}(T_n,\ T_0)$ 的毫伏发生器，将其串接在热电偶测量线路中，可使读数得到自动补偿。

一般的冷端补偿器内部为一个不平衡电桥，如图 5-12 所示。连接时，要满足以下条件：①电桥输出端与热电偶串接；②电桥三臂由电阻温度系数较小的铜线绕制而成，使温度不随环境温度变化而变化；③另一臂由电阻温度系数较大的铜线绕制而成，并使其在 20℃时，阻值为 1Ω，此时电桥平衡，没有电压输出；④适当选择 R 值，可使电桥的电压输出特性与所配接热电偶的热电特性相近，并且在温度大于 20℃时，电桥电压使热电偶毫伏数增加，在温度低于 20℃时，电桥电压使热电偶毫伏数减小，从而达到自动补偿冷端温度的目的。

二、热电阻测温

1. 热电阻测温的基本原理

导体或半导体的电阻值随温度的变化而改变，通过其阻值的测量可以推算出被测物体的温度，利用此原理构成的温度计就是热电阻温度计。热电阻分为金属热电阻和半导体热敏电阻两类。

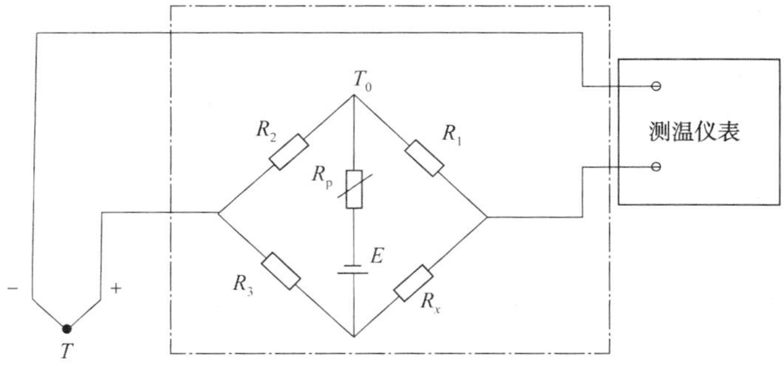

图 5-12　冷端温度补偿电桥

（1）金属热电阻

从物理学可知，一般金属导体具有正的电阻温度系数，它的表达式为

$$R=R_0(1+\alpha_1 t+\alpha_2 t^2+\cdots+\alpha_n t^n) \tag{5-23}$$

式中　R_0是在温度 $t=0$℃时的电阻。式中的项数取决于材料、要求的测温精度和测定的温度范围。

常用的制作金属热电阻的材料有铂、铜、铁、镍、银等，其中铂、镍、铜最为常用，一般取到二次项或三次项即可，在一定的温度范围内有相当好的线性性能。

（2）半导体热敏电阻

半导体热敏电阻是锰、镍、铜、钴等的氧化物粉末，按一定比例与黏接剂混合，然后压制成型并烧结而成，一般有珠状、探头状、柱状、棒状等。与金属热电阻相比，它有如下优点：①灵敏度高，比一般金属热电阻高 10~100 倍；②结构简单，体积小，可以测量点温度；③电阻率高，热惯性小，适宜动态测量。但是半导体热敏电阻的稳定性和互换性差。

热敏电阻的电阻值与温度之间的关系为

$$R=A\cdot\exp\left(-\frac{B}{T}\right) \tag{5-24}$$

式中　A——与热敏电阻的尺寸、形状和物理特性有关的常数；

B——与热敏电阻物理特性有关的常数。A 和 B 都由试验求得，T 为热敏电阻的热力学温度。

2. 热电阻的接线方式

热电阻温度计的连接方式有二线制、三线制和四线制，如图 5-13 所示。

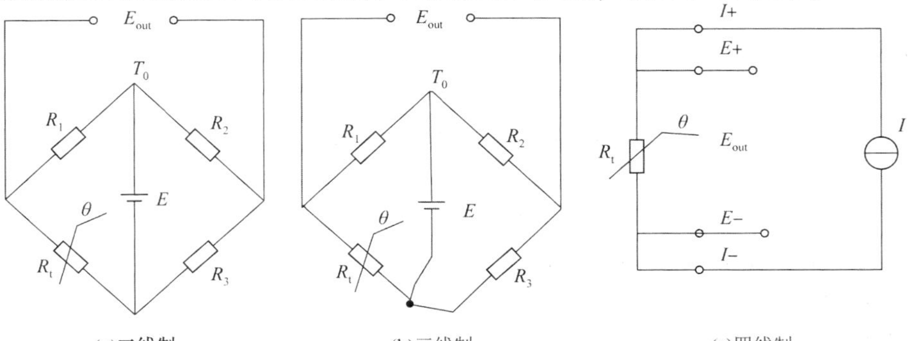

图 5-13　热电阻的接线方式

二线制接法如图 5-13(a)所示，热电阻 R_t 有两根引线，通过连接导线接入由 R_1、R_2、R_3 组成的不平衡电桥，由于引线及连接导线的电阻与热电阻处于电桥的一个桥中，它们随环境温度的变化全部被包含在热电阻的变化之中，直接影响热电阻温度计测量温度的准确性。由于二线制接法简单，在实际工作中仍有应用。

三线制接法如图 5-13(b)所示，热电阻 R_t 有三根线，此时有两根引线及其连接导线的电阻分别加到电桥相邻两桥臂中，第三根线则接到电源线上，即相当于把电源与电桥的连接点从显示仪表内部桥路上移到热电阻体附近。这样，在测温工作中由于这些电阻的变化而带来的影响就极小了。工业用电阻温度计常与自动平衡电桥配套使用，这种仪表依据零位检测原理工作，电源电压波动对仪表读数无直接影响。利用平衡电桥构成的闭环式仪表，采用三线制接法测量误差小。

四线制接法如图 5-13(c)所示，这是为了更好地消除引线电阻变化对测温的影响。在实验室测温和计量标准工作中采用四引线热电阻，配合用的仪表为精密电位差计或精密测温电桥。图 5-13(c)所示为用电位差计精密测量热电阻值的四线制线路。在热电阻体两端各连接两根引线，其中两根引线为热电阻提供恒流源 I，在热电阻上产生 $u=R_tI$，通过另两根引线引到电位差计上，利用电位差计平衡读数时，电位差计不取电流，热电阻的电位测量线没有电流通过。所以，热电阻引线和连接导线的电阻无论怎样变化也不会影响热电阻 R_t 的测量，因而完全消除了引线电阻变化对测温精度的影响。

3. 常用热电阻

(1) 铂热电阻

ITS-90 规定在-259.35~961.78℃范围内以铂热电阻温度计作为标准仪器，即实际测温中铂热电阻被确认为是准确度最高的仪器。它分成低、中、高不同的温度区段，测量精度可达 10^{-3}K。而在-200~530℃这一范围内，工业和科学实验常用测温仪器的感温元件也大都采用铂热电阻，这是因为铂的物理和化学性能稳定、抗氧化能力强、电阻率高且材料易提纯、复制性好。

铂热电阻温度计通常是将截面直径 0.05mm 的铂丝卷绕在云母片上，并调节其长度使其在 0℃时阻值是某一固定值，如 100Ω。在常温下，其电阻率为 $1.06\times10^{5}\Omega\cdot m$，温度系数为 0.392%/℃。但它的价格贵、受磁场影响大、温度系数小，在 20K 以下灵敏度差在还原介质中易被玷污而变脆，为此常用保护套管保护。

铂热电阻与温度之间的关系接近于线性，在 0~630.70℃范围内可用下式表示

$$R_t=R_0(1+\alpha_1t+\alpha_2t^2) \tag{5-25}$$

在-190~0℃范围内为

$$R_t=R_0(1+\alpha_1t+\alpha_2t^2+\alpha_3t^3) \tag{5-26}$$

式中　R_0、R_t——温度为 0℃及 t℃时铂热电阻的电阻值；

α_1、α_2、α_3——温度系数，由实验确定，$a_1=3.9684\times10^{-3}/℃$，$a_2=-5.847\times10^{-7}/(℃)^2$，$a_3=-4.22\times10^{-12}/(℃)^3$。

目前常用的铂热电阻 R_0 值为 100Ω，将电阻值 R_t 与 t 温度的相应关系统一列成表格，称其为铂热电阻分度表，分度号用 Pt100 表示。

(2) 铜热电阻

在测温精度要求不高、测温范围比较小的情况下，可采用铜热电阻代替铂热电阻。在-

50～+150℃的温度范围内，铜热电阻与温度成线性关系，其电阻与温度的关系可表示为

$$R_t=R_0(1+a_1t) \tag{5-27}$$

式中　$a_1=(4.25\sim4.28)\times10^{-3}/℃$。

由于铜的电阻率小($\rho=0.017\times10^{-6}\Omega\cdot m$)，根据 $R=\rho L/S$ 可知，当 ρ 小时，要制造定电阻的热电阻体，则要求电阻丝细而长，这就使得热电阻体的体积变大，机械强度降低。表 5-4 列出了工业上常用的铜热电阻和铂热电阻的特性。除了铂热电阻和铜热电阻外，在实际低温测量时还采用铑铁热电阻温度计，它可测量 0.3～40K 温度范围(常用于 0.3～20K)，具有较高的灵敏度和很好的复现性及稳定性。

表 5-4　铜热电阻和铂热电阻的特性

名称	分度号	0℃时的电阻值 R_0/Ω		测温范围/℃
		名义值	允许误差	
铜热电阻	Cu50	50	±0.1	-50～+150
	Cu100	100	±0.1	
铂热电阻	Pt10	10	A 级±0.006 B 级±0.012	-200～+850
	Pt100	100	A 级±0.06 B 级±0.12	

第三节　非接触式测温

非接触式测温大部分采用辐射方式进行测温。用物体的辐射作用来测量其温度的高温计称为辐射式高温计。辐射式高温计在工业生产中，被广泛用于测量高于 900℃的物体温度，这类仪器是根据被加热的物体的辐射能与其温度有关的原理制作而成。测温过程不需要与被测物体接触，所以不会扰乱被测对象的温度场分布，也不会给被测对象带来任何影响。由于是非接触式测温，因此其测量上限可以达到任何温度，并且动态响应快。

一、辐射测温的原理

物体中电子振动的结果，就是对外发射出辐射能。电磁波就是辐射能传送的具体形式。自然界中的一切物体，只要温度在 0K 以上，都以电磁波的形式不停地向外传送热量，这种传送能量的方式称为辐射。物体通过辐射所放出的能量，称为辐射能，简称辐能，辐射用 R/h 计算。

这里主要是研究物体能吸收，并且在吸收能量后又重新转变为热能的那些射线，具有这种性质最显著的射线是波长为 0.8～40μm 的红外线，其次是 0.4～0.8μm 的可见光波，通常被称为热射线，其传递过程被称为热辐射。对于热辐射来说，温度是物体内部电子振动的基本原因，因此热辐射主要取决于温度。

物体总是具有辐射的能力，同时也具有吸收外界辐射的能力，因此物体究竟是吸热还是放热取决于该物体在同一时间内放射和吸收的能量之差。只要参与辐射的物体的温度不同，这种差就不会是零，即使在同一温度，辐射换热还是照常进行，此时物体辐射和吸收的能量

都相等而处于热平衡状态。

假设落到某物体的热量为 Q_0，其中 Q_A被吸收，Q_R被反射，Q_D通过该物体，则

$$\frac{Q_A}{Q_0}+\frac{Q_R}{Q_0}+\frac{Q_D}{Q_0}=1 \tag{5-28}$$

或

$$A+R+D=1 \tag{5-29}$$

式中 $A=\frac{Q_A}{Q_0}$——物体的吸收率，当 $A=1$ 时称为绝对黑体；

$R=\frac{Q_R}{Q_0}$——物体的反射率，当 $R=1$ 时称为绝对白体；

$D=\frac{Q_D}{Q_0}$——物体的穿透率，当 $D=1$ 时称为透明体。

自然界中，并没有绝对黑体、绝对白体和绝对透明体。石油、煤烟等接近黑体，磨光的金属接近于白体，双原子气体 O_2、N_2等接近于透明体。凡是善于反射的物体，一定不善于吸收辐射能，反之亦然。一般工程上涉及的实际物体，对射线可吸收一部分，又可反射(或透射)一部分。有些物体对各种波长光线的吸收(或反射)率都一样，这种物体称为灰体。

1. 普郎克定律

物体在单位时间内和单位面积上所辐射的能量称为全辐射能，用 E 表示，它包括波长从零到无穷的能量。在单位时间内和单位面积上辐射出去的某一波长的能量称为单色强度，用 E_λ 表示。

普郎克定律揭示了在各种不同温度下黑体辐射能量按波长分布的规律，其关系式为

$$E_{0\lambda}=C_1\lambda^{-5}(e^{C_2/\lambda T}-1)^{-2} \tag{5-30}$$

式中 λ——波长(μm)；

T——物体绝对温度(K)；

C_1——普郎克第一辐射常数；

C_2——普郎克第二辐射常数；

$E_{0\lambda}$——绝对黑体单色辐射强度。

上式可由曲线表示，当 $\lambda\to0$ 及 $\lambda\to\infty$时，$E_{0\lambda}=0$，同时辐射强度最高峰随着物体温度的升高而转向波长较短的一边。

2. 维恩公式

在温度不太高(小于 3000K)、且波长很小时($e^{C_2/\lambda T}\gg1$)，普朗克定律可以简化为

$$E_{0\lambda}=C_{11}\lambda^{-5}e^{-C_2\lambda T} \tag{5-31}$$

上式为维恩公式。计算比较方便，一般在 3000K 以下的可见光范围内，都可以采用这个公式进行计算。

3. 斯蒂芬-玻耳兹曼定律

该定律确定物体的全辐射能与温度的关系，是斯蒂芬依据经验求得后又经玻耳兹曼用理论予以证明的。将 $E_{0\lambda}$从为 0 到∞进行积分，可以求得绝对黑体的全辐射能。

$$E_0=\int_0^\infty E_0\lambda\,d\lambda=C_0\left(\frac{T}{100}\right)^4 \tag{5-32}$$

式中　C_0——黑体辐射常数。

物体的全辐射能和它的绝对温度的四次方成正比，因此这一定律又被称为四次平方定律，这一定律同样适用于灰体，灰体的全辐射能 E 和同温度下绝对黑体的全辐射能 E_0，二者之比被称为黑度，即$\varepsilon=E/E_0$。

二、辐射式测温

以斯蒂芬-玻耳兹曼定律为基础的测温仪表常被称为全辐射高温计；以普朗克定律和维恩定律为基础的测温仪表常被称为单色辐射高温计，它通常又分为两类：①通过测量被测对象发射的某个波长的辐射能量，从而求得被测温度的称为亮度高温计，其又可分为光学高温计和光电高温计两类；②通过测量被测对象发射的两个或两个以上波长的辐射能量之比，从而求得被测对象温度的称为比色高温计。

1. 全辐射高温计

全辐射高温计是利用物体在全光谱范围内总辐射能量与温度的关系检测温度，即基于四次方定律进行温度检测。由于实际物体的吸收能力小于绝对黑体，即 $\varepsilon<1$，因此用全辐射高温计测得的温度总是低于物体的温度。如果已知物体的黑度 ε，则可根据下式求得物体的真实温度，即

$$T=\frac{T_0}{\sqrt[4]{\varepsilon}} \tag{5-33}$$

式中　T_0——黑体全辐射所具有的温度；

　　　T——被测物体的真实温度。

全辐射高温计的结构如图 5-14 所示。它主要由光学系统、热接收器和显示仪表组成。热接收器采用热电堆，一共由八对热电偶串联组成，如图 5-15 所示。为了便于分度时对仪表校正，内部有可调校正器。热电偶冷端所处环境温度的波动会引起仪表指示误差，为此仪器中装有环境温度自动补偿器。当温度变化时双金属变形，推动补偿光栅移动，改变入射光的光通量，起到自动补偿作用。

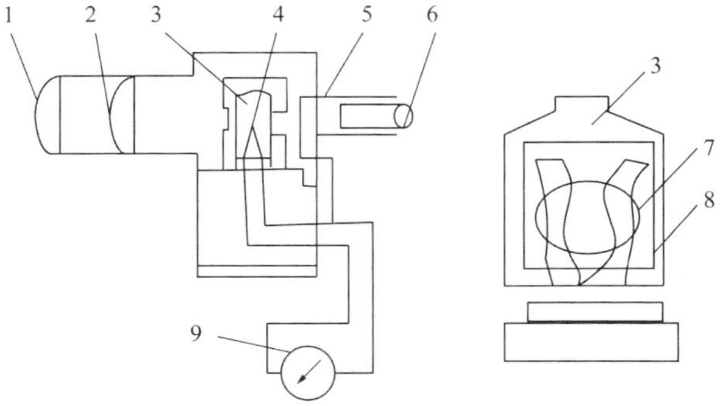

图 5-14　全辐射高温计的结构示意图

注：1—物镜；2—光阑；3—玻璃泡；4—热电堆；5—灰色滤光片；6—目镜；7—铂铑；8—云母片；9—仪表。

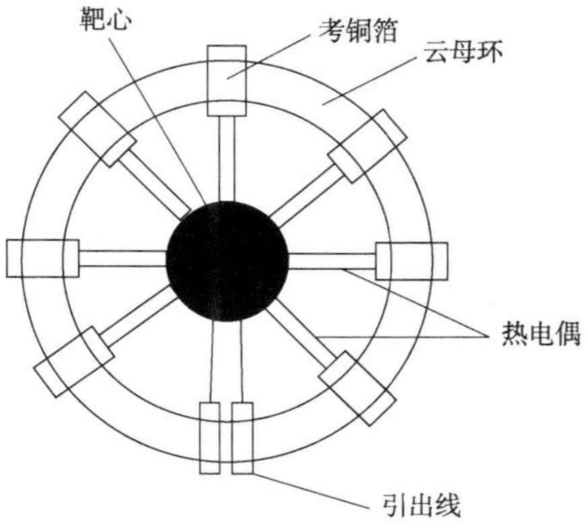

图 5-15　热电堆探测器

测温工作过程是：被测物体的辐射能量经物镜聚焦到热电堆的靶心铂片上，将辐射能转变为热能，再由热电堆变成热电动势，由显示仪表显示出热电动势的大小；由热电动势的数

值可知所测温度的大小。这种测温系统适用于远距离、不能直接接触的高温物体，其测温范围为 400~3000℃。

辐射式温度计的使用与距离目标远近有关，一般都给出仪表的距离系数及最佳工作距离。距离系数表示传感器前端面到被测物体表面的距离 L 与被测对象有效直径 D 之比，即 L/D。使用中除应保证满足 L/D 的要求外，还须满足使用距离在规定范围内，因此也就限制了最小直径和最大距离。

2. 亮度高温计

亮度高温计是利用物体的单色辐射亮度随温度变化的原理，并以被测物体光谱的一个狭窄区域内的亮度与标准辐射体的亮度进行比较来测量温度。由于实际物体的单色辐射黑度系数小于绝对黑体，因而实际物体的单色亮度小于绝对黑体的单色亮度，故系统测得的温度 T_{L} 低于被测物体的真实温度 T，它们之间的关系为

$$\frac{1}{T}-\frac{1}{T_{\text{L}}}=\frac{\lambda}{C_2}\ln\varepsilon_{\lambda\text{T}} \tag{5-34}$$

式中　$\varepsilon_{\lambda\text{T}}$——单色辐射黑度系数。

（1）光学高温计

图 5-16 所示是某种灯丝隐灭式光学高温计结构示意图。合上开关 S 接通电源后，调节电位器 R，便可改变灯丝的亮度，此时移动目镜，可以清晰地看到亮度灯丝的影像，移动物镜，可以看到被测对象的影像。它和灯丝的影像处于同一平面。图 5-17 中，当被测对象比灯丝亮时，灯丝成为一条暗线；当被测对象比灯丝暗时，灯丝成为一条亮线；当灯丝的亮度和被测对象的亮度相同时，灯丝影像就消失在被测对象的影像里，这时毫伏表指示的读数即可显示出被测对象温度的高低。

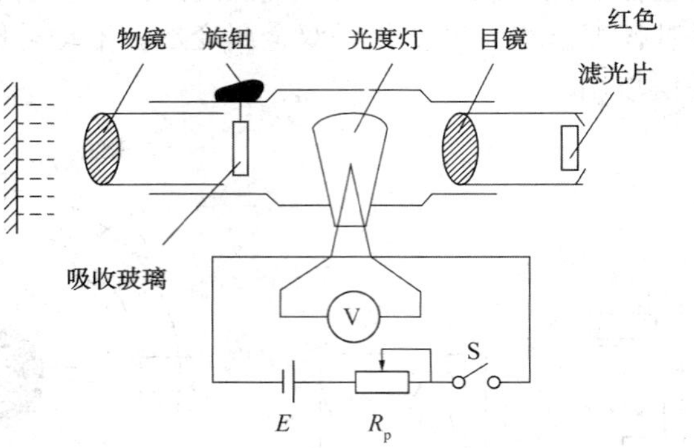

图 5-16　灯丝丝隐灭式光学高温计结构示意图

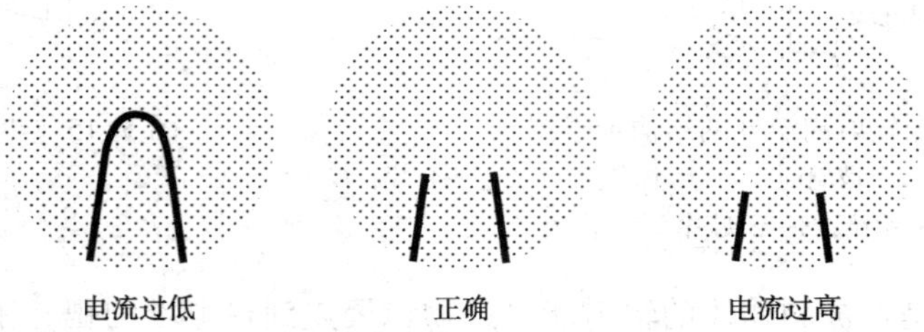

图 5-17　光学高温计的瞄准情况

红色滤光片的作用是为了获得被测对象与标准灯的单色光，并在特定的波段上进行亮度比较。由于亮度灯丝在过热时易遭破坏，故灯丝亮度所对应的温度一般不超过 1500℃。为了扩大量程，可以借助吸收玻璃降低被测对象的亮度。因此，毫伏表上有两种标尺，一种是未加吸收玻璃的温度标尺，称为第一量程；另一种是加上吸收玻璃的温度标尺，称为第二量程。

为了防止在测量高温时烧毁灯丝，可采用灯丝恒定亮度式光学高温计。该高温计工作时灯亮度始终不变，流过电流恒定。通过改变吸收玻璃的吸收强度来改变被测对象的射线透过的亮度，再用经过减弱了的射线与灯丝恒定亮度作比较，当两者亮度相同时，由被测光线减弱程度显示其温度大小。

为了保持灯亮度恒定，在灯丝回路中串联电流表及可调电阻，根据电流表的指示值调整可调电阻，使其达到标准值。

（2）光电高温计

利用光学高温计测量温度时，在理论上已比较严密，且其结构相当完善。但是，它是利用人的眼睛来检测亮度偏差，误差较大。光电高温计可以克服此缺点，利用光敏元件进行亮度比较，从而可实现自动测量。

图 5-18 所示为光电高温计的一种实现方法，将被测物体与标准光源的辐射经调制后射向光敏元件，当两束光的亮度不同时，光敏元件产生输出信号，经放大后驱动与标准光源相串联的滑线电阻的活动触点向相应方向移动，以调节流过标准光源的电流，从而改变它的亮度。当两束光的亮度相同时，光敏元件信号输出为零，这时滑线电阻触点的位置即代表被测温度值。这种高温计的量程宽，具有较高的测量精度，一般用于测量 700～3200℃范围的浇铸、轧钢、锻压、热处理时的温度。

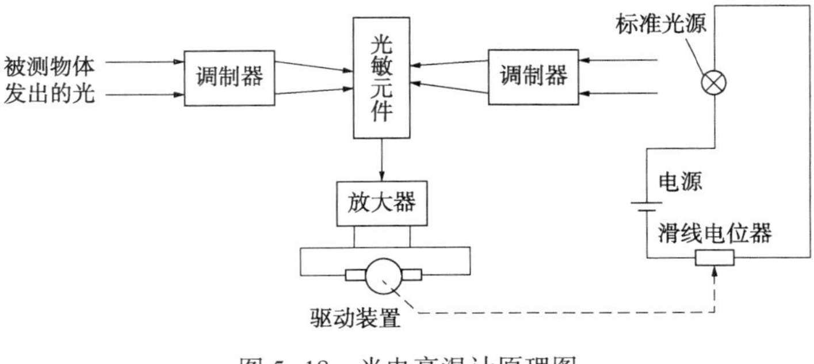

图 5-18　光电高温计原理图

（3）比色高温计

比色高温计以测量两个波长的辐射亮度之比为基础。通常将波长选在光谱的红色和蓝色区域内，利用该高温计测温时，仪表显示的值为比色温度 T_p，它与被测对象的真实源度 T 之间的关系为

$$\frac{1}{T}-\frac{1}{T_p}=\frac{\ln\left(\dfrac{\varepsilon\lambda_1}{\varepsilon\lambda_2}\right)}{C_2\left(\dfrac{1}{\lambda_1}+\dfrac{1}{\lambda_2}\right)} \tag{5-35}$$

式中　$\varepsilon\lambda_1$——对应于波长 λ_1 的单色辐射黑度系数；

$\varepsilon\lambda_2$——对应于波长 λ_2 的单色辐射黑度系数。

由式(5-35)可以看出，当两个波长的单色黑度系数相等时，物体的真实温度 T 与比色温度 T_p 相同。一般灰体的发射系数不随波长而变化，故它们的比色温度等于真实温度。对于很多金属而言，由于单色黑度系数随波长的增加而减小，故比色温度稍高于真实温度，通常入与非常接近，故比色温度与真实温度相差很小。

图 5-19 为比色高温计的原理示意图，包括透镜 L、分光镜 G、滤光片 K_1 和 K_2、光敏元件 A_1 和 A_2、放大器 A、可逆伺服电动机 SM 等。

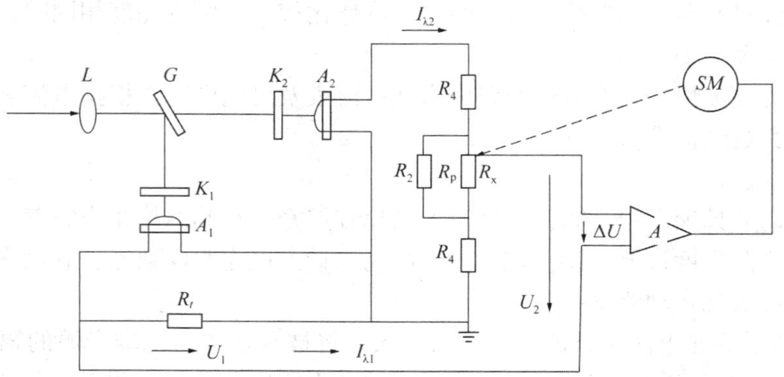

图 5-19　比色高温计原理图

其工作过程是被测物体的辐射经透镜 L 投射到分光镜 G 上，使长波透过，经滤光片 K_2，把波长为 λ_2 的辐射光投射到光敏元件 A_2 上。光敏元件的光电流 I_{λ_2} 与波长 λ_2 的辐射强度成正比，则电流 I_{λ_2} 在电阻 R_3 和 R_x 上产生的电压 U_2 与波长 λ_2 的辐射强度也成正比；另外，分光镜 G 使短波辐射光被反射，经滤光片 K_1 把波长为 λ_1 的辐射光投射到光敏元件 A_1 上。同理，光敏元件的光电流 I_{λ_1} 与波长 λ_1 的辐射强度成正比。电流 I_{λ_1} 在电阻 R_1 上产生的电压 U_1 与波长的辐射强度也成正比。当 $\Delta U=U_2-U_1\neq 0$ 时，ΔU 经放大后驱动伺服电动机 SM 转动，带动电位器 R_p 的触点向相应方向移动，直到 $\Delta U=0$，电动机停止转动，此时电位器的变阻值 R_x 反映了被测温度值，即

$$R_x=\frac{R_2+R_p}{R_2}\left(R_1\frac{I_{\lambda1}}{I_{\lambda2}}-R_3\right) \tag{5-36}$$

比色高温计可连续自动检测钢水、铁水、炉渣和表面没有覆盖物的高温物体温度，其量程为 800~2000℃。其优点是反应速度快，测量温度接近实际值。

4. 红外测温计

凡是利用物体辐射的红外光谱进行测温的技术都称为红外测温，图 5-20 所示为几种典型的红外测温计。

图 5-20　红外测温计

红外测温计的结构与光电高温计基本相同，若将光学系统改为透射红外的材料，热敏元件改用相应的红外探测器，这样就构成了红外辐射温度计，如图 5-21 所示。被测物体的红外光由窗口射入光学系统，经分光片、聚光镜和调制盘转换成脉冲光波投射到黑体腔中的红外探测器上，红外探测器的输出信号经运放 A_1 和 A_2 整形和放大后，送入相敏功率放大器，经解调和整流后输出到显示器，显示出相对应的温度。

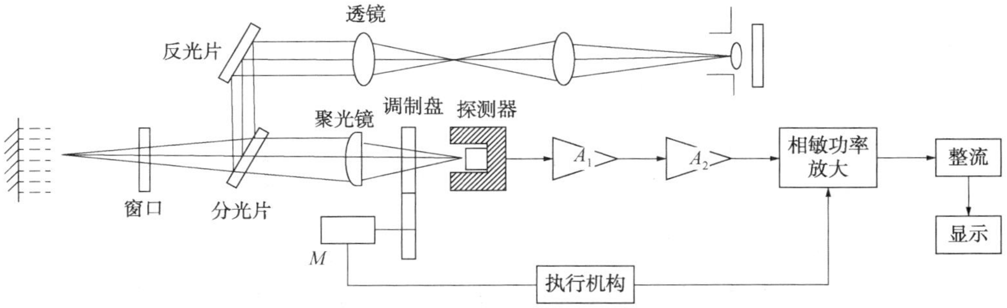

图 5-21　红外测温计原理图

思考与练习

1. 热电偶和热电阻分别属于哪类传感器？
2. 为什么要对热电偶的冷端温度进行补充？给出常用的补偿方法。
3. 非接触测温的原理是什么？
4. 工业标准热电偶的种类有哪些？
5. 什么是全辐射能和单色辐射强度？
6. 思考题：

（1）红外热像仪是一种利用辐射红外射线而成像的仪器，因此也可用于测量温度。请通过查阅相关资料，了解红外热像仪的发展简史，并说明红外热像仪的工作原理和在热加工中的应用。

（2）当测量某一液态金属的温度时，你认为是使用接触式测温仪表测得的结果准确还是热电偶的测温结果准确？

第六章 恒值控制系统

恒值控制系统是指自控系统的被控制量保持恒值输出的系统。恒值控制系统的控制任务就是克服各种对系统的干扰因素，维持系统输出的被控制量为一设定的数值。

第一节 恒值控制系统概述

材料成型及控制工艺包括铸造、锻压、焊接和热处理等，内容广泛，其中常月的恒值控制系统有恒温控制系统、恒电压(流)控制系统、恒速控制系统等。材料成型及控制工程中常使用各类加热电源通过电阻加热或感应加热对温度进行控制；使用各类电力开关器件通过整流或逆变等方式进行恒压(流)控制；使用调压、变频等方式对电动机进行恒速控制等等。

材料成型及控制恒值控制系统的被控对象中，可产生热能的物理现象占有相当大的比重，如利用电阻通电产生电阻热能的各种电阻加热炉；利用电磁感应原理给物料加热的各种高、中频感应加热炉；利用电极间放电气体介质可产生高温、高亮度的高压电弧(各种气体激光器和固体激光器的激励源)和低压电弧。这些被控对象的特点是：

(1) 对象的物理现象十分复杂，变化因素多。因此，为某一恒值控制系统建立被控对象环节的传递函数就很困难。又由于这些被控对象往往产生高温、高亮度的高压电弧，这就给用实验方法测量和研究带来诸多不便。

(2) 同一控制对象可能有不同的被控制量输出。比如焊接电弧的输出被控制量可能是电弧电压、电弧电流、电弧弧长。因为控制对象不同，所以被控制量的选定是根据材料热加工工艺要求来确定。但有时限于被控制量的检测困难，对选定的直接被控制量常被间接被控制量取代。例如电弧弧长的恒值控制系统，就常用电弧电压检测取代电弧弧长检测。而用间接被控制量取代直接被控制量的前提条件是，二者之间必存在线性关系。

由于材料成型及控制工程中广泛使用电加热热源，因此，向这些电加热热源供电的电源是材料热加工恒值控制系统中常用的执行机构，而且电源类型多，功率大(例如各种大功率熔炼用电弧炉电源、高频与中频感应加热用逆变电源)。特别是向焊接电弧供电的弧焊电源，不仅包括了交流、整流、逆变等各种电源电路结构类型，而且对电源的输出特性(恒压特性、恒流特性)、电源的输出电压波形都有特别要求。在激光热加工新技术(激光焊接、激光切割、材料表面的激光改性处理)中，多种激光器的供电电源其实都属于气体放电电源。例如各类 CO_2气体激光器供电电源、各类以惰性气体为放电介质激光器激励灯的供电电源等。这些电源本质上仍属于电弧（气体弧光放电区域)，供电电源与一般焊接用的低压、大电流电弧不同的是，这些气体弧光放电区域多处在高中压、中小电流的区域。

由于材料成型及控制工程的电源有别于其他供电电源的特殊性，其中对电源外特性的控制技术(恒电压控制、恒电流控制以及二者的复合控制)、电源的输出电压波形控制等专业技术是实施恒值控制的关键。

直流电动机也是材料成型及控制工程恒值控制系统中常用的执行机构。用于焊接技术中的直流电动机多以中小功率为主，如各种中小功率大扭矩直流电动机、印刷电动机被大量采用。因此本章将讲述材料成型及控制工程中常用的恒温控制系统、恒电压（流）控制系统、恒速控制系统。

第二节　单相、三相恒压控制系统

一、单相可控整流

整流电路：出现最早的电力电子电路，将交流电变为直流电。

整流电路是把交流电能转换为直流电能的电路。大多数整流电路由变压器、整流主电路和滤波器等组成。它在直流电动机的调速、发电机的励磁调节、电解、电镀等领域得到广泛应用。20 世纪 70 年代以后，主电路多用硅整流二极管和晶闸管。滤波器接在主电路与负载之间，用于滤除脉动直流电压中的交流成分。变压器的作用是实现交流输入电压与直流输出电压间的匹配以及交流电网与整流电路之间的电隔离，变压器设置与否视具体情况而定。

整流电路的作用是将交流降压电路输出的电压较低的交流电转换成单向脉动性直流电，这就是交流电的整流过程，整流电路主要由整流二极管组成。经过整流电路之后的电压已经不是交流电压，而是一种含有直流电压和交流电压的混合电压，习惯上称之为单向脉动性直流电压。

整流电路的分类：按组成的器件可分为不可控、半控、全控三种；按电路结构可分为桥式电路和零式电路；按交流输入相数分为单相电路和多相电路；按变压器二次侧电流的方向是单向或双向，又分为单拍电路和双拍电路。

整流电路主要有半波整流电路、全波整流电路和桥式整流电路三种，倍压整流电路主要用于其他交流信号的整流等。

1. 单相半波可控整流电路

单相可控整流电路的交流侧接单相电源，下面将主要介绍单相半波可控整流电路的工作原理、定量计算等，并分析不同负载对电路工作的影响。

（1）电阻负载

在材料成型生产中，一些工艺设备的负载是电阻，如电阻加热炉、电解、电镀等。电阻负载的特点是电压与电流成正比，两者波形相同。

图 6-1 为单相半波可控整流电路原理图及带电阻负载的工作波形图。图中变压器 T 起变换电压和电气隔离的作用，其一次和二次电压瞬时值分别用 u_1 和 u_2 表示，有效值分别用 U_1 和 U_2 表示，其中 U_2 的大小根据需要的直流输出电压 u_d 的平均值 U_d 确定。

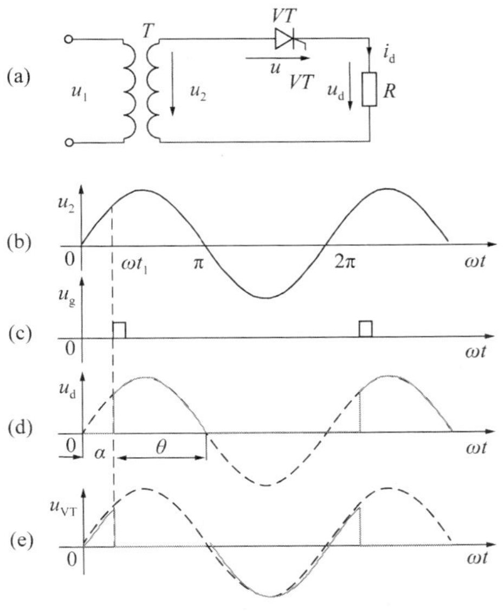

图 6-1　单相半波可控整流电路及波形

在晶闸管 VT 处于断态时，电路中无电流，负载电阻两端电压为零，u_2全部施加于 VT 两端。如在 u_2正半周 VT 承受正向阳极电压期间的 ωt_1时刻给 VT 门极加触发脉冲，如图 6-1(c)所示，则 VT 开通。忽略晶闸管通态电压，则直流输出电压瞬时值 u_d与 u_2相等。至 $\omega t=\pi$，即 u_2降为零时，电路中电流亦降至零，VT 关断。之后 u_d、i_d均为零。图 6-1(d)、图 6-1(e)分别给出了 u_d和晶闸管两端电压 u_{VT}的波形。i_d的波形与 u_d波形相同。

改变触发时刻，u_d和 i_d波形随之改变，直流输出电压 u_d为极性不变但瞬时值变化的脉动直流，其波形只在 u_2正半周内出现，故被称为“半波”整流。又因为电路中采用了可控器件晶闸管，且交流输入为单相，故该电路被称为单相半波可控整流电路。整流电压 u_d波形在一个电源周期中只脉动 1 次，故该电路为单脉波整流电路。

从晶闸管开始承受正向阳极电压起，到施加触发脉冲止的电角度被称为触发延迟角，用 α 表示，也叫触发角或控制角。晶闸管在一个电源周期中处于通态的电角度被称为导通角，用 θ 表示，$\theta=\pi-\alpha$。直流输出电压平均值为

$$U_d = \frac{1}{2\pi}\int_{\alpha}^{\pi} \sqrt{2}U_2\sin\alpha \mathrm{d}(\alpha t) = \frac{\sqrt{2}U_2}{2\pi}(1+\cos\alpha) = 0.45U_2\frac{1+\cos\alpha}{2} \tag{6-1}$$

$\alpha=0$ 时，整流输出电压平均值为最大，用 U_{d0} 表示，$U_d=U_{d0}=0.45U_{d2}$；随着 α 增大，U_d减小；当 $\alpha=\pi$ 时，$U_d=0$，该电路中 VT 的移相范围为 180°。可见，调节 α 角即可控制 U_d 的大小。这种通过控制触发脉冲的相位来控制直流输出电压大小的方式被称为相位控制方式，简称相控方式。

(2) 阻感负载

在工程应用中，更常见的负载既有电阻也有电感，当负载中感抗 ωL 与电阻 R 相比不可忽略时，即为阻感负载。若 $\omega L>R$，则负载主要表现为电感，为电感负载，例如电机的励磁绕组。

电感对电流变化有抗拒作用。流过电感器件的电流变化时，在其两端产生感应电动势 $L\frac{\mathrm{d}i}{\mathrm{d}t}$，它的极性是阻止电流变化的。当电流增加时，它的极性阻止电流增加；当电流减小时，它的极性反过来阻止电流减小。这使得流过电感的电流不能发生突变，这是阻感负载的特点，也是理解整流电路带阻感负载工作情况的关键之一。

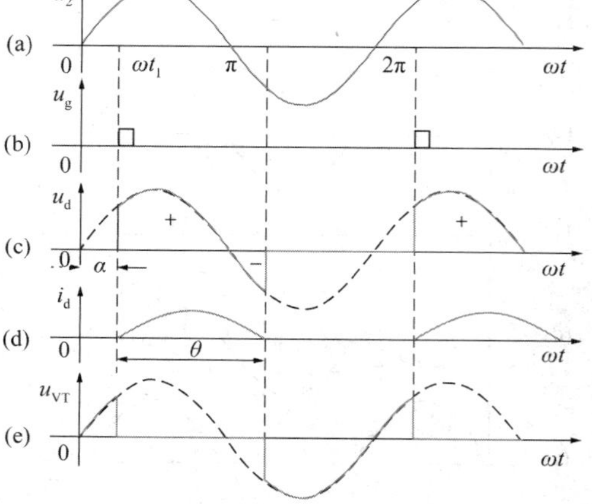

图 6-2　带阻感负载的单相半波电路及其波形

图 6-2 为带阻感负载的单相半波可控整流电路及其波形。当晶闸管 VT 处于断态时，电路中电流 $i_d=0$，负载上电压为 0，u_2全部加在 VT 两端。在 ωt_1时刻，即在触发角 α 处，触发 VT 使其开通，u_2加于负载两端，因电感 L 的存在使 i_d不能突变，i_d从 0 开始增加，如图 6-2(e)所示，同时 L 的感应电动势试图阻止 i_d增加。这时，交流电源一方面供给电阻 R 消耗的能量，另一方面供给电感 L 吸收的磁场能量。到 u_2由正变负的过零点处，i_d已经处于减小的过程中，但尚未降到零，因此 VT 仍处于通态。此后，L 中储存的能量逐渐

释放，一方面供给电阻消耗的能量，另一方面供给变压器二次绕组吸收的能量，从而维持 i_d 流动。至 ωt_2时刻，电感能量释放完毕，i_d降至零，VT 关断并立即承受反压，如图 6-2(f) 晶闸管 VT 两端电压 u_{VT}波形所示。由图 6-2(b) 的 u_d 波形还可看出，由于电感的存在延迟了 VT 的关断时刻，使 u_d波形出现负的部分，与带电阻负载时相比其平均值 U_d下降。

电路中只有晶闸管 VT 一个电力电子器件，当 VT 处于断态时，相当于电路在 VT 处断开，$i_d=0$；当 VT 处于通态时，相当于 VT 短路。两种情况的等效电路如图 6-3 所示。

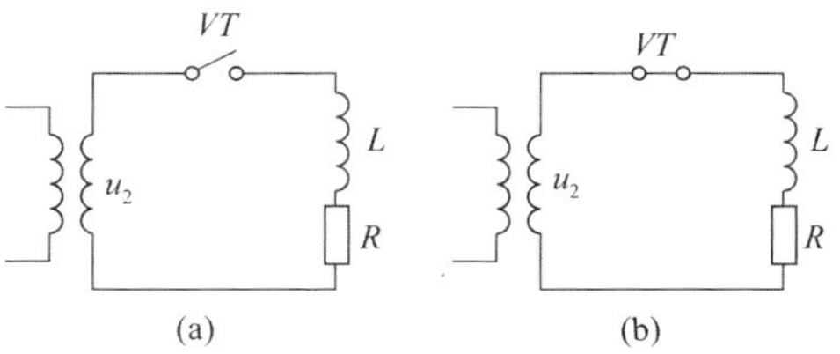

图 6-3 单相半波可控整流电路的分段线性等效电路

当 VT 处于通态时，如下方程成立

$$L\frac{di_d}{dt}+Ri_d=\sqrt{2}U_2\sin\omega t \qquad (6-2)$$

初始条件：$\omega_t=\alpha$，$i_d=0$。将初始条件代入式(6-2)并求解可得

$$i_d=-\frac{\sqrt{2}U_2}{Z}\sin(\alpha-\varphi)e^{-\frac{R}{\omega L}(\omega t-\alpha)}+\frac{\sqrt{2}U_2}{Z}\sin(\omega t-\varphi) \qquad (6-3)$$

其中

$$Z=\sqrt{R^2+(\omega L)^2} \quad \varphi=\arctan\frac{\omega L}{R}$$

当 $\omega_t=\theta+a$ 时，$i_d=0$，代入式(2-3)并整理得

$$\sin(\alpha-\varphi)e^{-\frac{\theta}{\tan\varphi}}=\sin(\theta+\alpha-\varphi) \qquad (6-4)$$

当负载阻抗角 φ 和触发角 α 不同时，晶闸管的导通角也不同。若 φ 为定值，α 角越大，在 u_2正半周电感 L 储能越少，维持导电的能力就越多，θ 越小；若 α 为定值，φ 越大，则 L 储能越多，θ 越大，且 φ 越大，在 u_2负半周 L 维持晶管导通的时间就越接近晶闸管在 u_2正半周导通的时间，u_d中负的部分越接近正的部分，其平均值 U_d接近于零，输出的电流电流平均值也越小。

为解决上述矛盾，在整流电路的负载两端并联一个二极管，称为续流二极管，用 V_{DR} 表示，如图 6-4(a)所示。图 6-4(b)~图 6-4(g)是该电路的典型工作波形。

与没有续流二极管时的情况相比，在 u_2正半周时两者工作情况一样。当 u_2过零变负时，V_{DR}导通，u_d为零。此时为负的 u_2通过 V_{DR}向 VT 加反压使其关断，L 储存的能量保证了电流 I_d在 L-R-V_{DR}回路中流通，此过程通常称为续流。u_d 波形如图 6-4(c) 所示，如忽略二极管的通态电压，则在续流期间 u_d为

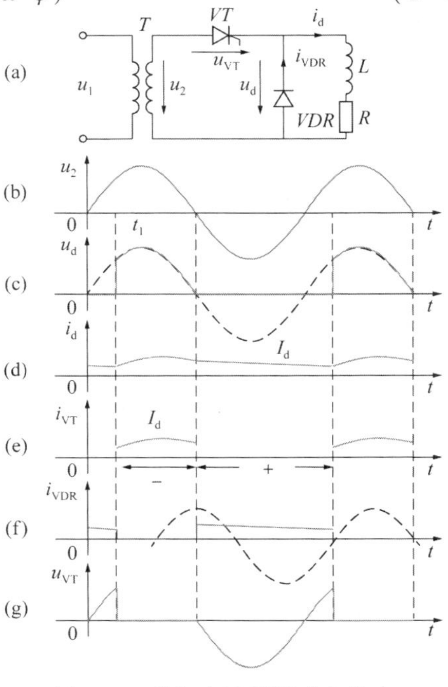

图 6-4 单相半波带阻感负载有续流二极管的电路及波形

0，u_d中不再出现负的部分，这与电阻负载时基本相同。但与电阻负载时相比，i_d的波形不一样。若L足够大，$\omega L \gg R$，即负载为电感负载，在VT关断期间，V_{DR}可持续导通，使i_d连续，且i_d波形接近一条水平线，如图6-4(d)所示。在一周期内，$\omega t=\alpha-\pi$期间，VT导通，其导通角为$\pi-\alpha$，i_d流过VT，晶闸管电流i_{VT}的波形如图6-4(e)所示，其余时间i_d过流过V_{DR}，续流二极管电流i_{VDR}波形如图6-4所示，V_{DR}的导通角为$\pi+\alpha$。若近似认为i_d为一条水平线，恒电流i_d流过晶闸管的电流平均值I_{VDR}和有效值I_{VT}分别为

$$I_{dVT}=\frac{\pi-\alpha}{2\pi}I_d \tag{6-5}$$

$$I_{VT}=\sqrt{\frac{1}{2\pi}\int_{\alpha}^{\pi}I_d^2\mathrm{d}(\omega t)}=\sqrt{\frac{\pi-\alpha}{2\pi}}I_d \tag{6-6}$$

$$I_{dVDR}=\frac{\pi+\alpha}{2\pi}I_d \tag{6-7}$$

$$I_{VDR}=\sqrt{\frac{1}{2\pi}\int_{\pi}^{2\pi+\alpha}I_d^2\mathrm{d}(\omega t)}=\sqrt{\frac{\pi+\alpha}{2\pi}}I_d \tag{6-8}$$

晶闸管两端电压波形U_{VT}如图6-4(g)所示，其移相范围为180°，其承受的最大正反向电压均为u_2，其峰值为$\sqrt{2}U_2$。续流二极管承受的电压为u_d，其最大反向电压为$\sqrt{2}U_2$，亦为u_2的峰值。

单相半波可控整流电路的特点是简单，但输出脉动大，变压器二次侧电流中含直流分量，造成变压器铁芯直流磁化。为使变压器铁芯不饱和，需要增大铁芯截面积，增大设备的容量。实际上很少应用此种电路。分析该电路的主要目的在于利用其简单易学的特点，建立起整流电路的基本概念。

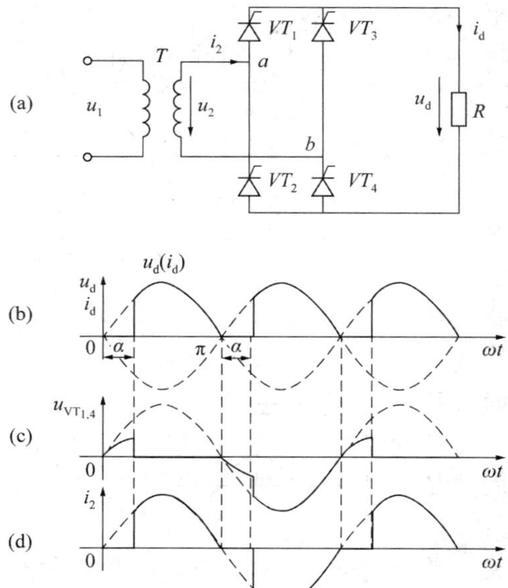

图6-5　单相全控桥式带电阻负载时的电路及波形

2. 单相桥式全控整流电路

单相整流电路中应用较多的是单相桥式全控整流电路，如图6-5(a)所示，所接负载为电阻负载，下面首先分析这种情况。

(1) 电阻负载

在单相桥式全控整流电路中，晶闸管VT_1和VT_4组成一对桥臂，VT_2和VT_3组成另外一对桥臂。在u_2正半周(即a点电位高于b点电位)，若4个晶闸管均不导通，负载电流i_d为零，u_d也为零，VT_1、VT_4串联承受电压u_2。设VT_1和VT_4的电阻相等，则各承受u_2的一半。若在触发角α处给VT_1和VT_4加触发脉冲，VT_1和VT_4即导通，电流从电源a端经VT_1、R、VT_4流回电源b端。当u_2过零时，流经晶闸管的电流也降到零，VT_1和VT_4关断。

在u_2负半周，仍在触发角α处触发VT_2和VT_3导通(VT_2和VT_3的$\alpha=0$点位于$\omega t=\pi$处)，

电流从电源 b 端流出，经 VT_3、R、VT_2流回至电源 a 端。到 u_2过零时，电流又降为零，VT_1和 VT_4关断。此后又是 VT_1 和 VT_4 导通，如此循环地工作下去，整流电压 u_d和晶闸管 VT_1、VT_4两端电压波形分别如图 6-5(b)和图 6-5(c)所示。晶闸管承受的最大正向电压和反向电压分别为$\frac{\sqrt{2}}{2}U_2$和 $\sqrt{2}U_2$。

由于在交流电源的正负半周都有整流输出电流流过负载，故该电路为全波整流。在 u_2一个周期内，整流电压波形脉动 2 次，脉动次数多于半波整流电路，该电路属于双脉波整流电路。变压器二次绕组中，正负两个半周电流方向相反且波形对称，电流平均值为零，即直流分量为零，如图 6-5(d)所示。其优点是不存在变压器直流磁化问题，变压器绕组的利用率也高。

整流电压平均值为

$$U_d = \frac{1}{\pi}\int_{\alpha}^{\pi} \sqrt{2}U_2\sin\alpha\mathrm{d}(\alpha t) = \frac{2\sqrt{2}U_2}{\pi}\frac{1+\cos\alpha}{2} = 0.9U_2\frac{1+\cos\alpha}{2} \tag{6-9}$$

当 $\alpha=0°$时，$U_d=U_{d0}=0.9U_2$；当 $\alpha=180°$时，$U_d=0$。因此，α 角的移相范围为 180°。

向负载输出的直流电流平均值为

$$I_d=\frac{U_d}{R}=\frac{2\sqrt{2}U_2}{\pi R}\frac{1+\cos\alpha}{2}=0.9\frac{U_2}{R}\frac{1+\cos\alpha}{2} \tag{6-10}$$

晶闸管 VT_1、VT_4和 VT_2、VT_3导电，流过晶闸管的电流平均值只有输出直流电流平均值的一半，即

$$I_{dVT}=\frac{1}{2}I_d=0.45\frac{U_2}{R}\frac{1+\cos\alpha}{2} \tag{6-11}$$

为确定晶闸管、变压器容量、导线截面积等定额，应考虑发热问题，为此需要计算电流有效值。流过晶闸管的电流有效值为

$$I_{VT} = \sqrt{\frac{1}{2\pi}\int_{a}^{\pi}\left(\frac{\sqrt{2}U_2}{R}\sin\omega t\right)^2\mathrm{d}(\omega t)} = \frac{U_2}{\sqrt{2}R}\sqrt{\frac{1}{2\pi}\sin2\alpha + \frac{\pi-\alpha}{\pi}} \tag{6-12}$$

变压器二次电流有效值 I_2与输出直流电流有效值 I 相等，为

$$I = I_2 = \sqrt{\frac{1}{\pi}\int_{a}^{\pi}\left(\frac{\sqrt{2}U_2}{R}\sin at\right)^2\mathrm{d}(\omega t)} = \frac{U_2}{R}\sqrt{\frac{1}{2\pi}\sin2\alpha + \frac{\pi-\alpha}{\pi}} \tag{6-13}$$

由式(6-12)和式(6-13)可得

$$I_{VT}=\frac{1}{\sqrt{2}}I \tag{6-14}$$

当不考虑变压器的损耗时，要求变压器的容量为 $S=U_2I_2$。

② 阻感负载

电路如图 6-6(a)所示。为便于讨论，假设电路已工作于稳态。在 u_2正半周期内，给晶闸管 VT_1和 VT_4加触发脉冲使其开通，$u_d=u_2$。负载中有电感存在，使负载电流不能突变，电感对负载电流起平波作用。假设负载电感很大，负载电流 i_d连续且波形近似为一水平线，其波形如图 6-6(b)所示。当 u_2过零变负时，由于电感的作用，使晶闸管 VT_1和 VT_4中仍流过电流 i_d，并不关断。至 $\omega t=\pi+\alpha$ 时刻给 VT_2和 VT_3加触发脉冲，因 VT_2和 VT_3已承受正电压，故

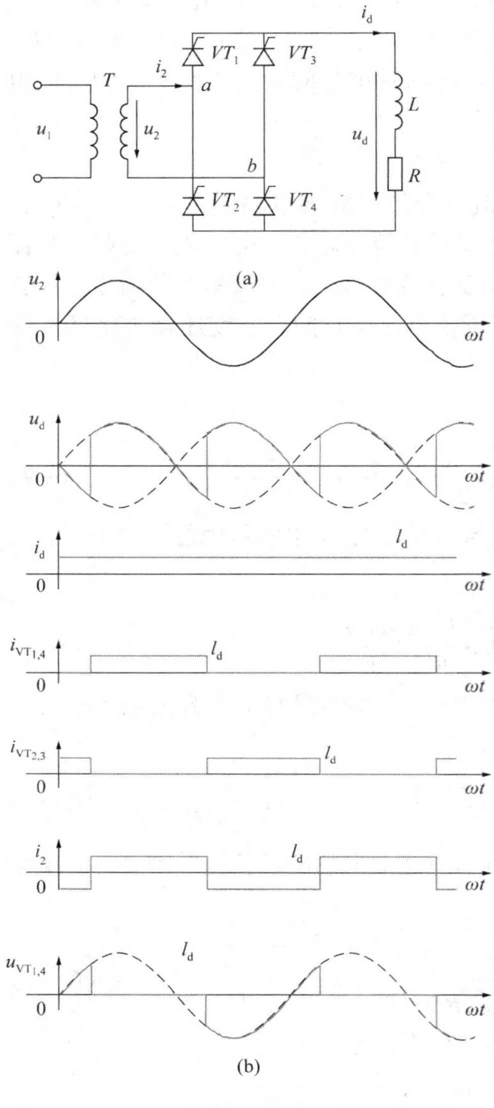

图 6-6　单相全控桥带阻感负载时的电路及波形

两管导通。VT_2和VT_3导通后，u_2通过VT_2和VT_3分别向VT_1和VT_4施加反压使VT_1和VT_4关断，流过VT_1和VT_4的电流迅速转移到VT_2和VT_3上。此过程被称为换相，亦称换流。下一周期重复上述过程，如此循环下去。u_d波形如图 6-6(b)所示，其平均值为

$$U_d = \frac{1}{\pi}\int_{\alpha}^{\pi+\alpha} \sqrt{2}U_2\sin\omega t\mathrm{d}(\omega t) = \frac{2\sqrt{2}}{\pi}U_2\cos\alpha$$
$$= 0.9U_2\cos\alpha \tag{5-15}$$

$\alpha=0°$时，$U_d=U_{d0}=0.9U_2$；$\alpha=90°$时，$U_d=0$。因此，α角的移相范围为90°。

单相桥式全控整流电路带阻感负载时，晶闸管VT_1、VT_4两端的电压波形如图 6-6(b)所示，晶闸管承受的最大正反向电压均为$\sqrt{2}U_2$。

晶闸管导通角θ与α无关，均为180°。电流的平均值和有效值分别为$I_{dT}=\frac{1}{2}I_d$、$I_T=\frac{1}{\sqrt{2}}I_d=0.707I_d$。

变压器二次电流i_2的波形为正负各180°的矩形波，其相位由α角决定，有效值$I_2=I_d$。

二、三相可控整流

当整流负载容量较大或要求直流电压脉动较小时，应采用三相整流电路，其交流侧由三相电源供电。在三相可控整流电路中，最基本的是三相半波可控整流电路，应用最为广泛的是三相桥式全控整流电路以及双反星形可控整流电路、十二脉波可控整流电路等，均可在三相半波的基础上进行分析。本节首先分析三相半波可控整流电路，然后分析三相桥式全控整流电路。

1. 三相半波可控整流

(1) 电阻负载

三相半波可控整流电路如图 6-7(a)所示。为得到零线，变压器二次侧必须接成星形，而一次侧接成三角形，避免三次谐波流入电网。三个晶闸管分别接入 a、b、c 三相电源，它们的阴极连接在一起，称为共阴极接法，这种接法触发电路有公共端，连线方便。

假设将电路中的晶闸管换作二极管，并用 VD 表示，该电路就成为三相半波不可控整流电路，以下首先分析其工作情况。此时，三个二极管对应的相电压中哪一个的值最大，则该相所对应的二极管导通，并使另两相的二极管承受反压关断，输出整流电压即为该相的相电

压，波形如图 6-7(d)所示。在一个周期中，器件工作情况如下：在 $\omega t_1 \sim \omega t_2$ 期间，a 相电压最高，VD_1 导通，$u_d = u_a$；在 $\omega t_2 \sim \omega t_3$；期间，$b$ 相电压最高，VD_2 导通，$u_d = u_b$；在 $\omega t_3 \sim \omega t_4$ 期间，c 相电压最高，VD_3 导通，$u_d = u_c$。此后，在下一周期相当于 ωt_1 的位置 ωt_4 时刻，VD_1 又导通，重复前一周期的工作情况。如此，一周期中 VD_1、VD_2、VD_3 轮流导通，每管各导通 120°。u_d 波形为三个相电压在正半周期的包络线。

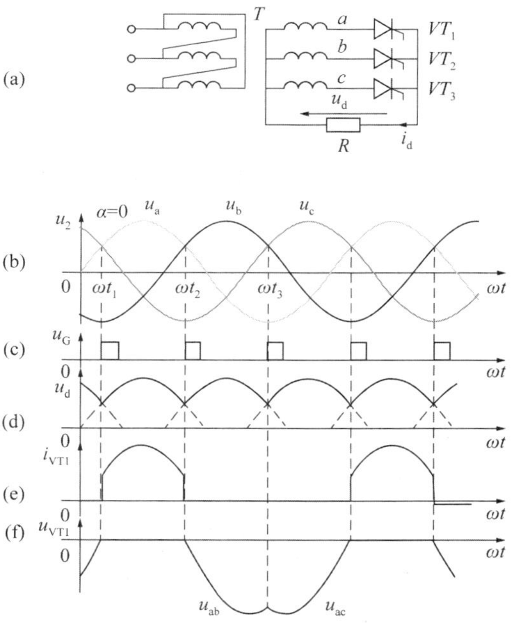

图 6-7　三相半波可控整流电路共阴极接法电阻负载时的电路及 $\alpha = 0°$ 时的波形

在相电压的交点 ωt_1、ωt_2、ωt_3 处，均出现了二极管换相，即电流由一个二极管向另一个二极管转移，称这些交点为自然换相点。对三相半波可控整流电路而言，自然换相点是各相晶闸管能触发导通的最早时刻，将其作为计算各晶闸管触发角 α 的起点，即 $\alpha = 0°$，要改变触发角只能是在此基础上增大，即沿时间坐标轴向右移。若在自然换相点处触发相应的晶闸管导通则电路的工作情况与以上分析的二极管整流工作情况一样。回顾单相可控整流电路可知，各种单相可控整流电路的自然换相点是变压器二次电压 u_2 的过零点。

当 $\alpha = 0°$ 时，变压器二次侧 a 相绕组和晶闸管 VT_1 的电流波形如图 6-7(e)所示，另两相电流波形形状相同，相位依次滞后 120°，可见变压器二次绕组电流有直流分量。

图 6-7 是 VT_1 两端的电压波形，由 3 段组成。第 1 段，VT_1 导通期间，为一段管压降，可近似为 $u_{VT1} = 0$；第 2 段，在 VT_1 关断后，VT_2 导通期间，$u_{VT1} = u_a - u_b = u_{ab}$，为一段线电压；第 3 段，在 VT_1 导通期间，$u_{VT1} = u_a - u_c = u_{ac}$ 为另一段线电压。即晶闸管电压由一段管压降和两段线电压组成。由图可见当 $\alpha = 0°$ 时，晶闸管承受的两段线电压均为负值，随着 α 增大，晶闸管承受的电压中正的部分逐渐增多。其他两管上的电压波形形状相同，相位依次差 120°。

增大 α 值，将脉冲后移，整流电路的工作情况相应地发生变化。

如果 $\alpha > 30°$，例如当 $\alpha = 60°$ 时，当导通一相的相电压过零变负时，该相晶闸管关断。此时下一相晶闸管虽承受正电压，但它的触发脉冲还未到，不会导通，因此输出电压和电流均为零，直到触发脉冲出现为止。这种情况下，负载电流断续，各晶闸管导通角为 90°，小于 120°。

若 α 角继续增大，整流电压将越来越小，当 $\alpha = 150°$ 时整流输出电压为零。故当在电阻负载情况下时，α 角的移相范围为 150°。

整流电压平均值的计算分两种情况：

① 当 $\alpha \leqslant 30°$ 时，负载电流连续，有

$$U_d = \frac{1}{\frac{2\pi}{3}}\int_{\frac{\pi}{6}+\alpha}^{\frac{5\pi}{6}+\alpha}\sqrt{2}U_2\sin\omega t\mathrm{d}(\omega t) = \frac{3\sqrt{6}}{2\pi}U_2\cos\alpha = 1.17U_2\cos\alpha \tag{6-16}$$

当 $\alpha=0°$时，U_d最大，为 $U_d=U_{d0}=1.17U_2$。

② 当 $\alpha>30°$时，负载电流断续，晶闸管导通角减小，此时有

$$U_d = \frac{1}{\frac{2\pi}{3}}\int_{\frac{\pi}{6}+\alpha}^{\pi}\sqrt{2}U_2\sin\omega t\mathrm{d}(\omega t) = \frac{3\sqrt{2}}{2\pi}U_2\left[1+\cos\left(\frac{\pi}{6}+\alpha\right)\right] = 0.675\left[1+\cos\left(\frac{\pi}{6}+\alpha\right)\right] \tag{6-17}$$

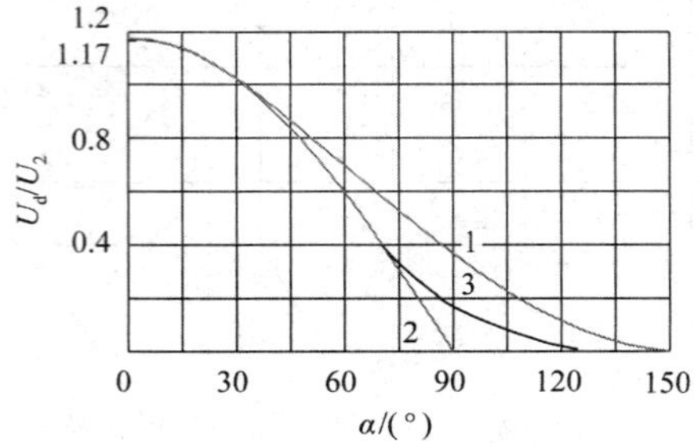

图 6-8　三相半波可控整流电路 U_d/U_2 随 a 变化的关系

U_d/U_2随 α 变化的规律如图 6-8 中的曲线 1 所示。

负载电流平均值为

$$I_d = \frac{U_d}{R} \tag{6-18}$$

由图 6-9(e)不难看出，晶闸管承受的最大反向电压为变压器二次线电压峰值，即

$$U_{RM} = \sqrt{2}\times\sqrt{3}U_2 = \sqrt{6}U_2 = 2.45U_2 \tag{6-19}$$

由于晶闸管阴极与零线间的电压即为整流输出电压 U_d，其最小值为零，而晶闸管阳极与零线间的最高电压等于变压器二次相电压的峰值，因此晶闸管阳极与阴极间的最大正向电压等于变压器二次相电压的峰值，即

$$U_{FM} = \sqrt{2}U_2 \tag{6-20}$$

(2) 阻感负载

如果负载为阻感负载，且 L 值很大，则如图 6-9 所示，整流电流 i_d的波形基本是平直的，流过晶闸管的电流接近矩形波。

当 $\alpha\leqslant30°$时，整流电压波形与电阻负载时相同，因为在两种负载情况下，负载电流均连续。

当 $\alpha>30°$时，例如在 $\alpha=60°$时的波形如图 6-9 所示。当 u_2过零时，由于电感的存在，阻止电流下降，因而 VT_1继续导通，直到下一相晶闸管 VT_2的触发脉冲到来，才会换流，由 VT_2导向负载供电，同时向 VT_1施加反压使其关断。这种情况下 u_d波形中出现负的部分，若 α 增大，u_d波形中负的部分将增多，至 $\alpha=90°$时，u_d波形中正负而积相等，u_d的平均值为零。可见阻感负载时 α 的移相范围为 90°。

由于负载电流连续，u_d可由式(6-16)求出，即 $U_d=1.17U_2\cos\alpha$。

U_d/U_2与 α 成余弦关系，如图 6-8 中的曲线 2 所示。如果负载中的电感量不是很大，则当 $\alpha>30°$后，与电感量足够大的情况相比较，u_d中负的部分将会减少，整流电压平均值 U_d略为增加，U_d/U_2与 α 的关系将介于图 6-8 中的曲线 1 和 2 之间，曲线 3 给出了这种情况的一个例子。

变压器二次电流及晶闸管电流的有效值为

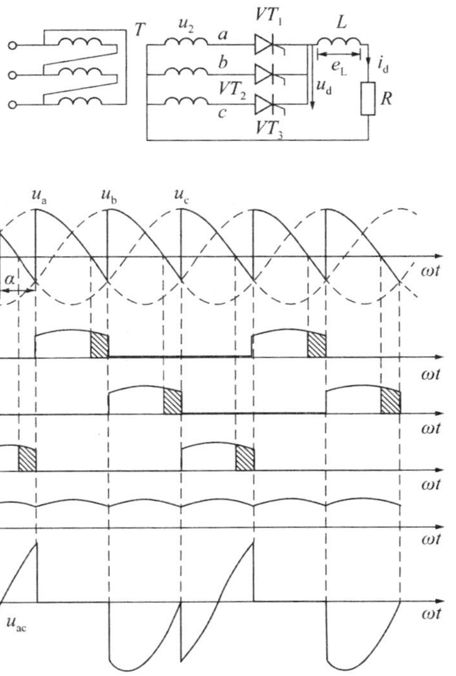

图 6-9 三相半波可控整流电路(阻感负载时的电路及 α=60°时的波形数量关系)

$$I_2=I_{VT}=\frac{1}{\sqrt{3}}I_d=0.577I_d \tag{6-21}$$

晶闸管的额定电流为

$$I_{VT(AV)}=\frac{I_{VT}}{1.57}=0.368I_d \tag{6-22}$$

由于负载电流连续，晶闸管最大正、反向电压峰值均为变压器二次线电压峰值

$$U_{FM}=U_{RM}=2.45U_2 \tag{6-23}$$

在图 6-9 中，i_d波形有一定的脉动，与分析单相整流电路阻感负载时的波形有所不同。这是电路工作的实际情况，因为负载中电感量不可能、也不必非常大，往往只要能保证负载电流连续即可，所以 i_d实际上是有波动的，不是完全平直的水平线。通常，为简化分析及定量计算，可以将 i_d近似为一条水平线，这样的近似对分析和计算的准确性并不会产生很大影响。

三相半波可控整流电路的主要缺点在于其变压器二次电流中含有直流分量，为此其应用较少。

2. 三相桥式全控整流电路

目前在各种整流电路中，应用最为广泛的是三相桥式全控整流电路，其原理图如图 6-10所示，将其中与阴极连接在一起的 3 个晶闸管(VT_1、VT_3、VT_5)称为共阴极组；与阳极连接在一起的 3 个晶闸管(VT_4、VT_6、VT_2)称为共阳极组。此外，为了使晶闸管按从 1~6 的顺序导

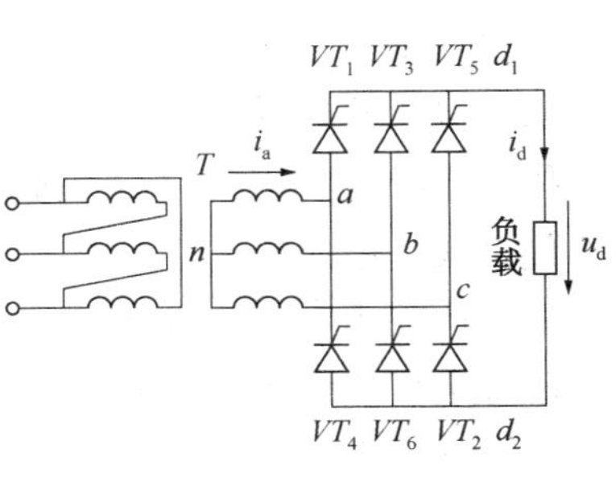

图 6-10 三相桥式全控整流电路原理图

通，因此将晶闸管按图示的顺序编号，即共阴极组中与 a、b、c 三相电源相接的 3 个晶闸管分别为 VT_1、VT_3、VT_5，共阳极组中与 a、b、c 三相电源相接的 3 个晶闸管分别为 VT_4、VT_6、VT_2。从后面的分析可知，按此编号，晶闸管的导通顺序为 $VT_1-VT_2-VT_3-VT_4-VT_5-VT_6$。以下首先分析带电阻负载时的工作情况。

(1) 电阻负载

采用与分析三相半波可控整流电路时类似的方法，假设将电路中的晶闸管换作二极管，这种情况也就相当于晶闸管触发角 $\alpha=0°$时的情况。此时，对于共阴极组的三个晶闸管，与阳极所接交流电压值最高的一个导通。而对于共阳极组的三个晶闸管，则是与阴极所接交流电压值最低(或者说负得最多)的一个导通。这样，任意时刻共阳极组和共阴极组中各有一个晶闸管处于导通状态，施加于负载上的电压为某一线电压。此时电路工作波形如图 6-11 所示。

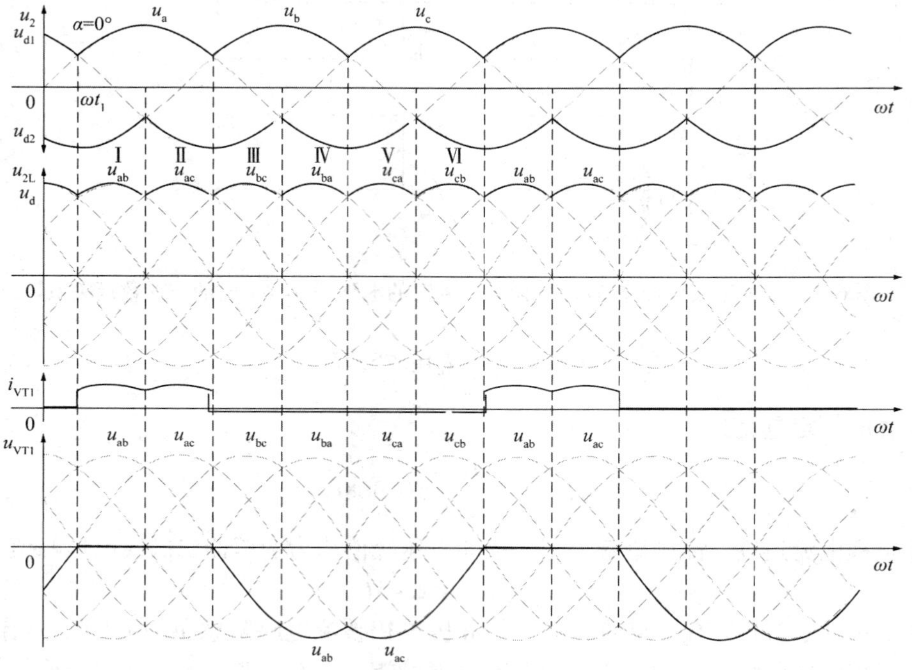

图 6-11　三相桥式全控整流电路(当触发角 $\alpha=0°$时的波形)

当 $\alpha=0°$时，各晶闸管均在自然换相点处换相。由图中变压器二次绕组相电压与线电压波形的对应关系可以看出，各自然换相点既是相电压的交点，同时也是线电压的交点。在分析 u_d的波形时，既可从相电压波形分析，也可以从线电压波形分析。

从相电压波形看，以变压器二次侧的中点 n 为参考点，共阴极组晶闸管导通时，整流输出电压 u_{d1}为相电压在正半周的包络线；共阳极组导通时，整流输出电压 u_{d2}为相电压在负半周的包络线，总的整流输出电压 $u_d=u_{d1}-u_{d2}$是两条包络线间的差值，将其对应到线电压波形即为线电压在正半周的包络线。

从线电压波形分析，由于共阴极组中处于通态的晶闸管对应的是最大(正得最多)的相电压，而共阳极组中处于通态的晶闸管对应的是最小(负得最多)的相电压，输出整流电压 u_d为这两个相电压相减的差值，是线电压中最大的一个，因此输出整流电压 u_d波形为线电压在正半周期的包络线。

为了说明各晶闸管的工作情况，将波形中的一个周期等分为 6 段，每段为 60°，如图 6-11所示，每一段中导通的晶闸管及输出整流电压的情况如表 6-1 所示。

表 6-1 三相桥式全控整流电路晶闸管导通与关断情况(当电阻负载 α=0°时)

时段	I	I	III	IV	V	VI
共阴极组	VT_1	VT_1	VT_3	VT_3	VT_5	VT_5
共阳极组	VT_6	VT_2	VT_2	VT_2	VT_4	VT_6
整流输出电压 u_d	$u_a-u_b=u_{ab}$	$u_a-u_c=u_{ac}$	$u_b-u_c=u_{bc}$	$u_b-u_a=u_{ba}$	$u_c-u_a=u_{ca}$	$u_c-u_b=u_{cb}$

当触发角 α 改变时，电路的工作情况将发生变化。图 6-12 给出了当 α=30°时的波形。从 ωt_1 角开始把一个周期等分为 6 段，每段为 60°。与 α=0°时的情况相比，一周期中 u_d 波形仍由 6 段线电压构成，每一段导通晶闸管的编号仍符合表 6-1 的规律。区别在于，晶闸管起始导通时刻推迟了 30°，组成 u_d 的每一段线电压因此推迟 30°，平均值降低。晶闸管电波形也相应发生变化。同时给出了变压器二次侧 a 相电流的波形，该波形的特点是，在 VT_1 处于通态的 120°期间，i_a 为正值，形状与同时段 u_d 的波形相同，在 VT_4 处于通态的 120°期间，i_a 波形的形状也与同时段的 u_d 波形相同，但为负值。

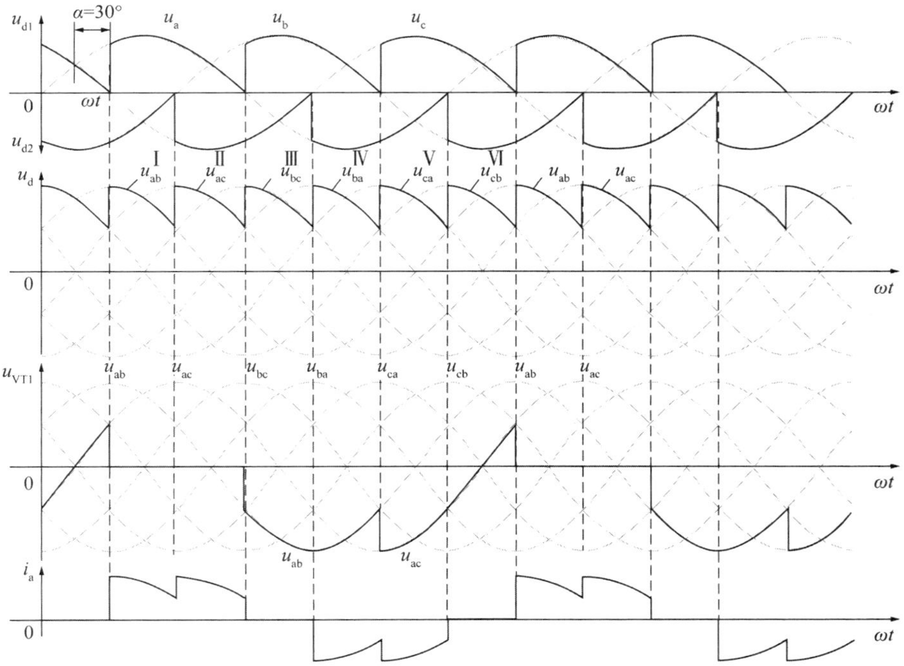

图 6-12 三相桥式全控整流电路带电阻负载时的波形(α=30°)

图 6-13 给出了当 α=60°时的波形，电路工作情况仍可对照表 6-1 进行分析。u_d 波形中每段线电压的波形继续向后移，u_d 平均值继续降低。当 α=60°时，u_d 出现了为零的点。

由以上分析可见，当 α≤60°时，u_d 波形均连续，对于电阻负载，i_d 波形与 u_d 波形的形状一样，也为连续曲线。

当 $\alpha>60°$ 时，如 $\alpha=90°$ 时，在电阻负载情况下的工作波形如图 6-14 所示，此时 u_d 波形每 60° 中有 30° 为零，这是因为电阻负载时 i_d 波形与 u_d 波形一致，一旦 u_d 降至零，i_d 也降至零，流过晶闸管的电流即降至零，晶闸管关断，输出整流电压 u_d 为零，因此 u_d 波形不能出现负值。

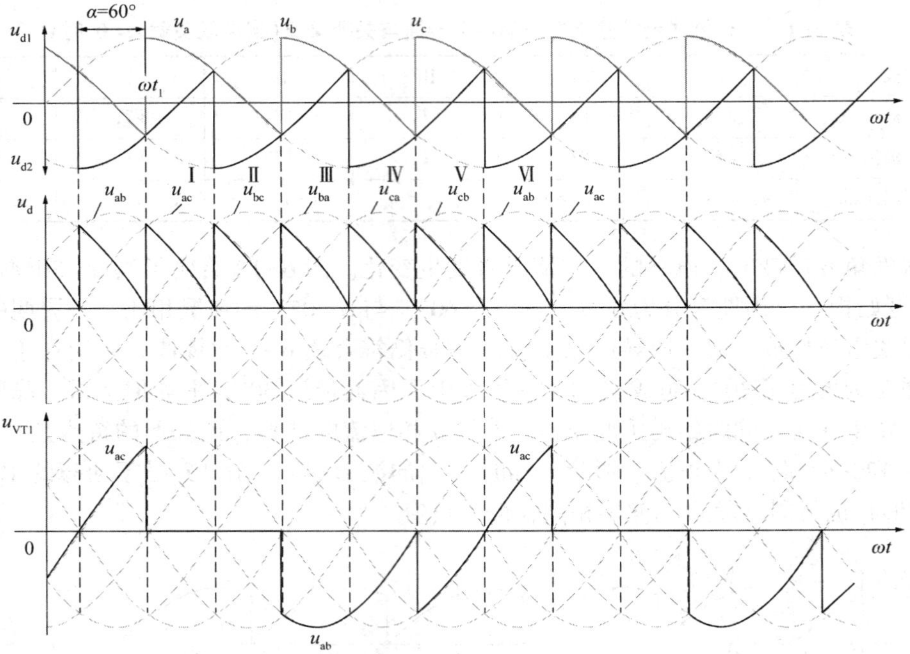

图 6-13　三相桥式全控整流电路带电阻负载时的波形（$\alpha=60°$）

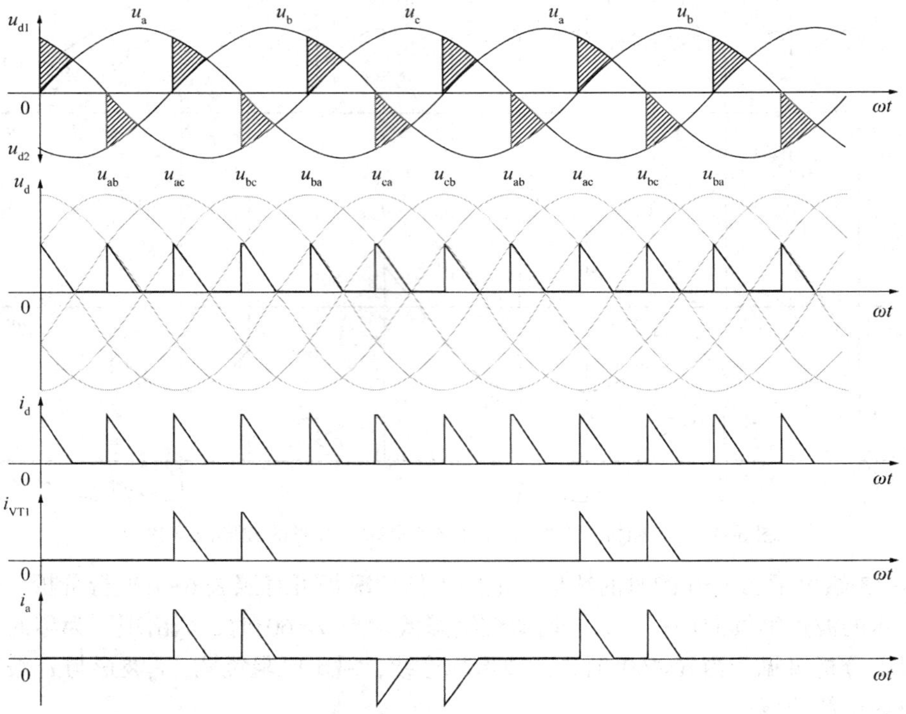

图 6-14　三相桥式全控整流电路带电阻负载时的波形（$\alpha=90°$）

如果 α 继续增大至 120°，整流输出电压 u_d 波形将全为零，其平均值也为零，可见带电阻负载时二相桥式全控整流电路 α 角的移相范围是 120°。

（2）阻感负载

三相桥式全控整流电路大多用于向阻感负载和反电动势阻感负载供电（即用于直流电机传动），下面对阻感负载进行分析。对于带反电动势阻感负载的情况，在阻感负载的基础上进行分析可得其工作情况。

当 $\alpha \leqslant 90°$ 时，u_d 波形连续，电路的工作情况与带电阻负载时十分相似，各晶闸管的通断情况、输出整流电压 u_d 波形、晶闸管承受的电压波形等都一样。区别在于当负载不同时，同样的输出电压加到负载上，得到的负载电流 i_d 波形不同，电阻负载时 i_d 波形与 u_d 波形形状一样。而对于阻感负载，由于电感的作用，使得负载电流波形变得平直，当电感足够大的时候，负载电流的波形可近似为一条水平线。图 6-15 和图 6-16 分别给出了三相桥式全控整流电路带阻感负载 $\alpha=0°$ 和 $\alpha=30°$ 时的波形。

图 6-15 中除了给出 u_d 波形和 i_d 波形外，还给出了晶闸管 VT_1 电流 i_{VT1} 的波形，可与带电阻负载时的情况进行比较。由波形图可见，在晶闸管 VT_1 导通段，i_{VT1} 波形由负载电流 i_d 波形决定，和 u_d 波形不同。

图 6-16 中除了给出 u_d 波形和 i_d 波形外，还给出了变压器二次侧 a 相电流 i_a 的波形。

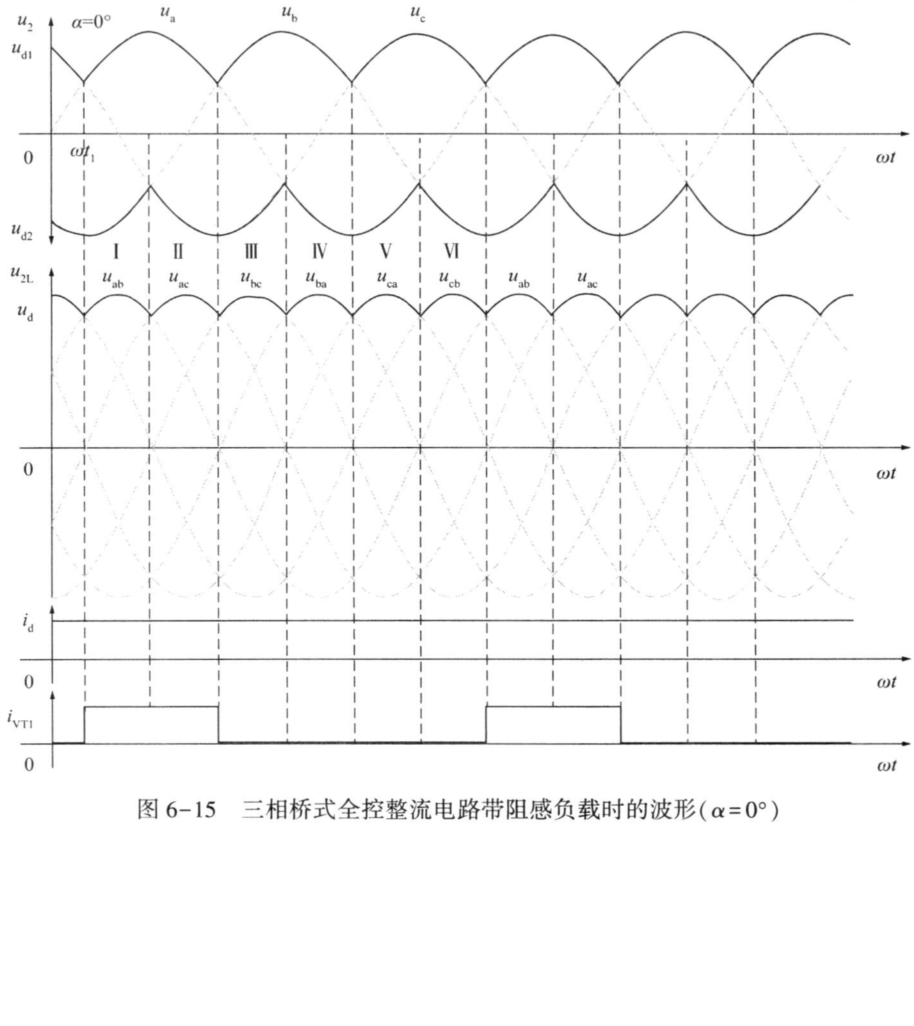

图 6-15　三相桥式全控整流电路带阻感负载时的波形（$\alpha=0°$）

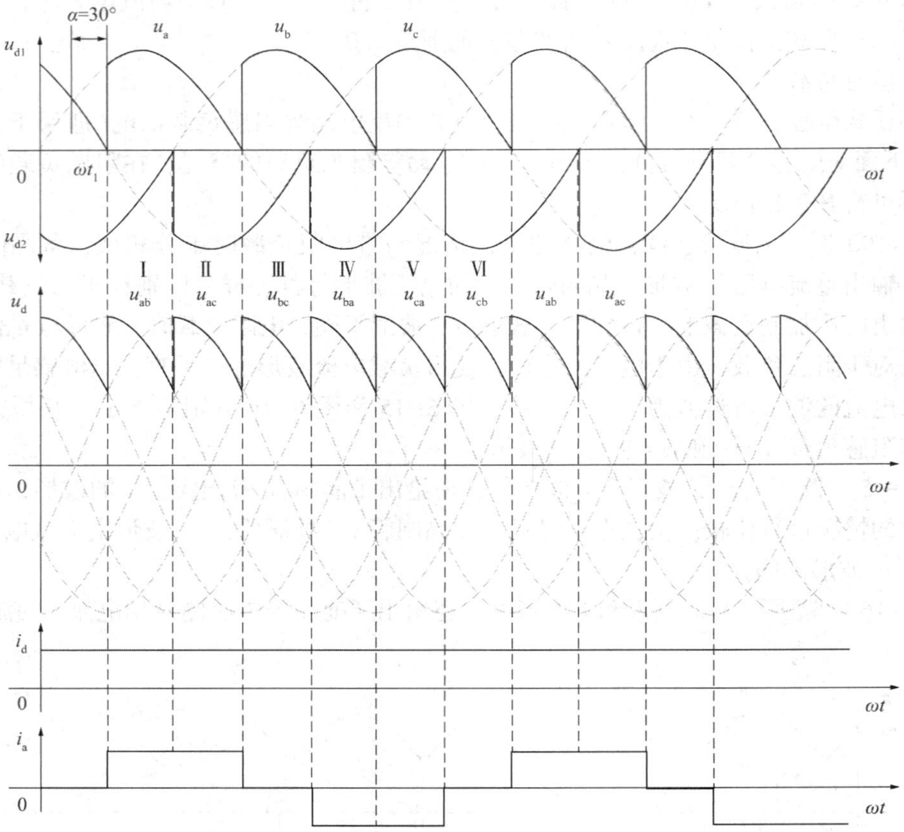

图 6-16 三相桥式全控整流电路带阻感负载时的波形($\alpha=30°$)

当$\alpha>60°$时，阻感负载时的工作情况与电阻负载时不同，电阻负载时u_d波形不会出现负的部分，而阻感负载时，由于电感L的作用，u_d波形会出现负的部分。图 6-17 给出了在$\alpha=90°$时的波形。若电感L值足够大，u_d中正负面积将基本相等，u_d平均值近似为零。这表明，带阻感负载时，三相桥式全控整流电路的α角移相范围为90°。

整流输出电压u_d的波形在一周期内脉动 6 次且每次脉动的波形相同，因此在计算其平均值时，只需要对一个脉波(即 1/6 周期)进行计算即可。此外，以线电压的过零点为时间坐标的零点，于是可得到当整流输出电压连续时(即带阻感负载或带电阻负载$\alpha\leqslant60°$时)的平均值为

$$U_d=\frac{1}{\frac{\pi}{3}}\int_{\frac{\pi}{3}+\alpha}^{\frac{2\pi}{3}+\alpha}\sqrt{6}U_2\sin\omega t\mathrm{d}(\omega t)=2.34U_2\cos\alpha \tag{6-24}$$

当带电阻负载且$\alpha>60°$时，整流电压平均值为

$$U_d=\frac{3}{\pi}\int_{\frac{\pi}{3}+\alpha}^{\pi}\sqrt{6}U_2\sin\omega t\mathrm{d}(\omega t)=2.34U_2\cos\alpha\left[1+\cos\left(\frac{\pi}{3}+\alpha\right)\right] \tag{6-25}$$

输出电流平均值为$I_d=U_d/R$。

采用图 6-10 所示的电路时，带阻感负载，变压器二次电流波形如图 6-16 中所示，为正负半周各宽 120°、前沿相差 180°的矩形波，有效值为

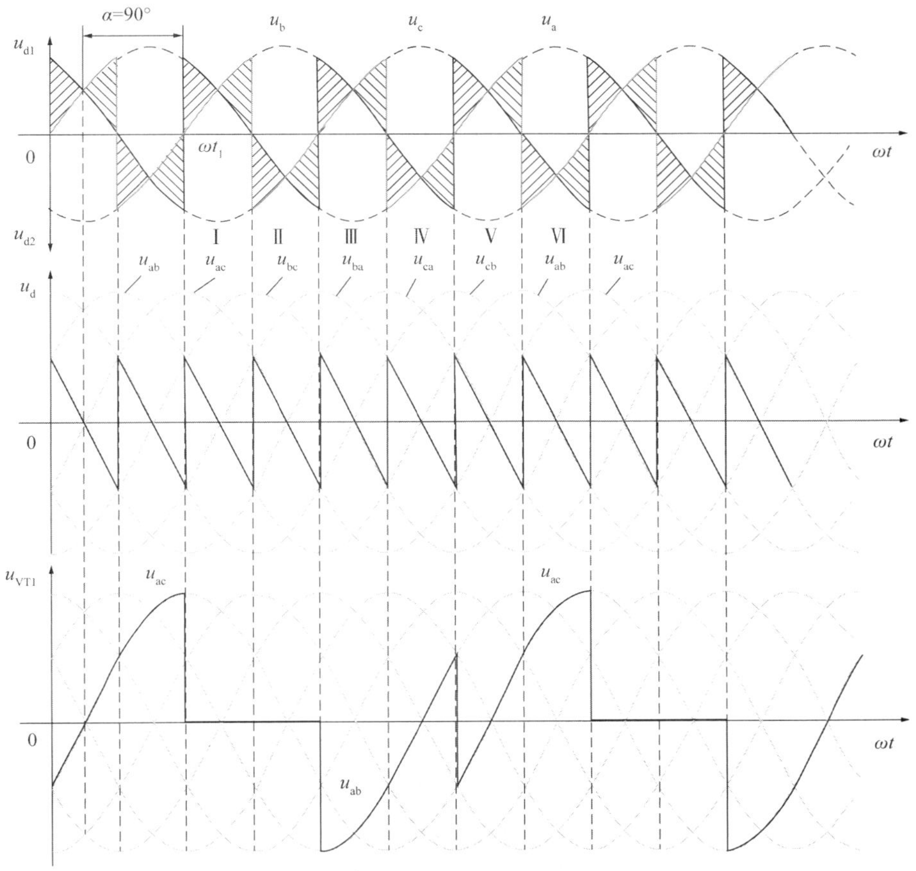

图 6-17　三相桥式全控整流电路带阻感负载时的波形（$\alpha=90°$）

$$I_2=\sqrt{\frac{1}{2\pi}\left(I_d^2\times\frac{2}{3}\pi+(-I_d)^2\times\frac{2}{3}\pi\right)}=\sqrt{\frac{2}{3}}I_d=0.8I_d \tag{6-26}$$

三相桥式全控整流电路接反电动势阻感负载时，在负载电感足够大以使负载电流连续的情况下，电路工作情况与电感性负载相似，电路中各处电压、电流波形相同，但平均电流 I_d 稍有差异，反电动势阻感负载时 I_d 为

$$I_d=\frac{U_d-E}{R} \tag{6-27}$$

式中　R 和 E——负载中电阻和反电动势的值。

第三节　直流电动机控制系统

直流电动机负载除本身有电阻、电感外，还有一个反电动势 E。如果在不考虑电动机的电机电感时，使用基于晶闸管的单相全控桥式整流电路，则只有当晶闸管导通相的变压器二次侧电压瞬时值大于反电动势时才有电流输出。这种情况是单相全控桥式整流电路带反电动势负载，此时如果负载电流断续，对整流电路和电动机负载工作都不利。实际应用中要尽量避免出现负载电流断续的工作情况。

为了平稳负载电流的脉动，通常在电枢回路中串联平波电抗器，保证整流电流在较大范围内连续。图 6-18 为三相半波带电动机负载且加平波电抗器时的电压电流波形。

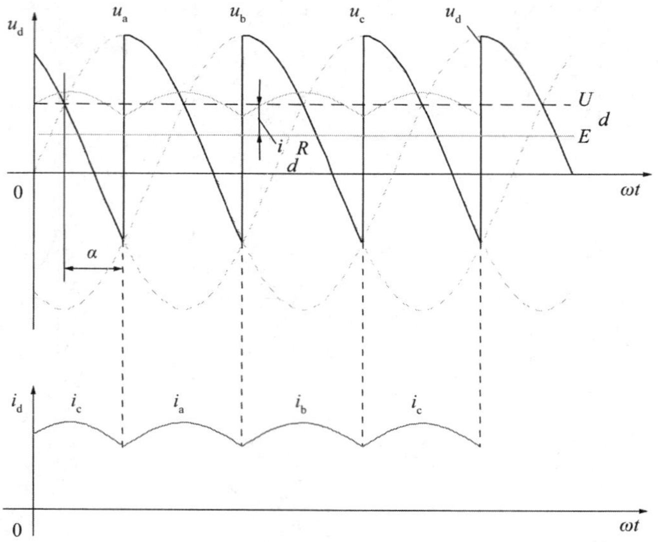

图 6-18　三相半波带电动机负载且加平波电抗器时的电压和电流波形

触发晶闸管，待电动机启动达稳态后，虽然整流电压的波形脉动较大，但由于电动机有较大的机械惯量，故其转速和反电动势都基本无脉动。此时整流电压的平均值由电动机的反电动势及电路中负载平均电流 I_d所引起的各种电压降所平衡。整流电压的交流分量则全部降落在电抗器上。I_d引起的压降有下列四部分：变压器的电阻压降 I_dR_B，其中 R_B为变压器的等效电阻，它包括变压器二次绕组本身的电阻以及一次绕组电阻折算到二次侧的等效电阻；晶闸管本身的管压降 ΔU，它基本上是一恒值；电枢电阻压降 I_dR_M；由重叠角引起的电压降 $3X_BI_d/(2\pi)$。

此时，整流电路直流电压的平衡方程为

$$U_d = E_M + R_\Sigma I_d + \Delta U \tag{6-28}$$

式中　$R_\Sigma = R_B + R_M + \dfrac{3X_B}{2\pi}$。

在电动机负载电路中，电流 I_d由负载转速所决定。当电动机的负载较轻时，对应的负载电流也小。在小电流情况下，特别在低速时，由于电感的储能减小，往往不足以维持电流连续，从而出现电流断续现象。这时整流电路输出的电压和电流波形与电流连续时有差别，因此晶闸管电动机系统有两种工作状态：一种是工作在电流较大时的电流连续工作状态，另一种是工作在电流较小时的电流断续工作状态。

一、电流连续时电动机的机械特性

在电机学中，已知直流电动机的反电动势为

$$E_M = C_en \tag{6-29}$$

式中 $C_e = K_e \Phi_n$——电动机在额定磁通下的电动势转速比；

K_e——由电动机结构决定的电动势常数；

Φ_n——电动势磁场每对磁极下的额定磁通量，单位 Wb；

n——电动机转速，单位 r/min。

可根据整流电路电压平衡方程式(6-28)，求出不同控制角 α 时与 E 的关系。因为 $U_d = 1.17U_2\cos\alpha$，因此反电动势特性方程为

$$E_M = 1.17U_2\cos\alpha - R_\Sigma I_d - \Delta U \tag{6-30}$$

由于 Φ_n 为常数，故电动机的机械特性可用转速与电流关系式表示为

$$n = \frac{1.17U_2\cos\alpha}{C_e} - \frac{R_\Sigma I_d + \Delta U}{C_e} \tag{6-31}$$

根据式(6-31)求出不同 α 时 n 与 I_d 的关系，如图 6-19 所示。图中 ΔU 的值一般为 1V 左右，可以忽略不计。可见其机械特性与由直流发电机供电时的机械特性是相似的，是一组平行的直线，其斜率由于内阻不一定相同而稍有差异。调节 α 角即可调节电动机的转速。

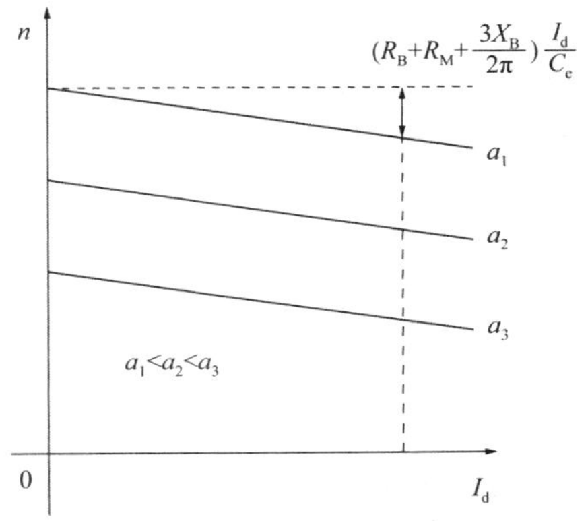

图 6-19 三相半波电流连续时以电流表示的电动机机械特性

同理，可列出三相桥式全控整流电路电动机负载时的机械特性方程为

$$n = \frac{2.34U_2\cos\alpha}{C_e} - \frac{R_\Sigma}{C_e}I_d \tag{6-32}$$

二、电流断续时电动机的机械特性

由于整流电压是一个脉动的直流电压，当电动机的负载减小时，平波电抗器中的电感储能减小，致使电流不再连续，此时电动机的机械特性呈现出非线性。

根据电流连续时反电动势的公式(6-30)，例如当 $\alpha = 60°$ 时，$I_d = 0$，忽略 ΔU，此时的反电动势 $E'_0 = 1.17U_2\cos60° = 0.585U_2$。这是电流连续时的理想空载反电动势，如图 6-20 中反电动势特性的虚线与轴的相交点。实际上，当 I_d 减小至某一定值 I_{dmin} 以后，电流变为断续，这个 E'_0 是不存在的，真正的理想空载点 E_0 远大于此值。因为当 $\alpha > 60°$ 时晶闸管触发导通时的相电压瞬时值为 $\sqrt{2}U_2$，它大于 E'_0，因此必然产生电流，这说明 E'_0 并不是空载点。只有当反电动势 E 等于触发导通后相电压的最大值 $\sqrt{2}U_2$ 时，电流才等于零，因此图 6-20 中 $\sqrt{2}U_2$ 才是理想空载点。同样可分析得出，在电流断续情况下，只要 $\alpha \leqslant 60°$，电动机的理想空载反电动势都是 $\sqrt{2}U_2$。当 $\alpha > 60°$ 时，空载反电动势将由 $\sqrt{2}U_2\cos(\alpha - \pi/3)$ 决定。可见，当电流断续时，电动

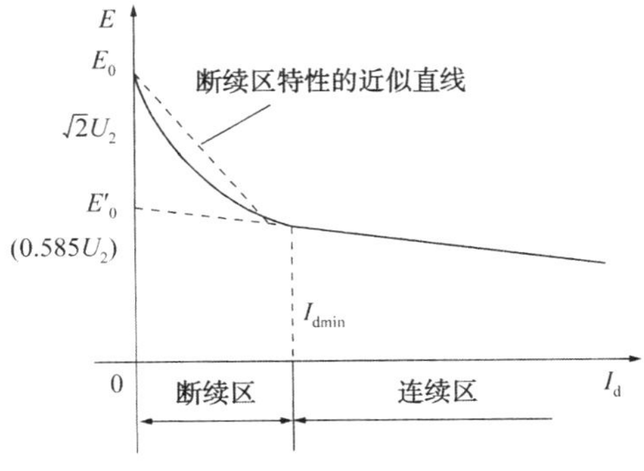

图 6-20 电流断续时电动势的特性曲线

机的理想空载转速将提高，这是电流断续时电动机机械特性的第一个特点。观察图 6-20 可知此时机械特性的第二个特点是：在电流断续区内电动机的机械特性变软，即负载电流变化很小也可引很大的转速变化。

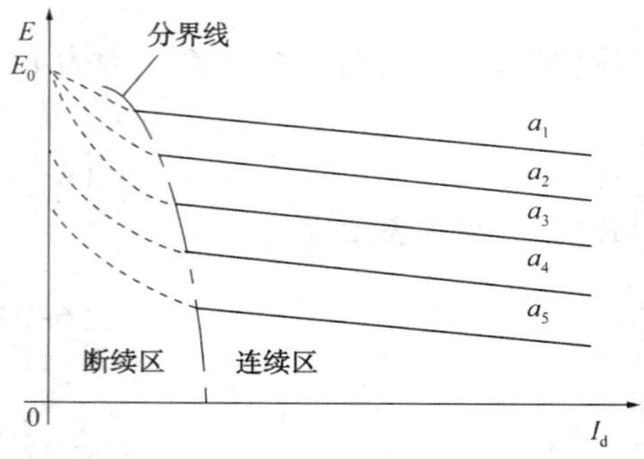

图 6-21　当电流断续时不同 α 时反电动势的特性曲线

注：$\alpha_1<\alpha_2<\alpha_3<60°$，$\alpha_5>\alpha_4>60°$。

根据上述分析，可得出不同 α 的反电动势特性曲线，如图 6-21 所示。α 大的电流断续区的范围(以虚线表示)要比 α 小的电流断续区大，这是由于 α 愈大，变压器加在晶闸管阳极上的负电压时间愈长，电流要维持导通，必须要求平波电抗器储存较大的磁能，而电抗器的 L 为一定值的情况下，要有较大的电流 I_d 才行。故随着 α 的增加，进入断续区的电流值加大。

一般只要主电路电感足够大，可以只考虑电流连续段，完全按线性处理。当低速轻载时，断续作用显著，可改用另一段较陡的特性曲线来近似处理(如图 6-20 所示)，其等效电阻比实际的电阻 R 要大一个数量级。

对于三相桥式全控整流电路带电动机负载的系统，有

$$L=0.693\frac{U_2}{I_{dmin}} \tag{6-33}$$

L 中包括整流变压器的漏电感、电枢电感和平波电抗器的电感。前者数值都较小，有时可被忽略。I_{dmin} 一般为电动机额定电流的 5%~10%。

思考与练习

1. 单相桥式半控整流电路，电阻性负载，画出整流二极管在一周期内承受的电压波形。

2. 单相桥式全控整流电路，$U_2=100V$，负载中 $R=2\Omega$，L 值极大，反电动势 $E=60V$，当 $a=30°$ 时，要求：

(1) 作出 u_d、i_d 和 i_2 的波形；

(2) 求出整流输出平均电压 U_d、电流 I_d、变压器二次电流有效值 I_2；

(3) 考虑安全裕量，确定晶闸管的额定电压和额定电流。

3. 三相半波整流电路的共阴极接法与共阳极接法，a、b 两相的自然换相点是同一点吗？如果不是，它们在相位上差多少度？

4. 有两组三相半波可控整流电路，一组是共阴极接法，一组是共阳极接法，如果它们的触发角都是 α，那么共阴极组的触发脉冲与共阳极组的触发脉冲对同一相来说(例如都是 a 相)，在相位上差多少度？

5. 单相桥式半控整流电路，电阻性负载，画出整流二极管在一个周期内承受的电压波形。

第七章　基于网络的材料成型检测控制系统

第一节　计算机控制系统

将闭环控制系统中的比较器和控制器(调节器)用计算机来代替，可组成典型的计算机控制系统。计算机控制系统进行实时数据采集，检测系统输出(被控参数)的数据，按已知的控制规律对实时的给定值与实时采集数据进行运算和推理，决定控制过程，向执行机构发出控制信号。

上述过程中的实时概念是指信号的输入、运算和输出都要在一定的时间(采样间隔)内完成。上述过程不断重复执行，使整个系统能按一定的静态和动态指标进行工作，这就是计算机控制系统最基本的功能。

计算机控制系统由硬件和软件两部分构成。硬件由计算机主机、接口电路及外部设备等组成。控制对象的被测参数经传感器、变送器，转换成统一的标准信号，再经多路开关送到A/D转换器进行模拟/数字转换，转换后的数字量经接口电路送入计算机。对于被测参数数字量、开关量或脉冲量，通过接口直接输入到计算机。计算机对数据进行处理计算然后经模拟量或开关量输出通道输出，对被测参数进行控制。软件是指能完成各功能的计算机程序的总和。对于计算机控制系统来讲，软件可分为实时软件和开发软件两大类。实时软件指在进行实际控制时使用的软件，开发软件是指在开发、测试控制系统时使用的软件。

实时软件又可分为系统软件和应用软件两大类。系统软件是通用的软件，一般由计算机设计者提供，专门用来使用和管理计算机。对计算机控制系统来讲，最主要的系统软件为实时多任务操作系统。另外还可能使用数据库、中断系统、文件管理系统等。应用软件是面向用户本身的程序，如控制系统中各种A/D转换程序、D/A转换程序、数据采样滤波程序、计算程序以及各种控制算法程序等。

开发软件包括各种语言程序、服务程序、调试程序和仿真程序等。一般仅在开发计算机控制系统时使用，调试完成后，在实时运行时一般不使用开发软件。

计算机控制系统与其所控制的对象密切相关，控制对象不同，其控制系统也不同。这里主要介绍操作指导控制系统、直接数字控制系统、计算机监督控制系统和计算机分级控制系统。

1. 操作指导控制系统

所谓操作指导是指计算机的输出不直接用来控制生产对象，而只是对系统过程参数进行采集、加工处理，然后输出数据，由操作人员根据这些数据进行必要的操作。

在操作指导控制系统中，每隔一段时间计算机进行一次采样，经A/D转换后送入计算机进行加工处理，然后进行报警、显示，并可定时存储或打印采集的数据。操作人员根据报警或显示的数据进行必要的操作，包括修改设定值。

该系统最突出的优点是比较简单，且安全可靠，特别是对于未摸清控制规律的系统更为适用。它常用于数据检测和调试新的控制程序，以及用作试验的教学模型。其缺点是要由人工操作，且速度受到限制。目前电力部门的电力调度控制系统常采用操作指导控制系统。

2. 直接数字控制系统

直接数字控制系统是用一台计算机对被控参数进行检测，再根据设定值和控制算法进行运算，然后输出到执行机构对生产进行控制，使被控参数稳定在给定值。

直接数字控制系统中的计算机完成闭环控制，不仅能完全取代模拟调节器，实现多回路的PID(比例-积分-微分)调节，而且不须改变硬件，仅通过改变程序就能实现各种较复杂的控制，如前馈控制、非线性控制、自适应控制、最优控制、模糊控制等。

3. 计算机监督控制系统

在计算机监督控制系统中，是由计算机检测被控参数，按照描述生产过程的数学模型，计算出最佳给定值送给模拟调节器或者直接数字控制系统计算机，最后由模拟调节器或直接数字控制系统计算机控制生产过程，从而使生产过程处于最优工作状态。计算机监督控制系统与直接数字控制系统相比，其更接近生产变化实际情况，它不仅可以进行给定值控制，还可以进行顺序控制、最优控制及自适应控制等，是操作指导控制系统与直接数字控制系统的综合与发展。计算机监督控制系统的结构，可分为计算机监督控制和模拟调节器、计算机监督控制和直接数字控制系统两类。

4. 计算机分级控制系统

生产过程中既存在控制问题，也存在大量的管理问题。如果生产过程控制系统采用集中控制方式，计算机控制系统既具有生产过程的各个环节的控制功能，又完成生产的管理工作。这种方法可充分利用了的计算机资源。但任务过于集中，一旦计算机出现故障，将会影响全局。廉价而功能完善的微型计算机(特别是单片微机)的出现，允许用多台微型计算机分别承担部分任务，组成分布式控制系统。这种系统将控制功能分散，用多台计算机或者单片机分别执行不同的控制功能，用PC等微型计算机完成上级控制和管理功能。该系统具有使用灵活方便、可靠性高、功能强等特点。

随着工业计算机和网络的发展，计算机控制系统进入了新的应用阶段。自从1946年世界上第一台电子计算机ENIAC正式使用后，数字计算机在世界各国得到了极大的重视和迅速发展。20世纪70年代，微型计算机的推广和计算机技术的发展给控制系统开辟了新的途径，出现了专用计算机投入生产过程控制的应用中。数字计算机的运算和逻辑功能可以有效地满足当代复杂生产过程的控制要求。专用于生产过程控制的数字计算机，称为生产过程控制用计算机系统，也就是工业控制计算机或工业计算机(简称工控机)。

现在计算机技术和网络技术正在迅速发展，与此同时，各种层次的计算机网络在控制系统中的应用也越来越广泛，规模越来越大，控制系统的网络化时代渐渐到来。现场总线控制系统即为计算机控制技术网络化下诞生的一个新的系统。现场总线是顺应智能现场仪表而发展起来的一种开放型的数字通信技术，其发展的初衷是用数字通信代替一对一的I/O连接方式，可以把数字通信网络延伸到工业过程现场。随着现场总线技术与智能仪表管控一体化(仪表调校、控制组态、诊断、报警、记录)的发展，这种开放型的工厂底层控制网络构造了新一代的网络集成式全分布计算机控制系统。

随着移动网络的迅速发展，我们已经通过智能手机和其所支持的软件步入了一个智慧的时代。材料成型控制系统也逐渐由传统的计算机控制、计算机网络控制向基于移动互联网的检测控制系统方向发展。

第二节　Android 应用程序开发

Andy Rubin 最初提出 Android 的目的是创造一个可以对所有软件设计人员开放的移动终端平台。Android 平台由操作系统、中间件、用户界面和应用软件组成。2005 年 Google 公司抢先收购了 Android，2007 年 11 月 5 日宣布了 Android 是基于 Linux 平台的开源手机操作系统。

Android 基于 Linux 技术开发，允许开发人员自由获取、修改源代码，是具有开源性质的移动终端平台。其特点是具有开发性，所有的 Android 应用程序之间完全平等，应用程序间无界限，开发人员可以把网上的数据与本地的联系人、日历、位置信息相结合，并且能够快速方便地进行应用程序的开发。

Android 是一个真正意义上的开放性移动开发平台，其不仅包含上层的用户界面和应用程序，还包括底层的操作系统。所有的 Android 应用程序都运行在虚拟机上，程序之间完全平等。用户可以随意将第三方软件代替系统自带的系统软件。Android 的开放性，应用程序间完全平等、无界限。应用程序的开发快速方便，是 Android 快速发展的关键。

一、Android 开发环境的搭建

搭建基于 Eclipse 的 Android 开发环境，创建和运行模拟器，对应用程序进行调试，最终才能完成 Android 的开发应用。

1. Android SDK 的安装及环境变量的配置

Android 应用程序开发使用 Java 语言，因此首先需要搭建 Java 程序开发运行环境，Java 的开发环境称为 JDK(Java Development Kit)，是 Sun Microsystems 针对 java 程序员开发的产品。自从 Java 被推出以来，JDK 已经成为最广泛的 Java SDK。JDK 是整个 Java 的核心，包括了 Java 运行环境 JRE(Java Runtime Environment)、Java 工具和 Java 基础类库。

安装 Java 的 JDK，正确地配置系统的环境变量（基于 Windows 操作系统）的具体步骤如下：

（1）下载并安装最新的 JDK。安装程序登录 Oracle 官方网站，下载完成后，将其安装到默认的目录下即可。

（2）配置环境变量。右键点击“我的电脑”，选择“属性”→“高级”→“环境变量”→“系统变量”，找到“Path”变量名(如果没有就新建一个名为“Path”的变量)，点击“编辑”按钮，添加 JDK 安装目录中的“bin”文件夹路径，以分号隔开，如图 7-1 所示，然后点击“确定”按钮完成设定。

图 7-1　配置环境变量

安装配置完成之后，需要测试 JDK 是否安装配置成功。在 Windows 系统中按“Win+R”键→“运行”，输入“CMD”回车进入命令行模式，键入命令“java-version”，运行结果如图 7-2所

示，表示 JDK 安装成功(具体情况根据显示的版本号可能有所不同)。然后键入命令“javac”，运行结果如图 7-3 所示，表示 JDK 环境配置正确。

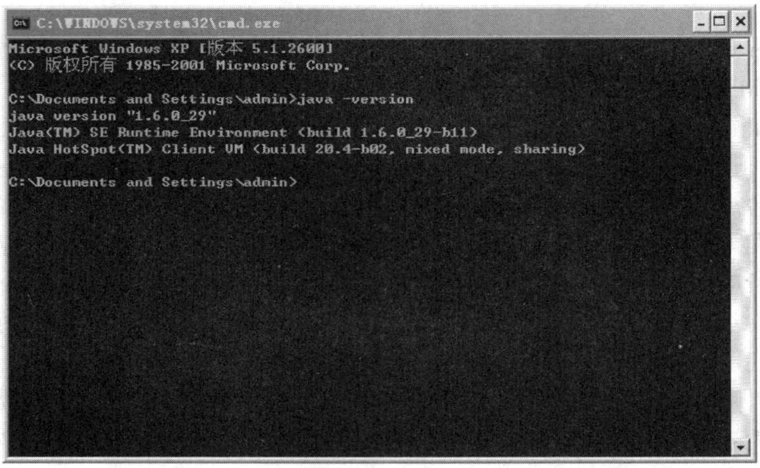

图 7-2　验证 JDK 安装成功

图 7-3　验证 JDK 环境配置正确

2. Eclipse 集成开发环境的搭建

完成 SDK 以及系统环境变量的配置后，接下来安装和配置 Eclipse 集成开发环境。具体步骤如下：

(1) 登录 Eclipse 官方网址，下载适用版本的 Eclipse，如图 7-4 所示。

(2) 将下载完的 Eclipse 安装包解压到硬盘中合适位置，双击 eclipse.exe 文件打开 Eclipse。

(3) Eclipse 打开后，在 Help 菜单中选择“Install New Software”，如图 7-5 所示，进入 Install 界面。

图 7-4　Eclipse 官方网址下载页面

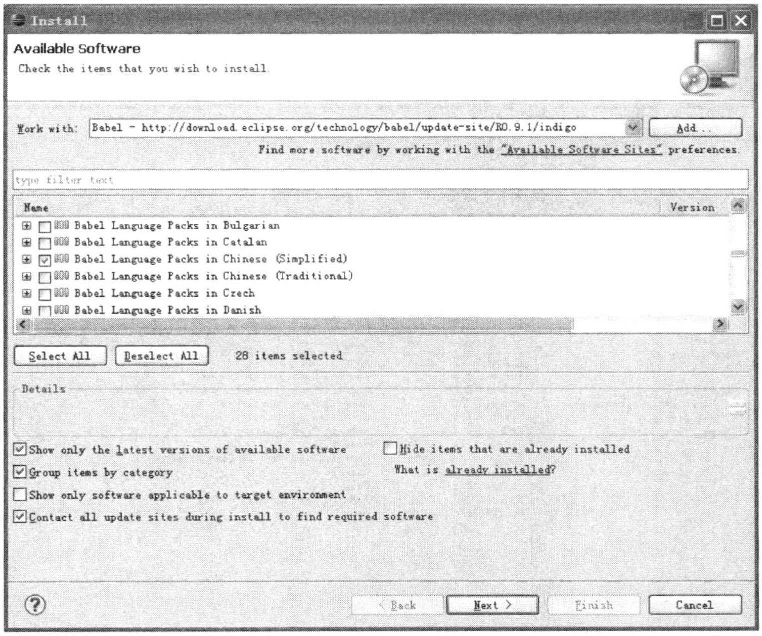

图 7-5　Eclipse 进入 Install 界面

（4）在线安装 ADT（Android Development Tools）。在 Install 界面中单击“Add”按钮，弹出“Available Software”对话框，如图 7-6 所示（根据网速快慢等待时间可能有所不同），选择“Babel Language Packs in Chinese（Simplified）”，然后根据提示依次点击“Next”→“Finish”完成汉化安装操作。在 Install 界面选中“Developer Tools”并单击“Next”按钮，直接单击“Finish”按钮，重启 Eclipse，完成 ADT 的安装。

（5）打开 Eclipse 后，在 Windows 菜单中选择“Preferences”，打开“Preferences”界面，选择“Android-Browse”，添加到 SDK 路径，单击 OK 按钮，如图 7-7 所示。至此，Eclipse 集成开发环境搭建完毕。

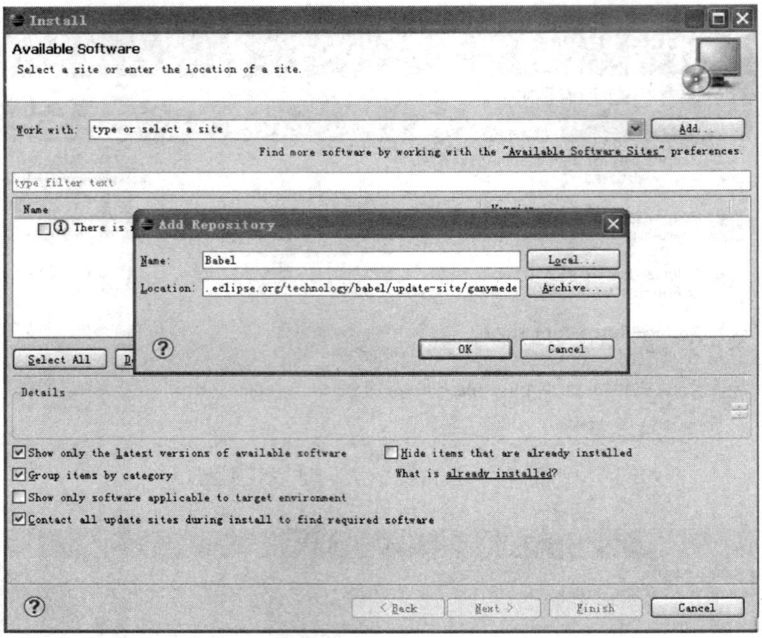

图 7-6　在线安装 ADT

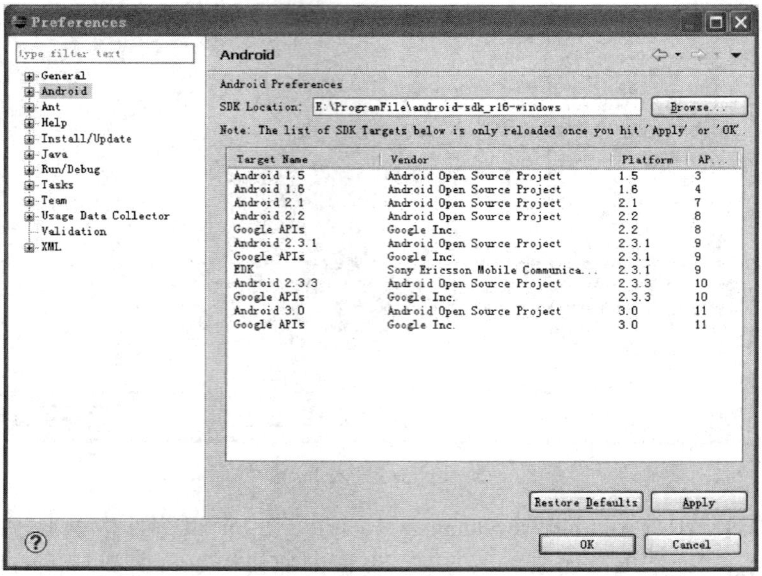

图 7-7　Eclipse 集成开发环境搭建页面

二、第一个 Android 项目 —— Hello Android

1. 创建 Hello Android 项目

ADT 提供了生成 Android 应用程序框架的功能，可以通过 Eclipse 使用 ADT 很容易创建一个 Android 工程。

(1) 打开 Eclipse 开发工具，新建一个项目，打开"File"菜单，然后依次点击"New"→"Project"选项，弹出如图 7-8 所示的对话框。

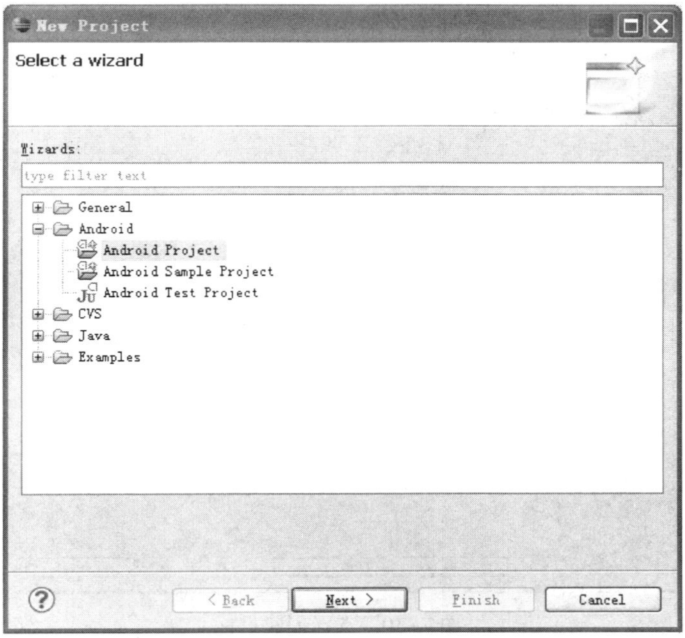

图 7-8　创建一个新项目

(2) 选择"Android Project"项，点击"Next"，弹出如图 7-9 所示的对话框。

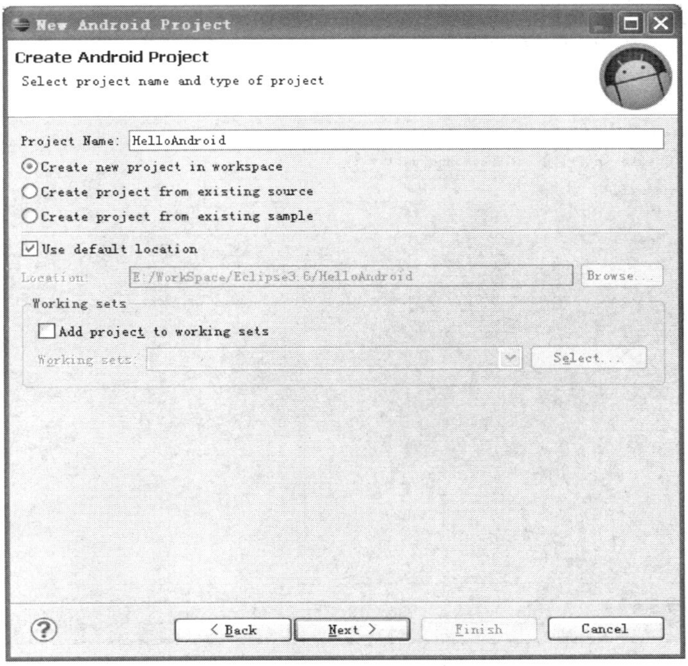

图 7-9　输入项目名称

(3) 在“Project Name”项中输入项目名称“Hello Android”，然后点击“Next”，弹出如图 7-10所示对话框。

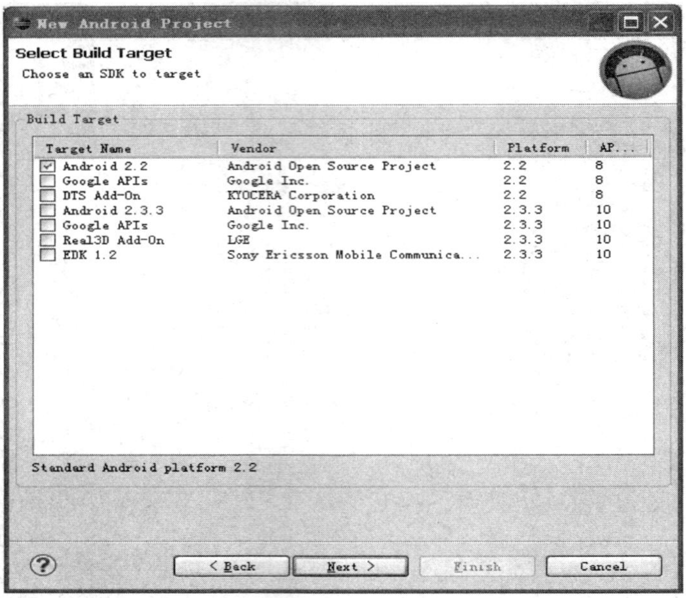

图 7-10 选择创建目标

(4) 在“Android 2. 2”项前面打勾，点击“Next”按钮，弹出如图 7-11 所示对话框。

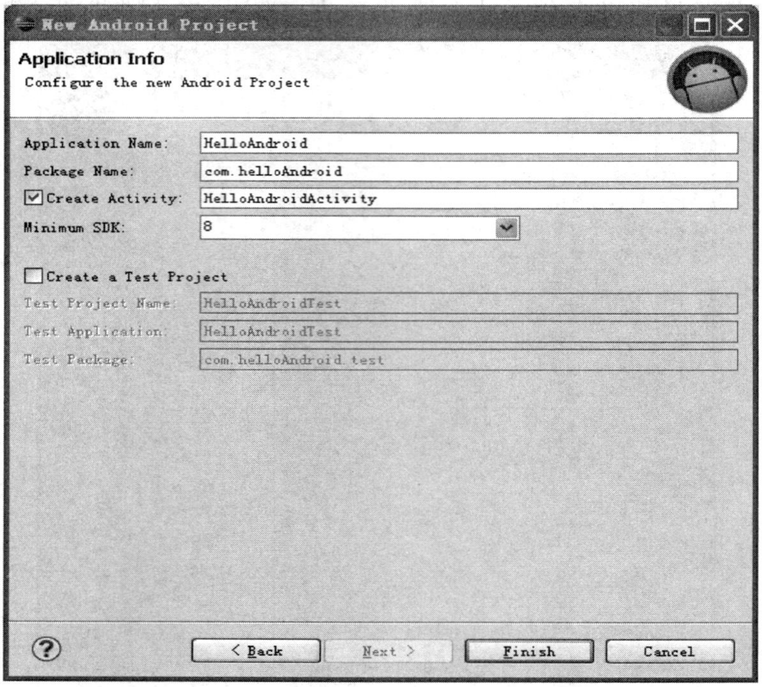

图 7-11 输入应用名称

（5）在“Application Name”项中输入Android应用的名称“Hello Android”，在“Package Name”项中输入包的名称，然后点击“Finish”按钮，即可完成Android项目的创建。

此时可以在Eclipse开发平台左边导航器中看到刚刚创建的项目“Hello Android”，如图7-12所示。

如果Eclipse平台中没有出现导航器，可以点击“Window”→“Show View”→“Package Explorer”来显示导航器，如图7-13所示。

至此，Hello Android项目已经创建完成，该项目代码是由我们前面安装的ADT插件自动生成的，因此不用编写任何代码即可运行。

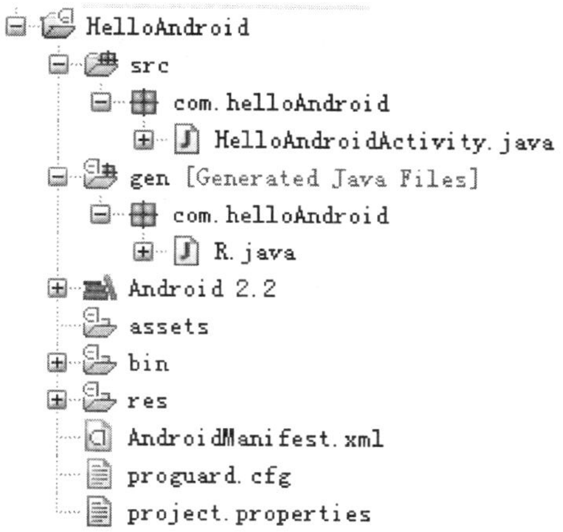

图7-12　创建好的项目

2. Android模拟器的使用

从Android 1.5开始引入了AVD(Android Virtual Device)的概念，AVD是一个经过配置的模拟器，在创建AVD时可以配置的选项有：模拟器的大小、摄像头、分辨率、键盘、SD卡支持等等，配置模拟器的步骤如下：

（1）点击“Window”菜单中的“AVD Manager”项(如图7-14所示)，弹出如图7-15所示对话框。

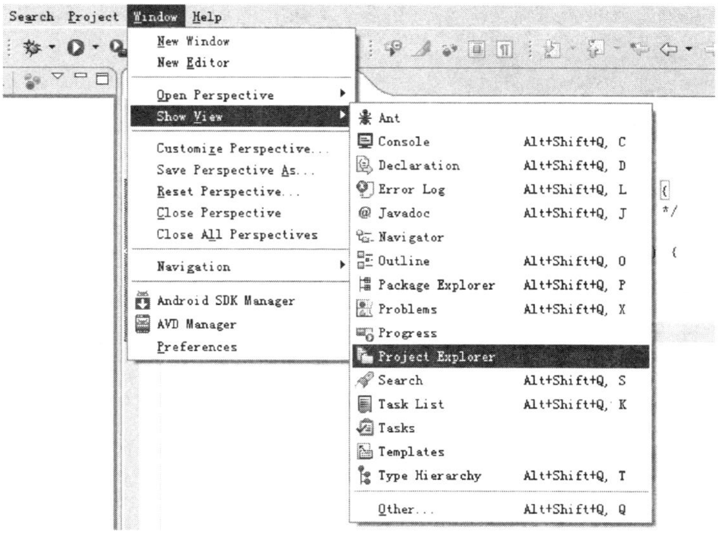

图7-13　导航器中显示

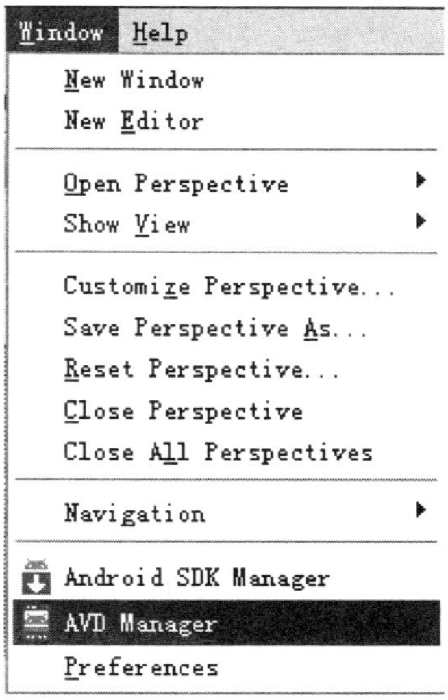

图7-14　进入“AVD Manager”

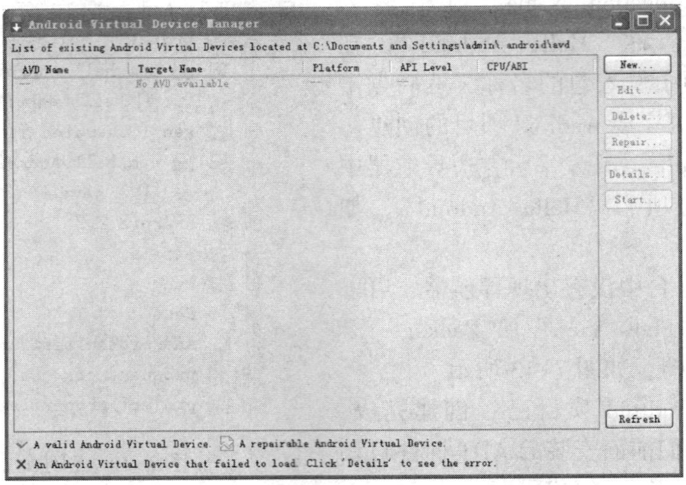

图 7-15　建立模拟器

（2）点击右侧的“New”按钮，弹出如图 7-16 所示对话框。

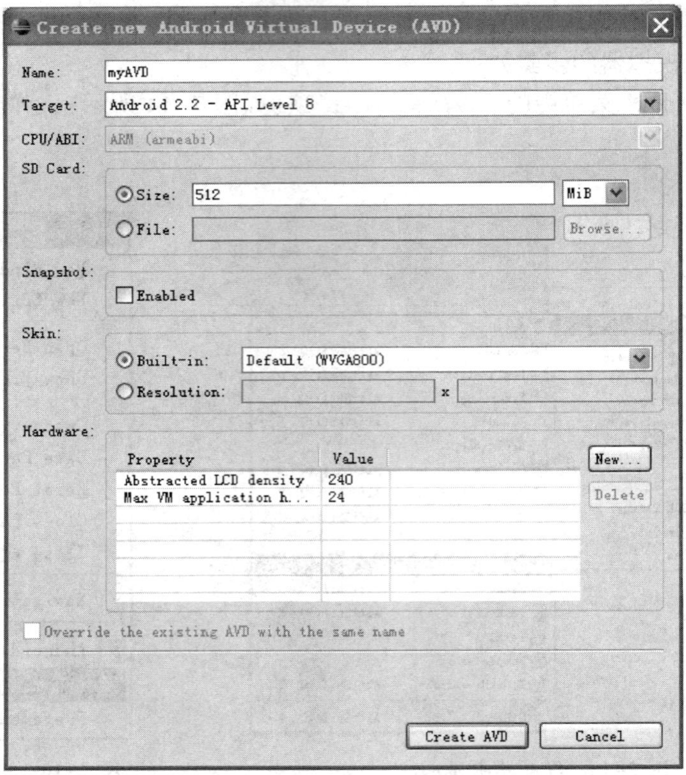

图 7-16　输入名称等信息

（3）在“Name”项中输入 AVD 的名字“myAVD”，在 Target 下拉框中选中项目运行的平台“Android 2.2”，在“SD Card”项的“Size”中输入虚拟 SD 卡的容量大小“512M”，然后点击“Create AVD”按钮即可生成 Android 虚拟设备，如图 7-17 所示。

图 7-17　已建立的模拟器

3. Hello Android 项目运行

右键点击“Hello Android”项目，选择“Run As”→“Android Application”，如图 7-18 所示，启动 Android 模拟器，经过漫长的等待之后，将看到模拟器中显示如图 7-19 所示的画面，那么恭喜你，你的“Hello Android”项目已经成功运行了。

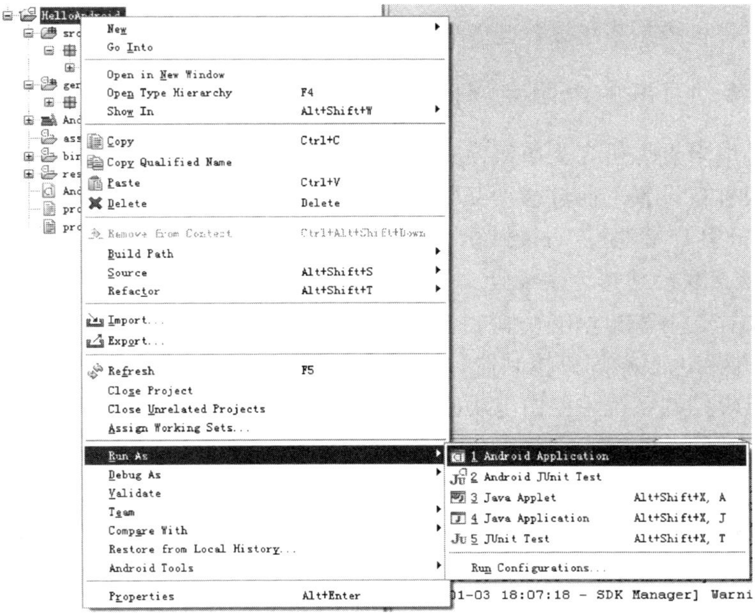

图 7-18　启动 Android 模拟器

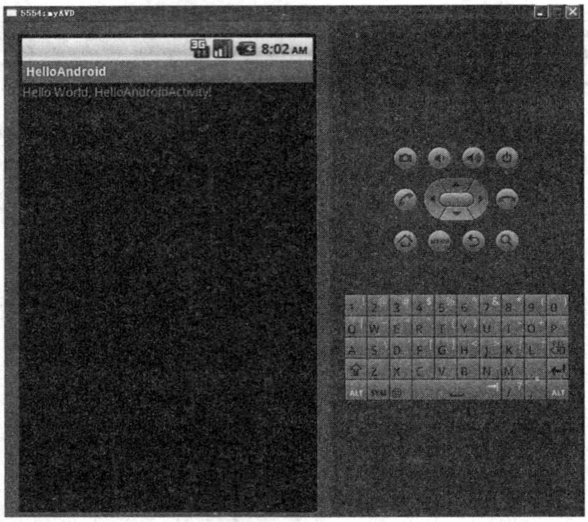

图 7-19 “Hello Android”项目运行画面

第三节 基于移动互联网的检测控制系统

随着机械制造业和互联网技术的发展，材料成型及检测控制系统正向智能化、智慧化的方向发展。基于移动互联网的检测控制系统也不例外，比如电阻焊在数字化发展的过程中，已经有科研工作者进行了移动互联网电阻点焊的监测系统研究和开发。下面就以基于移动互联技术的电阻点焊机控制系统设计与开发为例进行讲解。

一、基于移动互联的电阻点焊控制系统

目前在售的电阻点焊机多为单机模式，不具有网络通信功能，焊接工艺参数控制及调整多通过控制面板进行设置。通过移动互联网进行工艺参数设置等电阻点焊工艺控制，具体做法是使用 Android 客户端通过 Web 服务器向电阻点焊机进行工艺参数设置和焊接控制。

1. 基于移动互联的总体方案设计

建立 Android 客户端和电阻点焊机控制器之间数据通信通过 Web 服务器实现，具体做法是 Android 客户端和电阻点焊机控制器分别向 Web 服务器读取或者传送相关数据。基于移动互联网的电阻点焊控制系统主要由电阻点焊机控制器、Web 服务器、Android 客户端三部分组成，如图 7-20 所示。

电阻点焊机通过数传模块将点焊机与 Web 服务器连接在一起，完成工艺参数的传送和对实时工艺过程的监测。Android 客户端通过访问 Web 服务器获取点焊工艺参数，并可以进行调整，并且可以查阅以往焊接工艺实例等。Web 服务器是电阻点焊接和 Android 客户端的连接媒介，更是提供历史数据和实时数据的有力支撑。

2. 硬件设计

电阻点焊机通常是由焊接主回路、相应的驱动电路及保护电路组成。焊接主回路由整流和逆变两部分组成，整流电路将 380V 三相交流电变换成直流电；逆变电路将直流电逆变成焊接工艺需要的给定频率、电流、电压的交流电；驱动电路主要控制逆变电路中开关器件的

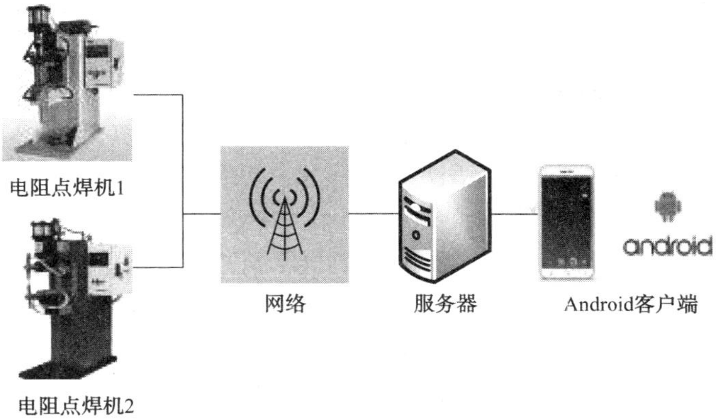

图 7-20　基于移动互联网的电阻点焊控制方案图

开通和关断；保护电路主要完成温度保护和过流、过压保护等。

因此使用单片机进行焊接工艺参数的在线监测，同时通过数传模块将工艺参数上传给 Web 服务器，具体硬件设计如图 7-21 所示。

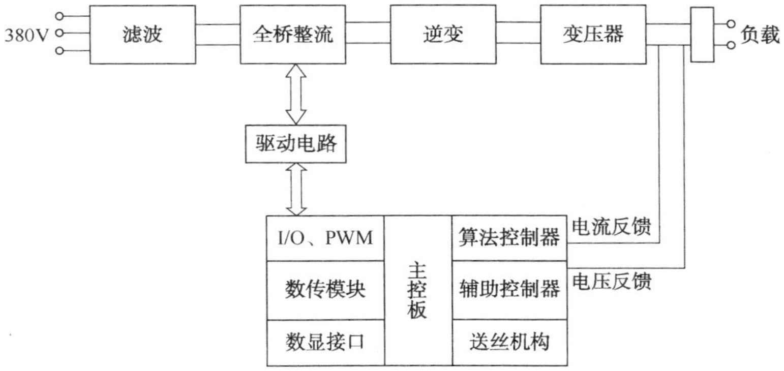

图 7-21　基于移动互联网的电阻点焊硬件设计原理图

单片机选用 C8051F020 作为主控板芯片，该单片机运算速度快、功耗低，具有较强抗干扰能力。数传模块采用中兴 MC8322 进行数据传输。

3. 软件设计

根据基于移动互联网的电阻点焊控制方案图和硬件设计原理图，进行软件设计，主要包括：Web 服务器端开发、Android 客户端开发和数据库设计。

（1）Web 服务器端开发

电阻点焊过程具有实效性，其控制参数需要根据材料不同进行实时调整，考虑到系统数据安全、存储等特性，选择 B/S 架构的 Web 服务器。基于 B/S 构架的 Web 服务端开发，还涉及服务器架构、开发语言、相关数据库、数据格式及解析等。

这里建议使用 Apache 进行服务器端软件设计，其具有如下优点：首先，Apache 是完全免费，不需要支付任何费用就可以下载使用；其次，Apache 具有较高的稳定性；再就是其具有较强的扩展性和安全性。

使用 PHP（Hypertext Preprocessor，即超文本预处理器）开发语言 Web，具有一定优势。

因为 PHP 是一种 HTML 内嵌式开源语言，是在服务器端执行的一种脚本语言，其语法吸收了 C 语言、Java 等程序的特点。PHP 的优势具体表现在可跨平台使用、开源稳定、简单易学等方面。PHP 能够跟 Windows、Linux 等操作系统相结合，减少了对系统资源的消耗少且效率高。PHP 的代码开源，可以通过其得到世界各地的代码并参考使用，降低了开发成本和开发周期。PHP 是一种脚本语言，语法简单，对于新手来说上手较容易。

Web 服务器端具体的开发设计还涉及数据解析和接口设计等，在这里不进行详细讲解，可以查询相关书籍、资料进行详细了解。

（2）Android 客户端开发

电阻点焊控制系统的 Android 客户端提供终端的登录、数据查询、设备信息、控制操作、数据传输、系统设置等功能。对 Android 客户端按照功能模块进行设计，程序逻辑清晰，便于开发维护。登录模块通过调用网络通信模块连接服务器来处理用户登录；数据查询模块负责实时数据和历史数据查询；设备信息模块负载列出工作和非工作的点焊机；控制操作模块负责对焊机参数初始化、报警设置及焊机开启关闭等操作；数据传输模块负责通过 TCP/IP 协议传送数据。根据数据间逻辑关系设计了如图 7-22 的界面。

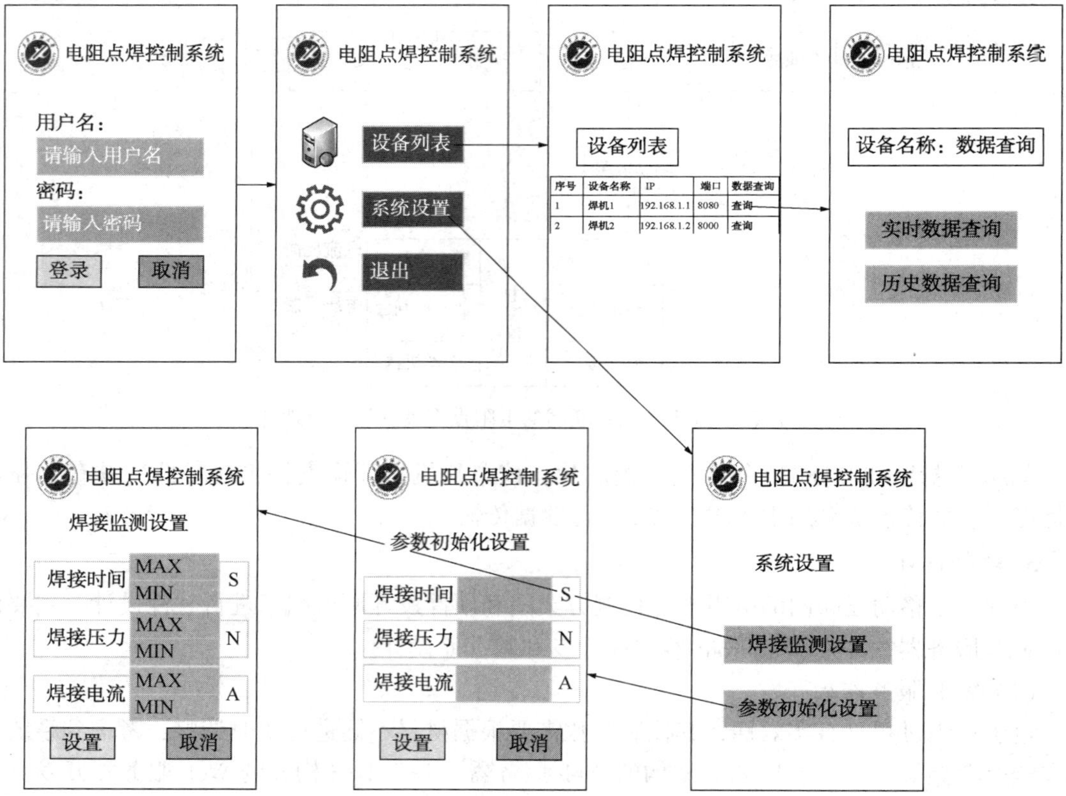

图 7-22　Android 客户端界面设计原型

图 7-22 的 Android 客户端界面使用开发工具中的 View 和 View Group 进行构建。其中 View 是 UI 窗体组件，包括了 Button（按钮）、text field（文本框）等；View Group 在运行界面不可见，用于定义布局方式，比如 grid（网格部件）、list（列表部件）等。

成功登录后，将跳转到设备界面。该界面列出所有电阻点焊设备，包括设备地址、IP地址、端口号等信息。设备界面采用列表 List View 控件设计，列表能够自适应显示内容。

（3）数据库设计

Android 平台自带的数据库存储数据量较小，为轻量级数据库，不能满足多台电阻点焊机的工艺参数设置和焊接历史数据的存放和查询使用。因此选用 MYSQL 数据库进行数据存储和查询。MYSQL 数据库具有开源免费、支持多平台、速度快等特点。在数据库可视化方面，使用工具 Navicat 可完成对数据库的管理，实现了监视管理 MYSQL 实例内数据库、用户权限设置、开启关闭 MYSQL 服务等功能。同时还具有快速建表、添加数据库信息、执行数据查询等功能。

数据库主要的数据表格有管理员信息表、焊机用户信息表、焊机焊接时间信息表、焊机焊接压力信息表、焊机焊接电流信息表、焊机焊接参数阈值设置信息表等。表格具体的内容可以根据实际工程需要进行具体设计，也可以查阅和参考相关文献资料进行设计。

二、基于移动互联网的焊条领取系统

传统的焊条分发是由仓库管理员统一管理，焊工领取焊条需要人工记录，多次少量领取。通常情况焊工在领取焊条时，一次不能太多，且要在 4h 之内完成。如果遇到下雨、潮湿、寒冷等天气，应按照焊工的建议，将焊条的发货时长控制在 1～2h。传统焊条发放管理的缺点较多，如下所述：

- 每次领取都需要填写焊条领取卡，费时费力；
- 焊条库内焊条数量、种类需要管理人员每隔一段时间登记填补，易出差错且数据不能及时更新；
- 管理人员不能快速准确查看过往的发放记录。

设计基于移动互联网的焊条领取系统可解决以上问题。该系统具有比传统焊条领取方式更方便、更安全、更节省成本、使用记录更易查询等优点。

1. 系统需求分析

为了快速、安全和更加节约成本地让焊工领取焊条，从管理者和焊工两个角度，对系统需求进行分析。

（1）管理者方面

管理者功能分析模块：在该模块中，管理者主要具有的操作功能如图 7-23 所示。

管理者可用移动手机进入客户端，完成系统登录，可以查看所有记录和根据系统剩余种类的焊条数量适当填补焊条。

（2）焊工方面

焊工功能分析模块：在该模块中，焊工师傅主要具有的操作功能如图 7-24 所示。

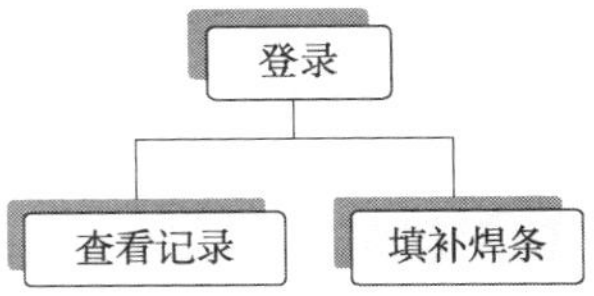

图 7-23　管理者功能模块图例

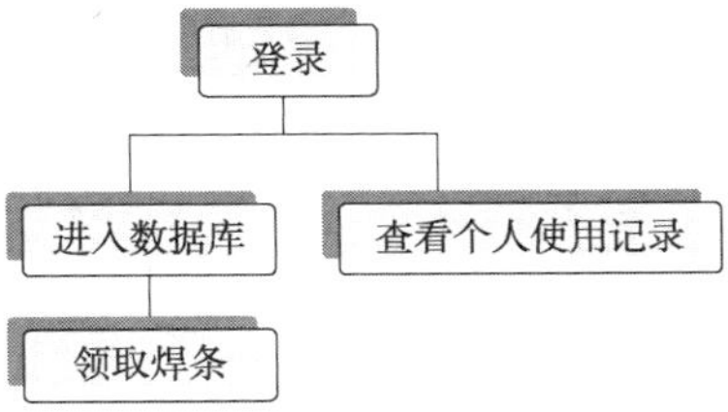

图 7-24　焊工应用图例

焊工用移动手机登录系统后，进入下一个页面，可以查看数据库焊条剩余数量和种类，也可以查看个人使用记录。进入数据库后，就可以领取焊条。

2. 总体方案设计

系统最基本的功能是焊条的领取、领取记录的查看，并以此为基础进行功能的展于和完善，功能模块如 7-25 所示。

根据以上功能模块进行了登录设计、管理操作流程、焊工操作流程设计。登录页面后，使用者先进行身份确认，然后输入账号口令，登陆时账号密码会按照数据库中储存的账号密码进行身份验证(该系统设置用户的身份与其密码的首写字母有固定的对应关系)，确认成功后，便可进入对应的主控界面，验证失败则提示账号密码有误而不进行跳转。管理者的主要操作流程为：管理者成功登录系统后，可以进行三项操作，分别为查看焊条信息、查看焊工领取记录以及查看焊条入库情况。管理者在查看焊条信息模块中根据焊条补入情况对焊条信息进行系统录入，流程如图 7-26 所示。

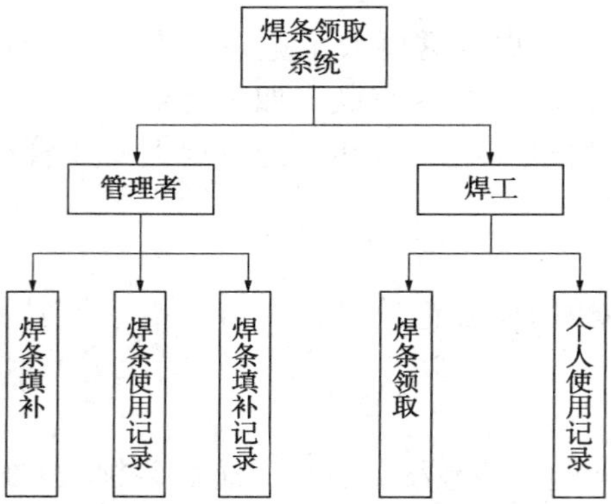

图 7-25　系统功能模块图

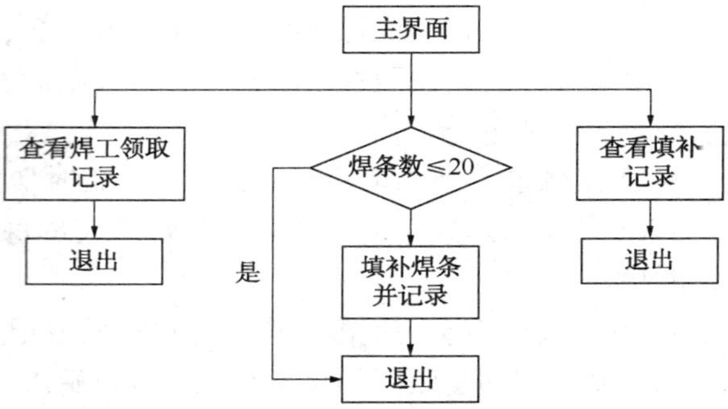

图 7-26　管理操作流程图

焊工成功登录后，系统会自动确认其身份，此时焊工根据焊接情况来选取所需要的焊条数目和种类并提交选择，同时可以查看领用记录，如图 7-27 所示。

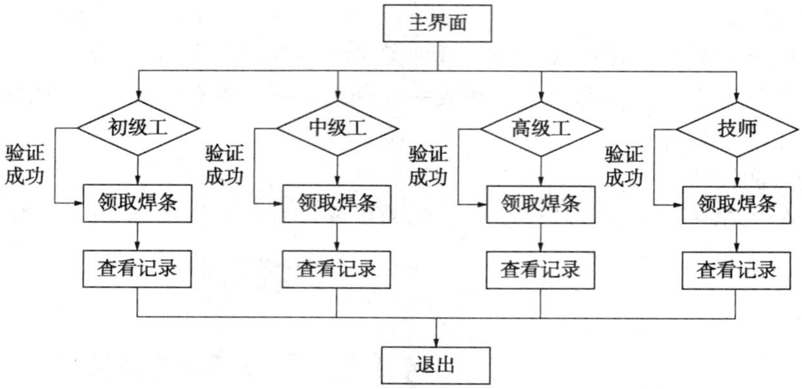

图 7-27　焊工操作流程图

3. 数据库设计

根据以上方案设计焊条领取系统，数据流程图如图 7-28 所示。

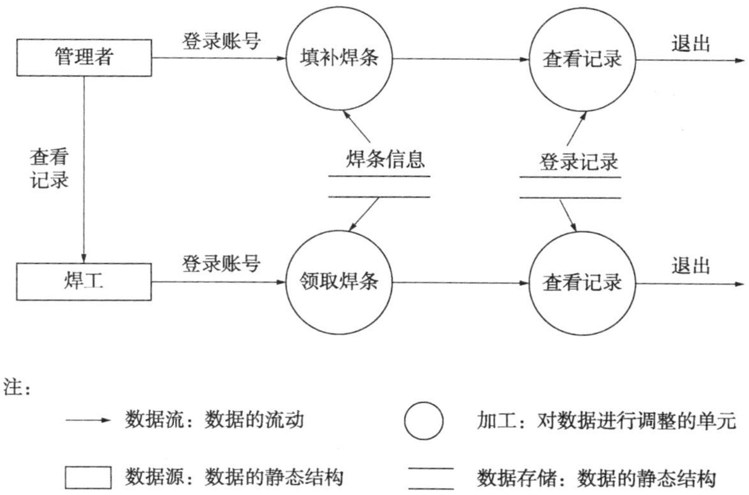

图 7-28　焊条领取系统数据流程图

根据以上数据流程图，进行逻辑结构设计，设计数据表格。使用 E-R 图进行设计，表达实体与实体之间的关系、属性，如图 7-29 所示。图中 1：*n* 表示一对多关系：即一个管理员可以同时管理多个焊条的填补数据、可以同时查看多个焊工的领取数据；*m*：*n* 表示多对多关系：即多个焊工可以领取多个焊条，根据其等级的分类不同，其可领取的焊条种类有所差距。

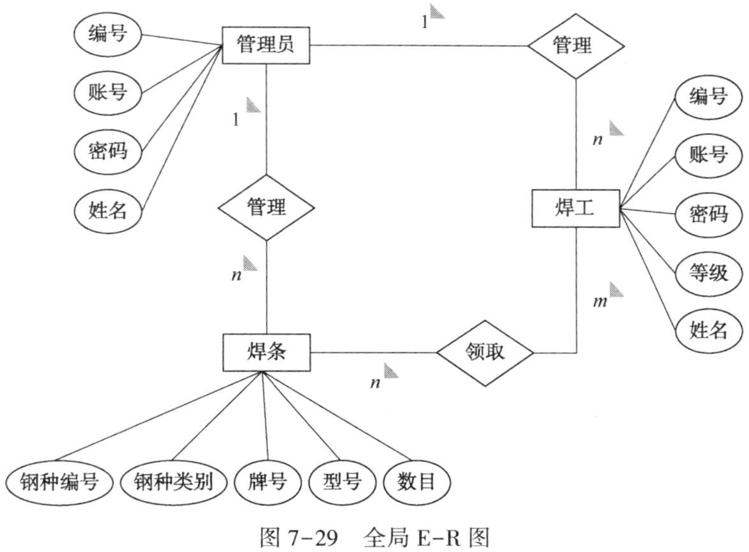

图 7-29　全局 E-R 图

依据以上分析分别设计了管理者信息表、焊工信息表、焊条库存分类表、焊条领取表、焊条基本信息表等。

4. Android 客户端的实现

登录界面的实现是使用存储数据中管理者 ID 和焊工 ID 检验字段内容确定其身份。在此过程中，焊工、管理员通过校验其密码首字母确认身份等级（C——初级焊工、Z——中级焊工、G——高级焊工、J——技师、g——管理者）。登录界面如图 7-30 所示。

焊工根据等级进入焊条领取界面，不同的焊工等级所能领取的焊条数目和种类不同，焊条领取界面如图 7-31 所示。焊工用户领取焊条时，系统通过“焊工信息表”中查询到该等级焊工 Hangong_Id、Name、Grade 字段内容，锁定身份，索引到“焊条库存分类表”，系统便只显示该等级焊工可使用的焊条。焊工根据实际情况填写领取的焊条种类和焊条数目，然后提交即可。提交后系统将查询到的数据根据“焊条领取信息表”格式填写对应的字段内容，填写完后保存数据。

图 7-30　登录界面

图 7-31　焊工填写领取记录界面

同样，根据数据库中相对应的字段可以完成查看领取记录、剩余焊条、焊条增补记录等。具体界面如图 7-32 所示。

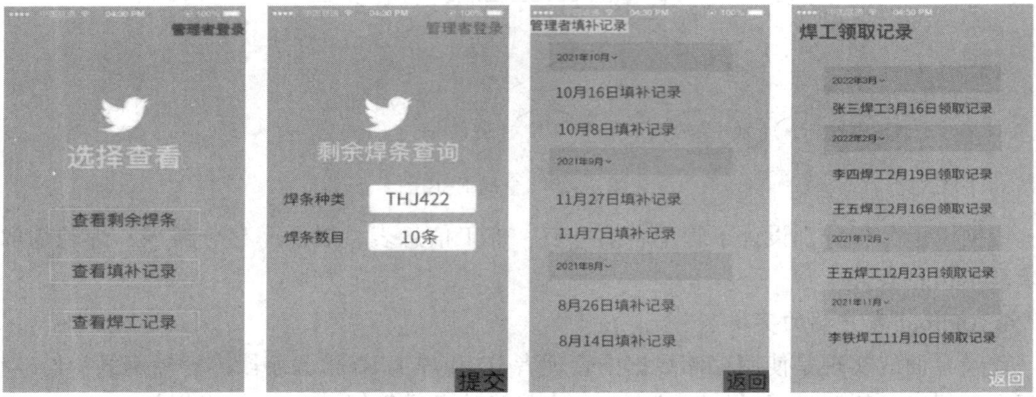

图 7-32　查看相关操作界面

使用 Android studio 软件的 activity-main. xml 界面管理写出登录界面的布局，调试过程如图 7-33 所示。其他界面和程序调试截图此处省略，读者可以根据以上知识进行设计或者查阅相关书籍、文献自行完成。

图 7-33　登录界面效果图

参 考 文 献

[1] 周中艳，党丽峰．传感与检测技术[M]．北京：北京理工大学出版社，2015.
[2] 杭争翔．材料成型检测与控制[M]．北京：机械工业出版社，2010.
[3] 林雪梅，吴尚纯，王文荣．自动检测技术[M]．西安：西北工业大学出版，2017.
[4] 王武孝．材料成型测试技术[M]．北京：化学工业出版社，2021.
[5] 梁森，王佩夫，黄杭美．自动检测与转换技术[M]．3 版．北京：机械工业出版社，2013.
[6] 俞云强．传感器与检测技术[M]．北京：高等教育出版社，2019.
[7] 宋宇，朱伟华，等．传感器及自动检测技术[M]．北京：北京理工大学出版社，2013.
[8] 云璐，邢珂．材料成型检测技术[M]．北京：冶金工业出版社，2013.
[9] 官学茂，等．现代材料分析测试技术[M]．徐州：中国矿业大学出版社，2018.
[10] 石德全，高桂丽．热加工测控技术[M]．北京：北京大学出版社，2010.
[11] 王兆安，黄俊．电力电子技术[M]．西安：西安交通大学，2001.
[12] 卢本，魏华胜．检测与控制工程基础[M]．北京：机械工业出版社，2002.
[13] 宋美娟．材料成形测试技术[M]．西安：西安电子科技大学出版社，2018.
[14] 郭天太，等．光电检测技术[M]．武汉：华中科技大学出版社，2012.
[15] 王海斗，等．表面残余应力检测技术[M]．北京：机械工业出版社，2013.
[16] 宋文绪，杨帆．自动检测技术[M]．北京：高等教育出版社，2014.
[17] 周小益．检测技术及应用[M]．哈尔滨：哈尔滨工业大学出版社，2012.
[18] 程道来．仪垂杰热工测量与控制基础[M]．徐州：中国矿业大学出版社，2012.
[19] 严学华．检测技术与自动控制工程基础[M]．北京：化学工业出版社，2006.
[20] 蒋鉴华，张振东．热工测量及过程自动控制[M]．南昌：江西高校出版社，2009.
[21] 吴亚峰，等．Android 应用案例开发大全[M]．北京：人民邮电出版社，2013.
[22] 毋建军，等．Android 应用开发案例教程[M]．北京：清华大学出版社，2012.
[23] 崔鹏．Android 应用开发案例教程[M]．北京：高等教育出版社，2021.
[24] 王积伟，吴振顺．控制工程基础[M]．北京：高等教育出版社，2001.
[25] 董景新，等．控制工程基础[M]．4 版．北京：清华大学出版社，2015.
[26] 刘贵民，马丽丽．无损检测技术[M]．2 版．北京：国防工业出版社，2010.
[27] 陈照峰．无损检测[M]．2 版．西安：西北工业大学出版社，2015.
[28] 李萍，宋天民．无损检测新技术原理与方法[M]．大连：大连理工大学出版社，2021.
[29] 卢本，王君．材料成形过程的测量与控制[M]．北京：机械工业出版社，2005.